普通高等学校精品教材
基于“课程思政”的高等教育系列教材

Excel数据分析与可视化

EXCEL SHUJUFENXI YU KESHIHUA

主　编　牛　炎　万　昕　徐翔俊
副主编　石　苗　吴小燕　姚嘉成

上海交通大学出版社
SHANGHAI JIAO TONG UNIVERSITY PRESS

内容提要

本书以 Excel 2016作为数据可视化的工具，系统地阐述如何利用 Excel 制作具有说服力的分析图表。一方面，其知识点能让Excel图表初学者快速掌握可视化图表技术；另一方面，有一定基础的 Excel 使用者可以继续学习配色、特殊图表、动态图表，做到推陈出新。

本教材适合作为应用型院校公共基础课教材，也可作为广大青年朋友学习的参考书。

图书在版编目 (CIP) 数据

Excel数据分析与可视化 / 牛炎，万昕，徐翔俊主编.
上海：上海交通大学出版社，2024.7（2025.1重印）—ISBN 978-7-313-30953-2

Ⅰ. TP391.13

中国国家版本馆 CIP 数据核字第 2024J1Y809 号

Excel数据分析与可视化
Excel SHUJUFENXI YU KESHIHUA

主　　编：牛　炎　万　昕　徐翔俊
出版发行：上海交通大学出版社　　地　　址：上海市番禺路951号
邮政编码：200030　　电　　话：021-64071208
印　　制：常熟市大宏印刷有限公司　　经　　销：全国新华书店
开　　本：787mm×1092mm 1/16　　印　　张：13
字　　数：308千字
版　　次：2024年7月第1版　　印　　次：2025年1月第2次印刷
书　　号：ISBN 978-7-313-30953-2
定　　价：49.00元

随着大数据时代的演进,越来越多的企业在搜集数据的同时,也开始关注并重视数据分析与挖掘的价值。数据可视化令读者能够立即理解数据蕴藏的含义,不需要复杂的算法技术,在众多商务应用领域备受企业推崇。其中,数据可视化在客户关系管理、营销统计报表、联机分析处理等方面都具有重要的现实意义。

数据可视化的效果图形丰富多样,但各种可视化图表各有千秋,若应用不当,反而会弄巧成拙。本书以 Excel 2016 作为数据可视化的工具,系统地阐述如何利用 Excel 制作具有说服力的分析图表。一方面,其知识点能让 Excel 图表初学者快速掌握可视化图表技术;另一方面,有一定基础的 Excel 使用者可以继续学习配色、特殊图表、动态图表,做到推陈出新。

本书共 12 章,第 1 章阐述数据分析与可视化基础;第 2 章阐述使用公式与函数;第 3 章阐述数据规范与管理;第 4 章阐述数据可视化基础;第 5 章阐述 Excel 图表设计规范;第 6、7、8 章具体讲述了对比分析、趋势分析、结构分析与可视化;第 9 章讲述 Excel 动态图表;第 10 章讲述数据分析看板设计方法。

本书特色如下:

第一,全书选用常用的 Excel 办公工具,通俗易懂地讲解数据可视化的过程,旨在提高读者运用 Excel 进行数据可视化处理的能力。相比复杂的 Python 脚本编程或 R 语言编程, Excel 在制作精美绝伦的可视化图表方面毫不逊色且更容易上手,因此完全能满足企事业单位的常用数据分析报告的需要。

第二,注重课程思政。每个章节单独设置“思政目标”,引领思政元素融入教材。教材案例设置注重融合思政元素和工匠精神,挖掘案例中蕴含的思政道理,潜移默化融入课程思政。

第三,全书融入丰富的应用案例数据分析,采用案例驱动的编写方式,阐述 Excel 数据可视化知识点在商务领域的应用。每章后安排“实操练习”,注重学生综合能力的培养,使学生在获得计算机知识的同时,注重与专业知识相融合,比较系统地提高自身综合能力,体现知识学习与能力训练的统一。

第四,本书对重点操作过程录制了教学视频,同时配套了丰富的教学资源,包括教学课件、教学大纲、电子教案、各章数据素材包等。

本教材作者都是在高校一线工作，直接从事信息技术基础教学的骨干教师。主编为牛炎、万昕、徐翔俊，负责全书的策划、样章设计审定、编写和审核等工作，石苗、吴小燕、姚嘉成任副主编。

本教材在编写与出版过程中，得到了上海外国语大学贤达经济人文学院、昆明文理学院、上海商学院（赤峰路校区）的大力支持，得到上海外国语大学贤达经济人文学院教材建设专项经费资助，在此表示衷心的感谢。同时我们借鉴了兄弟院校先进的教学理念和科学的实际案例，在此一并致谢。

由于编者的时间与精力有限，不足甚至疏漏之处在所难免，敬请读者与同行批评指正。

编者

2024 年 1 月 10 日

目录

第1章　数据分析与可视化基础

学习目标

(1) 理解什么是数据分析,掌握数据分析的方法和流程;
(2) 理解什么是数据清洗,掌握数据清洗的方法;
(3) 理解什么是数据可视化与数据可视化视图;
(4) 掌握 Excel 常用快捷键。

思政目标

(1) 引导学生进行数据分析和解析,加强信息素养;
(2) 培养学生辩证看待大数据,树立正确的科学观。

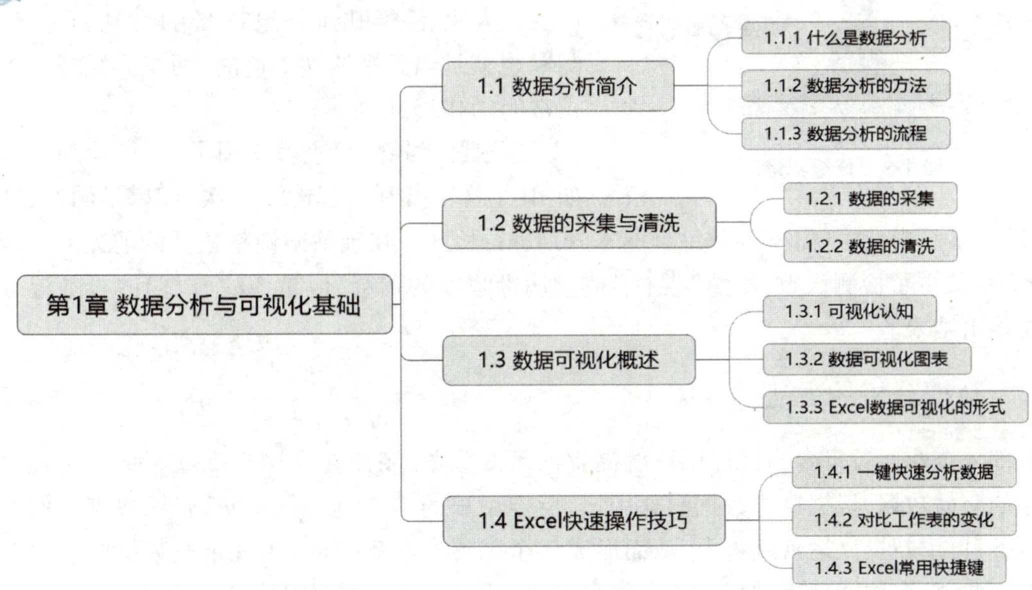

在如今的职场上，竞争越来越激烈，数据分析是必会的办公技能之一，掌握数据分析的技能可以为你的求职加分。本章将介绍为什么要进行数据分析、数据分析的流程和思维、Excel 数据操作的技巧和学习方法等。

1.1 数据分析简介

数据分析是指用适当的工具和方法对收集来的大量数据进行分析，将它们加以汇总、理解和消化，以求最大化地开发数据的功能，从而发挥数据的价值。本节介绍为什么要进行数据分析，以及数据分析的主要方法与流程。

1.1.1 什么是数据分析

对于没有编程基础的小白，怎么学会数据分析，又该如何学习数据分析？其实，如果你打算成为一名数据分析师，出身并不重要，数据科学是一门应用学科，只需要系统学习和提升数据分析的能力即可。

图 1-1 分组称量法

什么是数据分析？通俗来说就是针对某个问题，将获取后的数据用分析的手段加以处理并发现数据价值的过程。我们很多人都做过类似这样的智力题：一堆看起来完全一样的乒乓球，其中有一个质量稍轻的次品，如何利用天平用最少次数的称量来找出这个次品？大家都会想到分组称量的方法，即“混样检测”，也就是当天平两端平衡时，两组乒乓球应该都是正常的，如图 1-1 所示。

新冠肺炎核酸筛查就使用了“混样检测”方法，例如 10 个样本混到一起检测一次，如果是阴性，则全部是阴性，如果是阳性，则需要再对每个样本分别进行检测。在预估阳性率很低的前提下，“混样检测”极大地减少了检测次数，虽然“混样”造成病毒浓度的稀释，但是 30 个以内的样本混合时不会影响检出结果。

1.1.2 数据分析的方法

大部分企业通过平台为目标用户群提供产品或服务，用户在使用产品或服务的过程中会产生大量的交易数据，根据这些数据洞察用户，反推用户的需求，创造更多符合用户需求的增值产品和服务，再重新投入运营过程中，从而形成一个完整的业务闭环，实现企业数据驱动业务增长的目标。此外，在数据分析过程中还有很多方法，下面列举几种常用的。

1. 象限法

象限法通过对维度的划分，运用坐标的方式表达出想要的价值，由价值直接转变为策略，从而推动一些分析结论落地。这是一种策略驱动的思维，广泛应用于战略分析、产品分析、市场分析、客户管理、用户管理和商品管理等。例如，针对企业的广告点击量和转化率的分析，其中 X

轴从右到左是点击率的高低，Y 轴从上到下是转化率的高低，这样形成了 4 个象限。对每次营销活动的点击率和转化率找到相应的数据标注点，然后将活动的效果归到每个象限，坐标中的 4 个象限分别代表了不同的客户营销效果，如图 1-2 所示。

2. 多维法

多维法是指对分析对象从多个维度去分析，一般是三个维度，每个维度有不同的数据分类。这样，代表总数据的立方体就被分制成一个个小方块，落在同一个小方块的数据拥有同样的属性，这样可以通过对比小方块内的数据进行分析。

数据立方体能够在一个或多个维度上给立方体做索引，例如某企业产品销售额的数据立方体虽然只有日期、地区和产品三个维度，但是根据这个立方体已经能够解决多数管理者需要解决的问题，通过数据切片可以实现提取每个地区的销售额、每个月各类商品的销售额等，如图 1-3 所示。

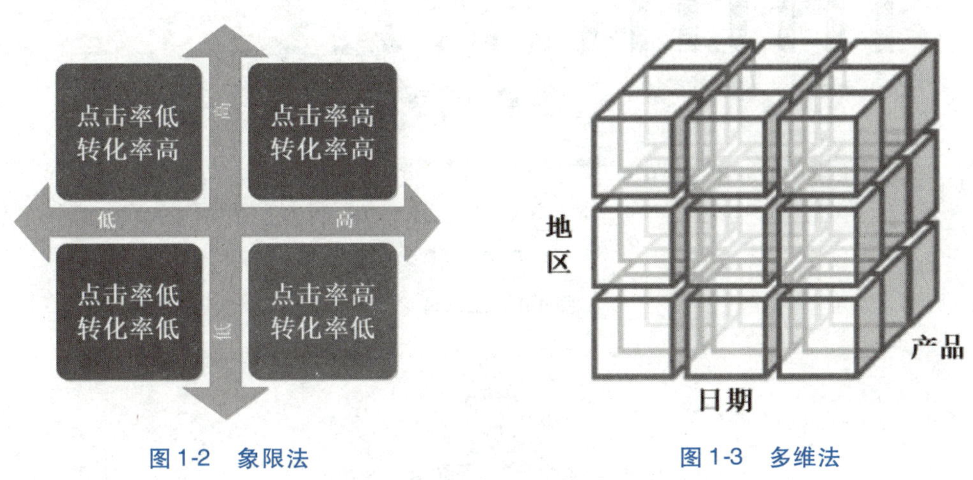

图 1-2　象限法　　图 1-3　多维法

3. 二八法

二八法又名帕累托法则，它是意大利经济学家帕累托发现的。在任何一组事物中，最重要的只占其中的小部分，约占 20%，其余 80% 尽管是多数，却是次要的。

例如，在数据分析中，可以理解为 20% 的商品产生了 80% 的效果，那么我们需要围绕这 20% 的商品进行深入挖掘。二八法是抓重点分析方法，适用于大部分行业，利用数据找到重点，发现其特征，然后思考如何让其余的 80% 向这 20% 转化，如图 1-4 所示。

4. 对比法

对比法就是用两组或两组以上的数据进行比较，常见的有：基于时间维度的同比和环比、与竞争对手的对比、类别之间的对比、特征和属性的对比等。对比法可以发现数据的变化规律，常常与前面的技巧结合使用。

例如，由于地区之间存在宏观经济实力、金融发展程度、企业融资能力、资本化程度、民间资本活跃度、金融机构实力等方面的差异，各区域的金融实力呈现显著差异。因此，我们可以从以上 6 个维度对比分析 A、B、C、D、E、F 6 个城市的金融竞争力，如图 1-5 所示。

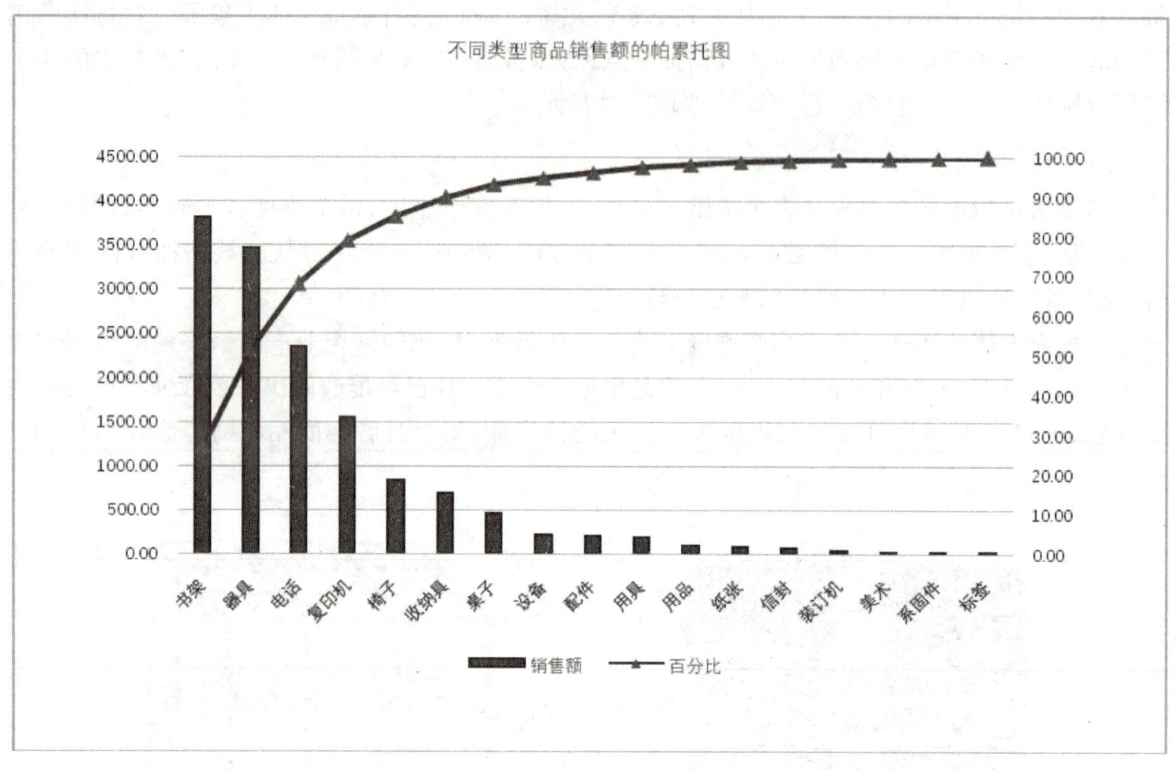

图1-4　二八法

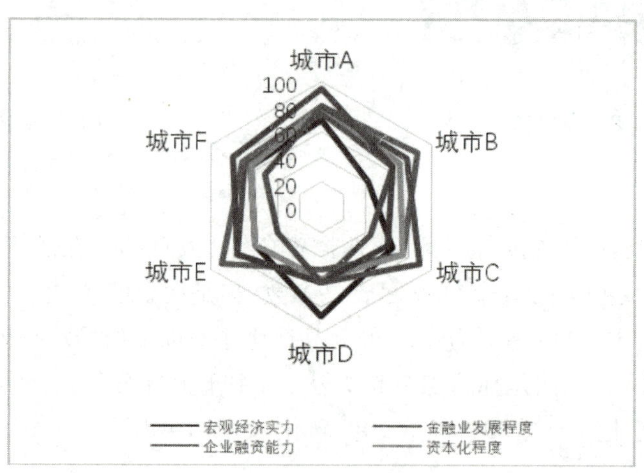

图1-5　对比法

5. 漏斗法

漏斗法是使用漏斗图对用户进行转化率分析，像倒金字塔，是一个流程化思考方式，常用于新用户的开发、购物转化率这些有变化和一定流程的分析中。但是单一的漏斗分析是没有价值的，不能得出有效结果，要与其他方法相结合，例如与历史数据进行对比等。漏斗分析对用户行为分析来说是不可或缺的，常用的指标是转化率和流失率。例如某电商平台有10000个用户浏

览了商品，有3000人注册了信息，其中只有500人成功注册并有购买记录，因此客户的转化率为5%，流失率为95%，如图1-6所示。

6. 模型法

模型法是指从大量企业经营数据中挖掘出隐含的、潜在的有价值信息的过程，主要有数据准备、数据挖掘和模型应用等步骤。

例如，商业选址模型是企业经营模式对场地的具体要求，同时也反映了商业企业经营策略、开店能力、扩张能力等。门店招商工作不仅要了解商家的具体门店要求，还要了解商家的发展策略和扩张意图，只有这样才能成功完成招商任务，并达到物业价值最大化、经营持久化、业态租金均衡化，其中比较有名的是麦当劳的选址模型，如图1-7所示。

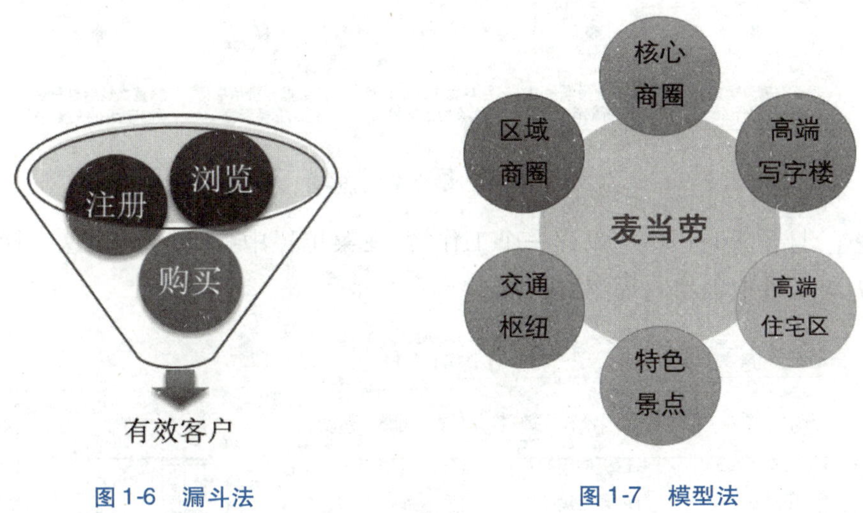

图1-6 漏斗法　　图1-7 模型法

1.1.3 数据分析的流程

面对海量的数据，很多分析师都不知道如何准备数据、开展分析、得出结论等。下面为大家介绍商业数据分析的基本流程。

商业数据分析以理解业务场景为起始点，以商业决策为终点。那么数据分析应该先做什么、后做什么呢？基于数据分析师的工作职责，我们总结了商业数据分析的5个基本步骤，以及每个步骤的工作重点，如图1-8所示。

1.2 数据的采集与清洗

一般来说，在开始分析数据，进行数据可视化之前，需要完成两个关键任务：数据的采集和数据的清洗。接下来将会对这两个关键任务进行详细阐述。

1.2.1 数据的采集

数据的采集又称数据的收集，就是指通过各种工具和方法，获取需要的数据，为以后数据的分析和数据可视化提供直接的依据和素材。数据采集的方式有很多种，比如内部数据可以通过公司自有的数据库进行获取。外部数据如今更易收集,比如可以通过公开的出版物或搜索引擎快速找到需要的数据。当然一些专业的数据可以到国家或地方统计局的网站、行业组织的官方网站或行业信息网站获得。

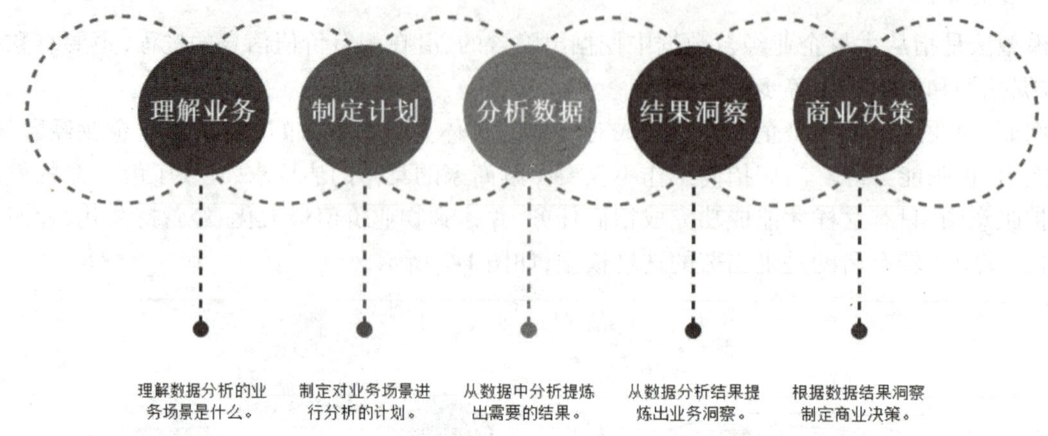

图 1-8　数据分析流程

步骤 1▶　打开 Excel 2016,新建一个工作簿,在菜单栏中找到“数据”这一栏,单击“自网站”,选择“从 Web 获取数据”,如图 1-9 所示。

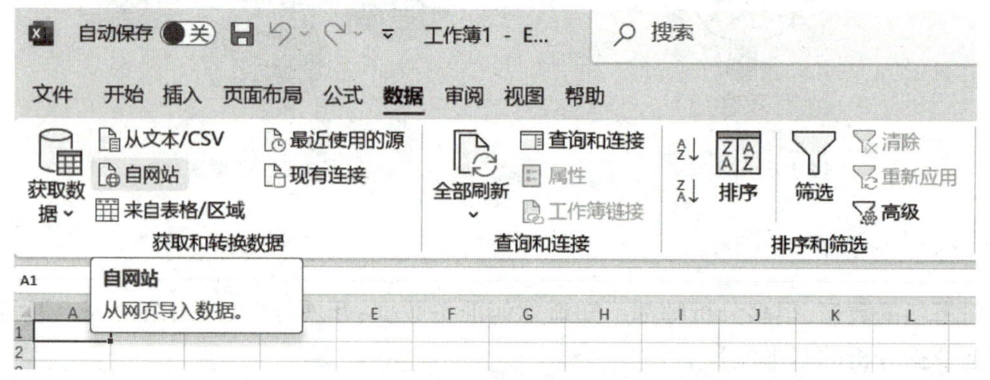

图 1-9　选择“从 Web 获取数据”

步骤 2▶　弹出“新建 Web 查询”对话框,如图 1-10 所示,在“地址”栏中输入想要跳转的网址,在这里选取了国家统计局第四次全国经济普查公报中的数据——按地区分组的法人单位和产业活动单位。

步骤 3▶　输入网址跳转以后,网站会显示出黄色箭头,单击选中报表,然后单击“导入”按钮导入报表,如图 1-11 所示。

步骤 4▶　弹出一个对话框指导用户导入数据,可以在对话框中选择导入数据的位置,如图 1-12 所示。

图 1-10 "新建 Web 查询"对话框

新建 Web 查询

地址(D): https://www.stats.gov.cn/sj/pcsj/jbdwpc/decjbdwpcsj/202302/t20230221_1915348.html 转到(G) 选项(O)...

单击(C) ，然后单击"导入"(C)。

地 区	法人单位					产业活动单位			
	单位数（个）	单产业法人	多产业法人	从业人数（万人）	#女性	单位数（个）	#多产业法人所属的产业活动单位	从业人数（万人）	#女性
全 国	5107015	4664928	442087	21128.91	7947.44	7087589	2422661	21577.85	8108.18
北 京	246810	241575	5235	760.55	290.86	265748	24173	774.69	293.81
天 津	93365	91507	1858	369.19	150.30	102228	10721	366.71	149.94
河 北	218826	205054	13772	1005.30	356.06	293911	88857	1044.75	368.07

导入(I) 取消

完成

图 1-11 导入报表

步骤 5▶ 一般网上的数据都是实时更新的，因此需要通过数据刷新来获取最新的数据。一般有两种方法，单击"数据"中的"全部刷新"，如图 1-13 所示，或者选中任意数据单元格，右击，在弹出的快捷菜单中单击"数据范围属性"，如图 1-14 所示。

步骤 6▶ 单击"数据范围属性"后，在弹出的"外部数据区域属性"对话框中勾选"刷新控件"栏中的前三个选项，再单击右下角的"确定"按钮，这样数据就会实时更新了，如图 1-15 所示。

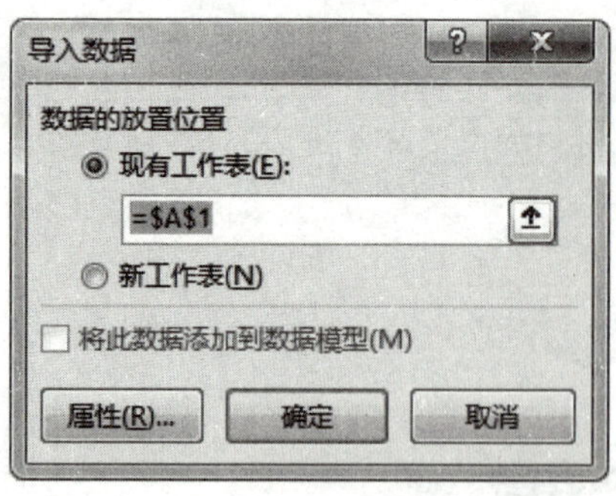

图 1-12 选择导入数据的位置

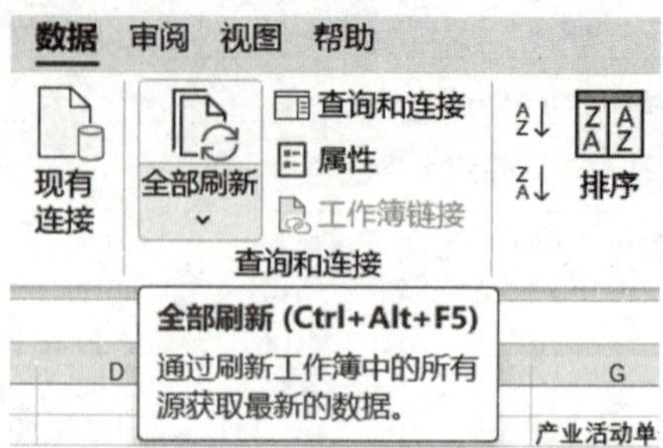

图 1-13 单击“全部刷新”

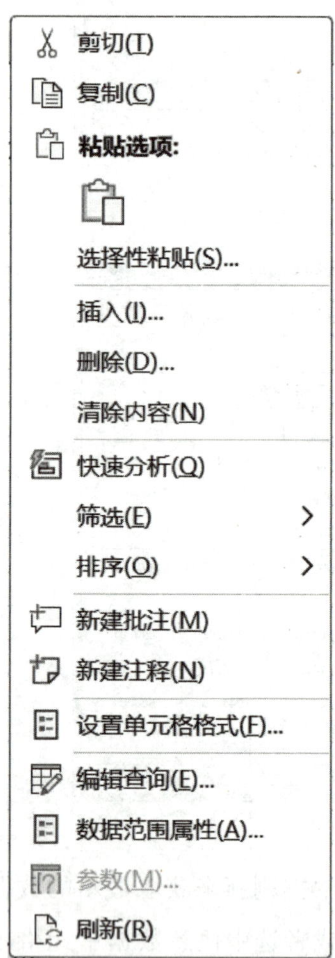

图 1-14 单击“数据范围属性”

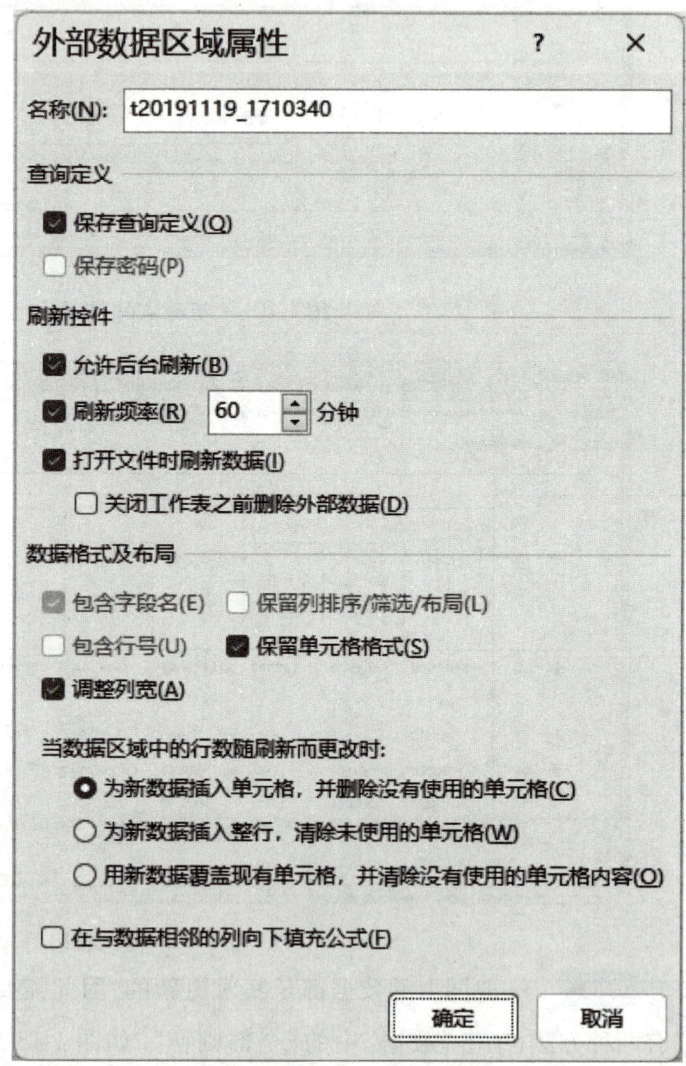

图 1-15 实时更新数据

成功导入的数据如图 1-16 所示。除了以上方法，如果数据量不是很大的话，则采用复制、粘贴，也是一个不错的选择。

A	B	C	D	E	F	G	H	I	J
地 区	法人单位					产业活动单位			
	单位数（个）			从业人数（万人）		单位数（个）		从业人数（万人）	
		单产业 法人	多产业 法人		#女性		#多产业法人所属的产业活动单		#女性
全 国	5107015	4664928	442087	21128.91	7947.44	7087589	2422661	21577.85	8108.18
北 京	246810	241575	5235	760.55	290.86	265748	24173	774.69	293.81
天 津	93365	91507	1858	369.19	150.3	102228	10721	366.71	149.94
河 北	218826	205054	13772	1005.3	356.06	293911	88857	1044.75	368.07
山 西	126332	109229	17103	607.28	191.76	210083	100854	623.67	197.41
内蒙古	72492	66155	6337	328.49	121.53	108698	42543	337.87	124.78
辽 宁	218115	205695	12420	1011.08	372.41	276417	70722	1015.74	373.65
吉 林	87412	82350	5062	451.88	171.39	117373	35023	456.71	173.85
黑龙江	107455	93245	14210	665.86	245.25	174651	81406	690.57	253.83
上 海	259097	232404	26693	917.62	384.08	335717	103313	953.63	396.65
江 苏	402323	381073	21250	1729.07	684.74	482416	101343	1765.63	701.23
浙 江	359869	341777	18092	1226.81	514.52	431074	89297	1226.93	515.13
安 徽	178914	143659	35255	692.14	234.55	284243	140584	730.67	247.02
福 建	156794	134562	22232	601.74	255.32	231460	96898	604.11	256.13
江 西	147107	135367	11740	472.53	167.6	212551	77184	482.17	171.48
山 东	348473	311790	36683	1669.94	617.6	503519	191729	1686.53	622.55

图 1-16　成功导入的数据

1.2.2 数据的清洗

完成数据采集后,可以看出网上的数据实际上是纷繁复杂的,因此数据不是导入后就可以直接使用的,还需要通过数据清洗来选出所需要的数据,这样做出来的数据可视化才有其存在的意义。数据清洗一般有三种方法:数据工具法、高亮排序法和函数法。

1. 数据工具法

步骤 1▶　选中想要进行数据清洗的完整数据表,如图 1-17 所示。单击“数据”选项卡“数据工具”组“删除重复项”按钮,如图 1-18 所示。

	A	B	C	D	E
1		法人单位		产业活动单位	
2		数量（万个）	比重（%）	数量（万个）	比重（%）
3	合计	2178.9	100	2455	100
4	浙江	154.5	7.1	167.9	6.8
5	北京	98.9	4.5	107.9	4.4
6	天津	29.1	1.3	31.7	1.3
7	河北	115.1	5.3	127.2	5.2
8	辽宁	60	2.8	67.5	2.8
9	上海	44.1	2	52.4	2.1
10	江苏	205.4	9.4	222.9	9.1
11	浙江	154.5	7.1	167.9	6.8
12	福建	70.3	3.2	79.7	3.2
13	山东	180.1	8.3	200.6	8.2
14	广东	312.7	14.3	338.9	13.8
15	海南	10	0.5	11.6	0.5
16	湖北	85.3	3.9	98.3	4
17	山西	46.2	2.1	54.7	2.2
18	吉林	18.7	0.9	22.4	0.9
19	黑龙江	25.6	1.2	31.6	1.3
20	安徽	81.3	3.7	94.5	3.8
21	江西	45.4	2.1	53.2	2.2
22	河南	127.9	5.9	142.3	5.8
23	湖北	85.3	3.9	98.3	4
24	湖南	62.3	2.9	71.4	2.9
25	云南	45.3	2.1	55.6	2.3
26	内蒙古	29.7	1.4	35	1.4
27	广西	49	2.3	57.4	2.3
28	重庆	51.3	2.4	57.6	2.3

图 1-17　完整数据表

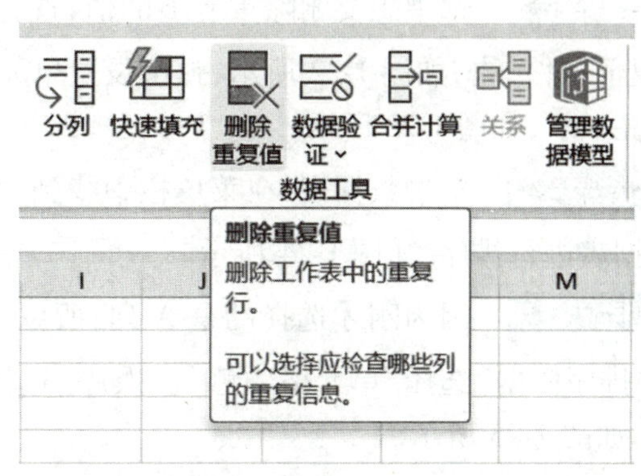

图 1-18　单击“删除重复”项

步骤 2▶ 弹出“删除重复值”对话框，在对话框中可以选择需要删除重复项的列，勾选“数据包含标题”选项可以显示数据列的标题，如图 1-19 所示。

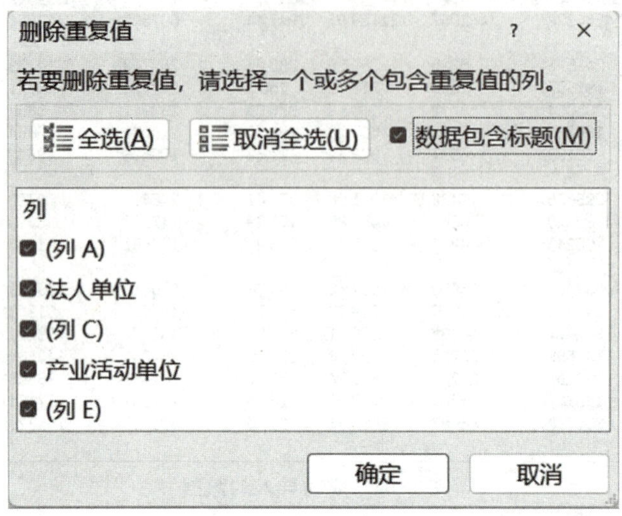

图 1-19 选择并删除重复值

单击“确定”按钮后会弹出一个提示框，表示成功删除重复值，如图 1-20 所示。删除之后的效果如图 1-21 所示。

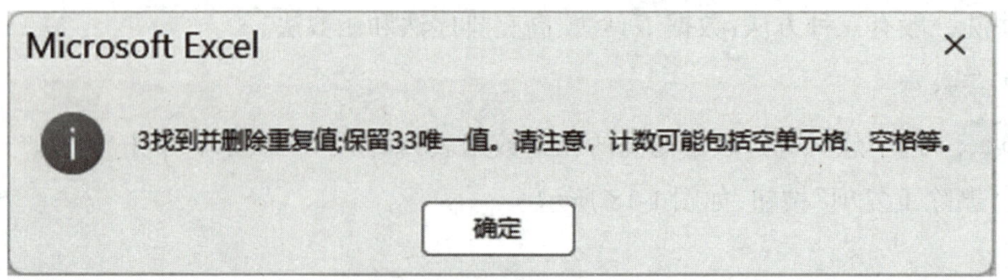

图 1-20 成功删除重复项

2. 高亮排序法

步骤 1▶ 选中想要删除重复项的值，选择“开始”菜单中的“条件格式”选项，找到其中的“重复值”并单击，如图 1-22 所示，弹出设置单元格格式对话框，其中有重复项的数据格已经标红并高亮显示，如图 1-23 所示。

步骤 2▶ 全选数据表，在菜单栏中找到“数据”一栏，单击“排序和筛选”中的“排序”按钮，对数据表进行排序，如图 1-24 所示。

步骤 3▶ 因为刚才选择的是 A 列，所以要在弹出的“排序”对话框中添加主要关键字“列A”，“排序依据”选择“单元格颜色”，“次序”选择刚才选择的颜色，把它们排在顶端，方便删除重复项，如图 1-25 所示。

	A	B	C	D	E
1		法人单位		产业活动单位	
2		数量（万个）	比重（%）	数量（万个）	比重（%）
3	合 计	2178.9	100	2455	100
4	浙 江	154.5	7.1	167.9	6.8
5	北 京	98.9	4.5	107.9	4.4
6	天 津	29.1	1.3	31.7	1.3
7	河 北	115.1	5.3	127.2	5.2
8	辽 宁	60	2.8	67.5	2.8
9	上 海	44.1	2	52.4	2.1
10	江 苏	205.4	9.4	222.9	9.1
11	福 建	70.3	3.2	79.7	3.2
12	山 东	180.1	8.3	200.6	8.2
13	广 东	312.7	14.3	338.9	13.8
14	海 南	10	0.5	11.6	0.5
15	湖 北	85.3	3.9	98.3	4
16	山 西	46.2	2.1	54.7	2.2
17	吉 林	18.7	0.9	22.4	0.9
18	黑龙江	25.6	1.2	31.6	1.3
19	安 徽	81.3	3.7	94.5	3.8
20	江 西	45.4	2.1	53.2	2.2
21	河 南	127.9	5.9	142.3	5.8
22	湖 南	62.3	2.9	71.4	2.9
23	云 南	45.3	2.1	55.6	2.3
24	内蒙古	29.7	1.4	35	1.4
25	广 西	49	2.3	57.4	2.3
26	重 庆	51.3	2.4	57.6	2.3
27	四 川	76.2	3.5	91	3.7
28	贵 州	34.8	1.6	42.4	1.7

图 1-21 删除之后的效果图

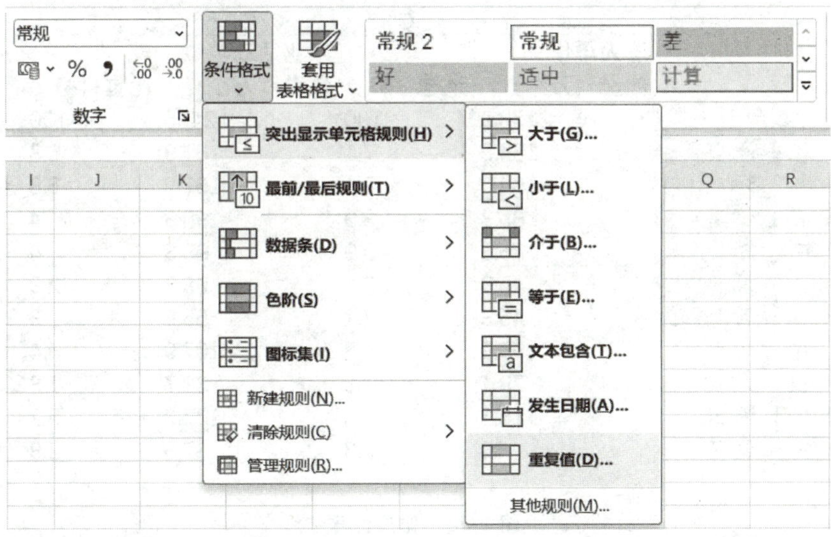

图 1-22 选中想要删除重复项的值

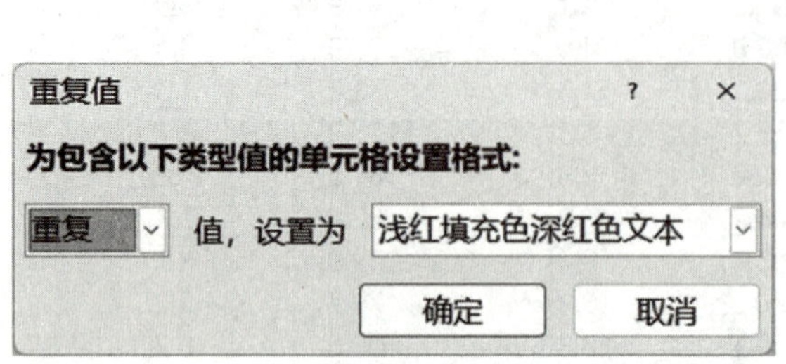

图 1-23　设置单元格格式

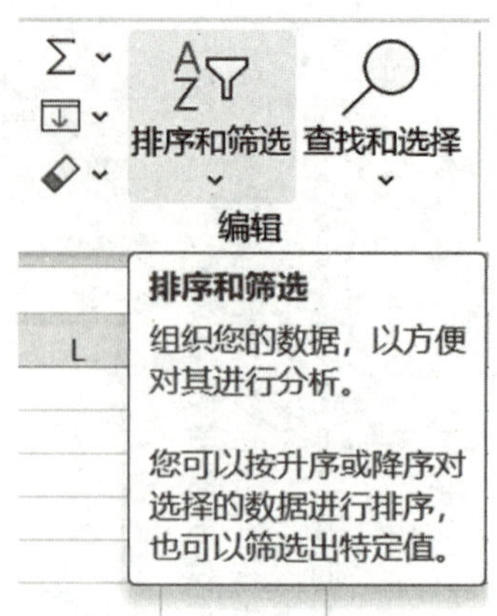

图 1-24　对数据表进行排序

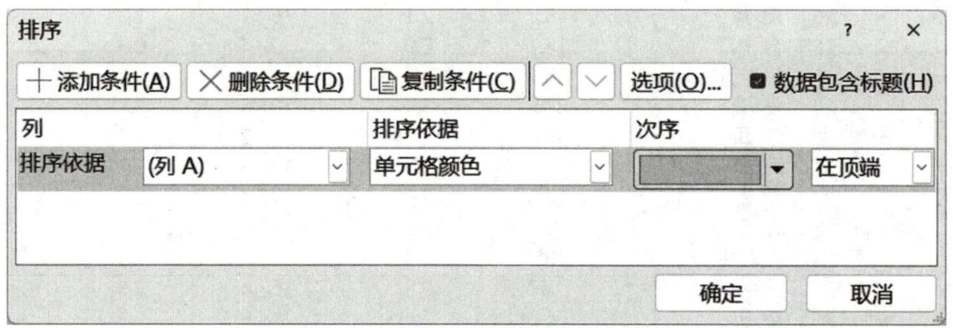

图 1-25　选择主要关键字和排序依据

排序结果如图 1-26 所示，随后可以根据自己的需要进行删除或修改。

	A	B	C	D	E
1		法人单位		产业活动单位	
2		数量（万个）	比重（%）	数量（万个）	比重（%）
3	合 计	2178.9	100	2455	100
4	浙 江	154.5	7.1	167.9	6.8
5	浙 江	154.5	7.1	167.9	6.8
6	湖 北	85.3	3.9	98.3	4
7	湖 北	85.3	3.9	98.3	4
8	云 南	45.3	2.1	55.6	2.3
9	云 南	45.3	2.1	55.6	2.3
10	北 京	98.9	4.5	107.9	4.4
11	天 津	29.1	1.3	31.7	1.3
12	河 北	115.1	5.3	127.2	5.2
13	辽 宁	60	2.8	67.5	2.8

图 1-26　排序结果

3. 函数法

Excel 的功能十分强大,通过内置函数 COUNTIF( )就能帮助我们找到重复项。该函数拥有两个参数,即 COUNTIF(range,criteria),通过 range 表示要计算其中非空单元格数目的区域,用“:”来区分开头和结尾;而 criteria 表示以数字、表达式或文本形式定义的条件。

步骤 1▶ 新增一列用来放置 COUNTIF( )函数所计算出来的值,通过 COUNTIF( )函数能知道其关键字的个数,当关键字个数大于 1 时,说明这一项有重复项,如图 1-27 所示。

	A	B	C	D	E	F
1			法人单位		产业活动单位	
2			数量(万个)	比重(%)	数量(万个)	比重(%)
3	合计	函数值	2178.9	100	2455	100
4	浙江		154.5	7.1	167.9	6.8
5	北京		98.9	4.5	107.9	4.4
6	天津		29.1	1.3	31.7	1.3
7	河北		115.1	5.3	127.2	5.2
8	辽宁		60	2.8	67.5	2.8
9	上海		44.1	2	52.4	2.1
10	江苏		205.4	9.4	222.9	9.1
11	浙江		154.5	7.1	167.9	6.8
12	福建		70.3	3.2	79.7	3.2
13	山东		180.1	8.3	200.6	8.2
14	广东		312.7	14.3	338.9	13.8
15	海南		10	0.5	11.6	0.5
16	湖北		85.3	3.9	98.3	4
17	山西		46.2	2.1	54.7	2.2
18	吉林		18.7	0.9	22.4	0.9
19	黑龙江		25.6	1.2	31.6	1.3
20	安徽		81.3	3.7	94.5	3.8

图 1-27 新增一列放置函数值

步骤 2▶ 光标停留在 B4 单元格内,输入" =COUNTIF(A:A,A4)",按回车键,会计算出函数值。这个式子表示从 A 列到 A 列,计算有 A4 这个单元格里的值的单元格个数,如图 1-28 所示。可以看到 A4 单元格中的值是“浙江”,计算出来的函数值表示 A 列中值为“浙江”的单元格的个数共有几个,从而查找出重复项。

B4 =COUNTIF(A:A,A4)

	A	B	C	D	E	F
1			法人单位		产业活动单位	
2			数量(万个)	比重(%)	数量(万个)	比重(%)
3	合计	函数值	2178.9	100	2455	100
4	浙江	2	154.5	7.1	167.9	6.8
5	北京		98.9	4.5	107.9	4.4
6	天津		29.1	1.3	31.7	1.3
7	河北		115.1	5.3	127.2	5.2
8	辽宁		60	2.8	67.5	2.8
9	上海		44.1	2	52.4	2.1
10	江苏		205.4	9.4	222.9	9.1
11	浙江		154.5	7.1	167.9	6.8
12	福建		70.3	3.2	79.7	3.2

图 1-28 计算函数值

步骤 3▶ 长按单元格右下角的方点下拉，可以依次计算每一行的函数值，计算完成后，在菜单栏中找到“数据”一栏，单击“排序和筛选”中的“排序”按钮，进行关于函数值的排序，如图1-29所示。排序后的结果如图 1-30 所示。

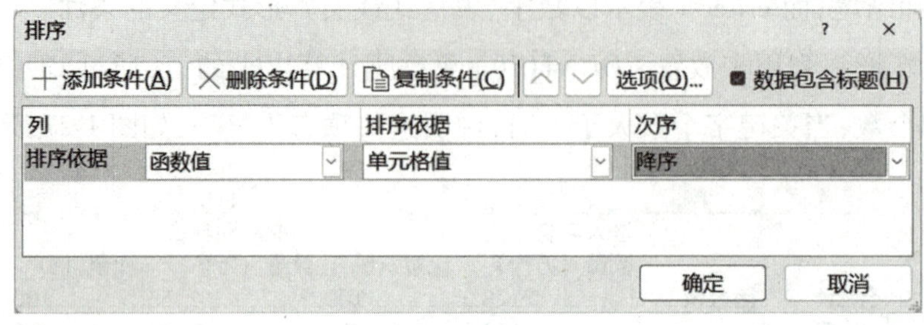

图 1-29 关于函数值的排序

	A	B	C	D	E	F
1			法人单位		产业活动单位	
2			数量（万个）	比重（%）	数量（万个）	比重（%）
3	合 计	函数值	2178.9	100	2455	100
4	浙 江	2	154.5	7.1	167.9	6.8
5	浙 江	2	154.5	7.1	167.9	6.8
6	湖 北	2	85.3	3.9	98.3	4
7	湖 北	2	85.3	3.9	98.3	4
8	云 南	2	45.3	2.1	55.6	2.3
9	云 南	2	45.3	2.1	55.6	2.3
10	北 京	1	98.9	4.5	107.9	4.4
11	天 津	1	29.1	1.3	31.7	1.3
12	河 北	1	115.1	5.3	127.2	5.2
13	辽 宁	1	60	2.8	67.5	2.8
14	上 海	1	44.1	2	52.4	2.1
15	江 苏	1	205.4	9.4	222.9	9.1
16	福 建	1	70.3	3.2	79.7	3.2
17	山 东	1	180.1	8.3	200.6	8.2

图 1-30 排序后的结果

本小节简单讲述了利用函数进行数据清洗的方法，后面还会详细讲述涉及的函数和操作步骤。

1.3 数据可视化概述

1.3.1 可视化认知

数据可视化是指以图形、图表或其他视觉格式表示数据或信息。它将数据与图像的关系进行通信。这一点很重要，因为它能更容易地看到数据的趋势和模式。随着大数据的兴起，我们需要解释越来越多的数据。因此，数据可视化不仅对数据分析人员很重要，而且对于任何职业都很有必要。无论是金融、营销、技术、设计还是其他领域，基本都需要可视化数据。这一事实显示了数据可视化的重要性。

数据可视化,通俗来讲就是将抽象数字的集合转换为读者或观众(用户)能快速掌握和理解的形状及形式。最好的数据可视化就是直观地传达这种理解,观看者能立即理解数据所表达的意思,无须过多思考。这类演示能让观看者更充分地考虑数据的含义,包括它讲述的故事、揭示的见解,甚至是它提供的警告。

数据可视化的历史可以追溯到 17 世纪的地图和图形到 19 世纪初饼图的发明,使用图片来理解数据的概念已经存在了几个世纪。1879 年,路易吉 · 波拉佐绘制立体图“三维人口金字塔”,以实际数据为依据(瑞典人口普查,1750 - 1875 年)。此图与之前所看到的可视化形式有一个明显的区别:开始使用三维的形式,并使用彩色表示数据值之间的区别,提高了视觉感知。如图 1-31 所示。

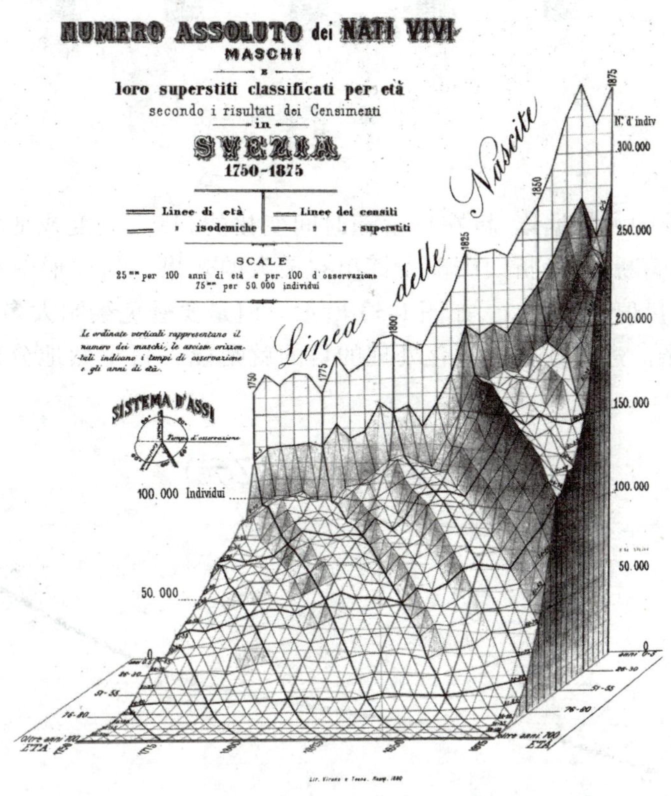

图 1-31 三维人口金字塔图

1.3.2 数据可视化图表

简而言之,数据可视化是图形或图文格式中数据的表示。它能让决策者在视觉布局中查看复杂的分析,以便其能识别新模式或者迸发新的想法,从而在市场竞争中快人一步、更胜一筹。

一般来说,数据可视化基本用图表来进行展示。一些最常见的数据可视化图表包括但不仅限于:

1. 柱形图

柱形图是最常见的数据可视化图表之一,它是显示不同数据集之间的比较中最简单也是历史最悠久的方法。如图 1-32 所示,柱形图包括水平 X 轴的数据标签,在垂直 Y 轴上显示测量的指标或值。Y 轴通常从 0 开始，与图表中最大的测量值高度相同。

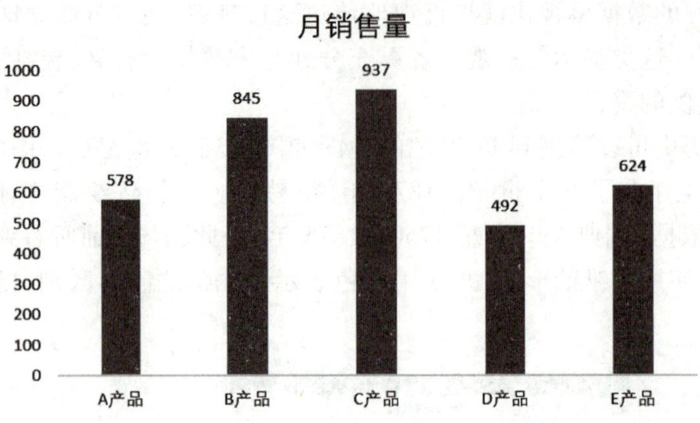

图 1-32　柱形图

2. 折线图

折线图适合二维的大数据集，旨在显示随时间变化的趋势、进度或变化。因此，当数据集是连续的，而不是充满断点时，折线图能发挥出它最大的效果。与柱形图相同，折线图的 X 轴表示数据标签，而测量值在 Y 轴上，如图 1-33 所示。但是要避免绘制太多的折线，否则会导致图形看起来更加复杂。进行数据可视化处理的目的就是能一目了然地分析问题，反之则会本末倒置。

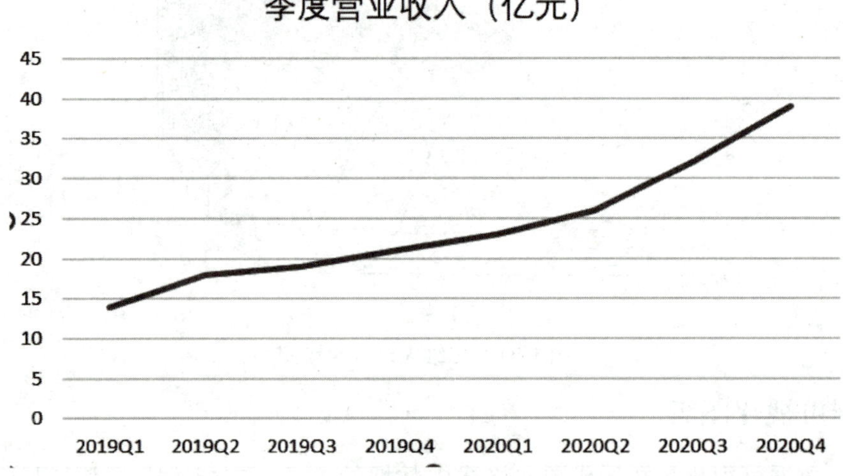

图 1-33　折线图

3. 饼图

饼图常用于统计，显示一个数据系列中各项的大小与各项所占的比例。饼图中的数据点显示为整个饼图的百分比，如图 1-34 所示。使用饼图，可以比较值、测量每个值的组成及分析数据分布。饼图表示一个静态数字，这些在数字营销中特别有帮助，比如市场份额、营销支出、客户统计、设备使用情况等。当然分化最好不要太多，应当限制说明的类别数量，原因同折线图。

除以上阐述的三类最常见的可视化图表以外，还有很多其他的可视化图表，如条形图、散点图、圆环图、旭日图、树状图、箱线图、雷达图、热力图等，以及各种基本可视化图表的结合，如复杂一些的特殊图表和动态图表。这些图表在后面会一一详细地介绍，此处不再赘述。

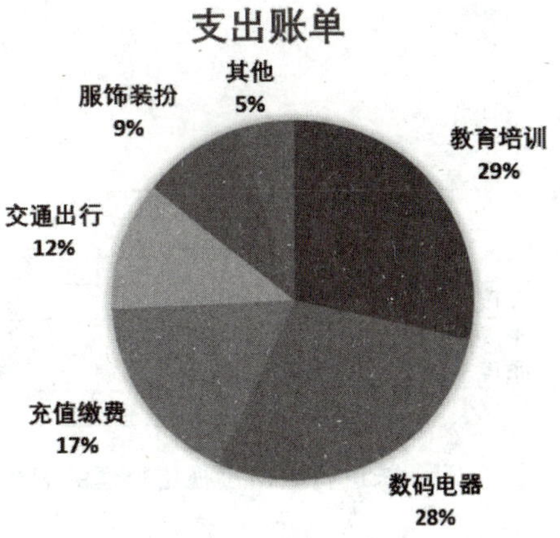

支出账单

其他 5%
服饰装扮 9%
教育培训 29%
交通出行 12%
充值缴费 17%
数码电器 28%

图 1-34 饼图

1.3.3 Excel 数据可视化的形式

本书主要以 Excel 2016 作为数据可视化的工具，介绍如何利用 Excel 制作具有说服力的分析图表，能让 Excel 图表初学者快速掌握图表技术，同时使有一定基础的 Excel 使用者温故而知新。

Excel 可以用图表对任何一组数据进行图形表示。图表是数据的可视化表示，Excel 为使用者提供了许多图表类型，使用者可以选择适合所选数据的图表类型，也可以使用 Excel“推荐的图表”选项查看自定义为数据的图表，选择其中一种。选中想要做成图表的数据，单击“推荐的图表”选项，Excel 会生成几种适合用户数据的图表，如图 1-35、图 1-36 所示。

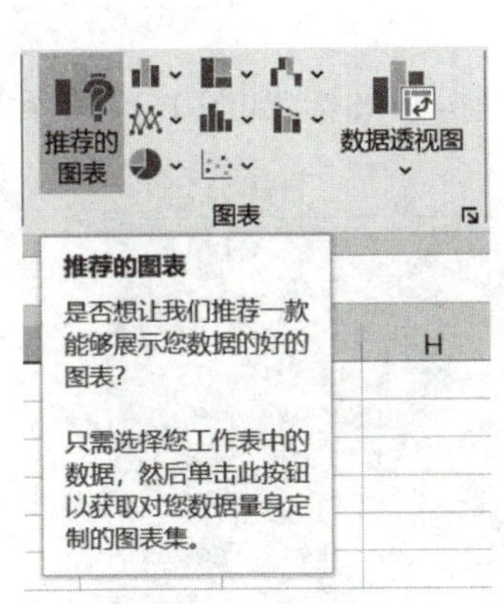

图 1-35 推荐的图表

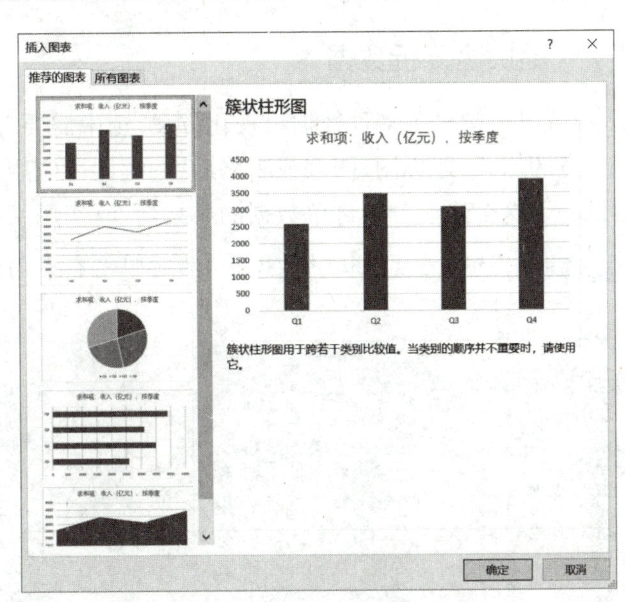

图 1-36 插入图表

接下来用一个简单的例子进行 Excel 数据可视化形式的展示，来直观地讲述未进行数据可视化和进行数据可视化处理的区别。先来看未进行数据可视化处理的表格，如图 1-37 所示，当表格数据量更多时，很难一眼看出这些数据的规律，因此要进行数据可视化处理。选中表格，单击工具栏中的“推荐的图表”选项，选择合适的图表，能很轻松地生成数据可视化图表，如图 1-38 所示。

	目标利润（元）	实际利润（元）
季度1	2727	3358
季度2	3860	3829
季度3	3169	2374
季度4	3222	3373

图 1-37　未进行数据可视化处理的表格图

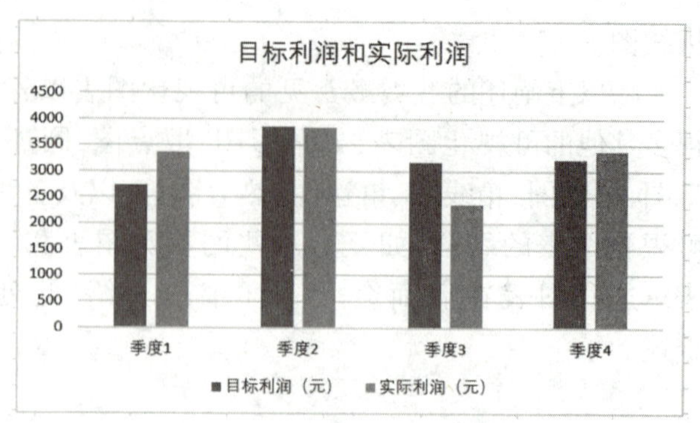

图 1-38　数据可视化图表

从图表中可以很清楚地看出每个季度的目标利润和实际利润的差距，这就是 Excel 数据可视化的形式。通过对特定数据进行合适的可视化处理，从而形成直观、一目了然的数据可视化形式。其他图表的数据可视化形式会在后面详细讲述。

1.4　Excel 快速操作技巧

在日常办公或数据分析中，Excel 软件有许多小技巧，学习并使用这些技巧可以大大提高工作效率，让你成为 Excel 高手。

1.4.1　一键快速分析数据

Excel 可以一键显示多种数据可视化方案，选中需要分析的数据集后，立即进行快速分析，当你看到中意的格式、迷你图、图表或表格后，一键即可应用。

尝试一下这个快速分析订单数据的小技巧，既实用又高效。

步骤 1▶　选中需要分析的数据集，然后单击右下角的快速分析图标，如图 1-39 所示。

	A	B	C	D	E	F	G	H
1	订单编号	订单日期	客户类型	省市	商品类别	销售额	利润额	
2	CN-2022-101506	2022/6/30	消费者	黑龙江	电话	20871.06	384.36	
3	CN-2022-101507	2022/6/30	消费者	黑龙江	配件	252.84	24.71	
4	CN-2022-101508	2022/6/30	消费者	黑龙江	收纳具	456.4	11.44	
5	CN-2022-101510	2022/6/30	消费者	湖南	配件	2074.24	225.41	
6	CN-2022-101509	2022/6/30	消费者	安徽	器具	6919.08	468.66	
7	CN-2022-101504	2022/6/30	消费者	山西	椅子	388.64	25.37	
8	CN-2022-101501	2022/6/30	公司	上海	系固件	32.088	-0.16	
9	CN-2022-101502	2022/6/30	公司	上海	用品	586.152	-41.4	
10	CN-2022-101503	2022/6/30	公司	上海	用品	2154.6	133.44	
11	CN-2022-101499	2022/6/30	消费者	黑龙江	用品	108.08	47.99	
12	CN-2022-101500	2022/6/30	消费者	黑龙江	书架	1700.16	194.63	
13	CN-2022-101505	2022/6/30	消费者	黑龙江	复印机	2034.9	149.44	
14	CN-2022-101497	2022/6/29	消费者	黑龙江	配件	657.3	154.11	
15	CN-2022-101498	2022/6/29	消费者	黑龙江	标签	52.22	3.69	
16	CN-2022-101495	2022/6/28	消费者	黑龙江	装订机	182.28	33.68	

图 1-39　快速分析图标

步骤 2▶ 鼠标悬停在每个选项上都会显示相应的预览。例如单击“表格”选项，鼠标悬停在“据透视表”上，就会显示预览信息，如图 1-40 所示，如果再单击“数据透视表”图标，会输出对应的统计结果。

	A	B	C	D	E	F	G
1	订单编号	订单日期	客户类型	省市	商品类别	销售额	利润额
2	CN-2022-101506	2022/6/30	消费者	黑龙江	电话	20871.06	384.36
3	CN-2022-101507	2022/6/30	消费者	黑龙江	配件	252.84	24.71
4	CN-2022-101508	2022/6/30	消费者	黑龙江	收纳具	456.4	11.44
5	CN-2022-101510	2022/6/30	消费者	湖南	配件	2074.24	225.41
6	CN-2022-101509	2022/6/30	消费者	安徽	器具	6919.08	468.66
7	CN-2022-101504	2022/6/30	消费者	山西			25.37
8	CN-2022-101501	2022/6/30	公司	上海			-0.16
9	CN-2022-101502	2022/6/30	公司	上海			-41.4
10	CN-2022-101503	2022/6/30	公司	上海			133.44
11	CN-2022-101499	2022/6/30	消费者	黑龙江			47.99
12	CN-2022-101500	2022/6/30	消费者	黑龙江			
13	CN-2022-101505	2022/6/30	消费者	黑龙江			
14	CN-2022-101497	2022/6/29	消费者	黑龙江			
15	CN-2022-101498	2022/6/29	消费者	黑龙江			
16	CN-2022-101495	2022/6/28	消费者	黑龙江			
17	CN-2022-101496	2022/6/28	消费者	黑龙江			
18	CN-2022-101494	2022/6/28	公司	北京			
19	CN-2022-101485	2022/6/28	公司	北京			
20	CN-2022-101491	2022/6/28	公司	山西			
21	CN-2022-101492	2022/6/28	公司	山西	配件	427.14	33.23

行标签	求和项:销售额
公司	2640658.186
消费者	3951489.213
小型企业	1531848.505
总计	8123995.904

格式化(F) 图表(C) 汇总(O) 表格(T) 迷你图(S)

表 数据透视表 数据透视表 数据透视表 数据透视表 其他

表格可以帮助您排序、筛选和汇总数据。

图 1-40 数据透视表

1.4.2 对比工作表的变化

Excel 的工作表对比可以比较两个 Excel 文件的差异，比如增加或删除工作表的内容、计算结果的差异或格式的差异等，让用户对工作表中的变化明察秋毫。

修改了商品订单表，其前后的变化如何对比呢？试试下面的方法。

步骤 1▶ 单击“文件”选项卡“更多”下拉框“选项”按钮（见图 1-41），弹出“Excel 选项”对话框，如图 1-42所示。

步骤 2▶ 单击“加载项”选项卡“Inquire”组“管理”下拉框“COM 加载项”按钮，单击确定，如图 1-43 所示，在Excel菜单栏中增加了“Inquire”选项，如图 1-44 所示。

步骤 3▶ 单击“Inquire” 选项卡“比较文件”按钮（见图 1-45），选择需要对比的两个 Excel 文件，如图 1-46 所示，然后单击“比较”按钮。

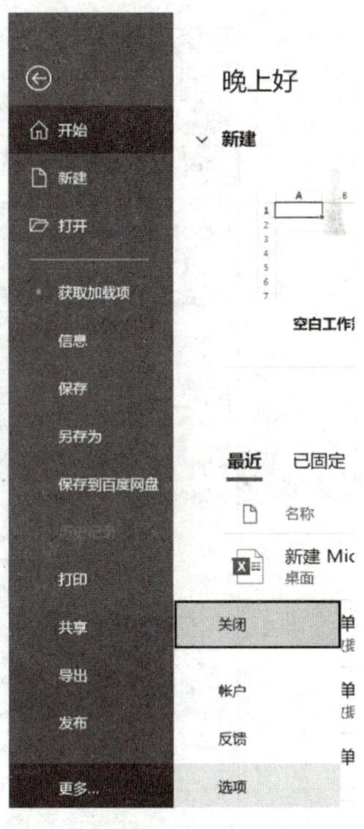

图 1-41 点击“选项”按钮

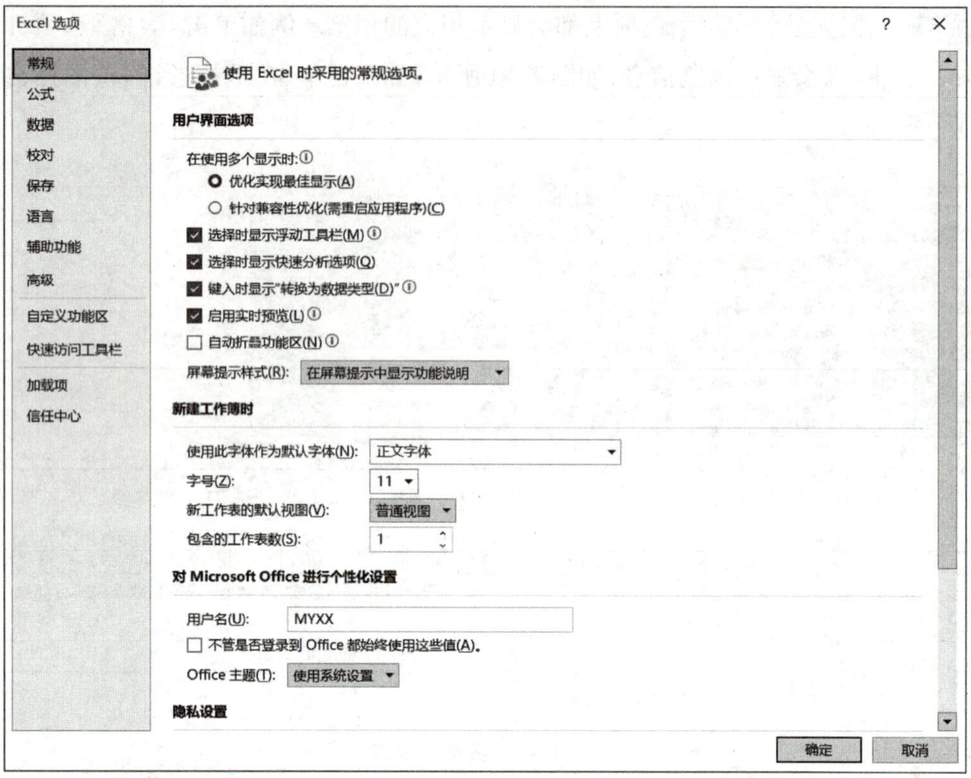

图 1-42 "Excel 选项"对话框

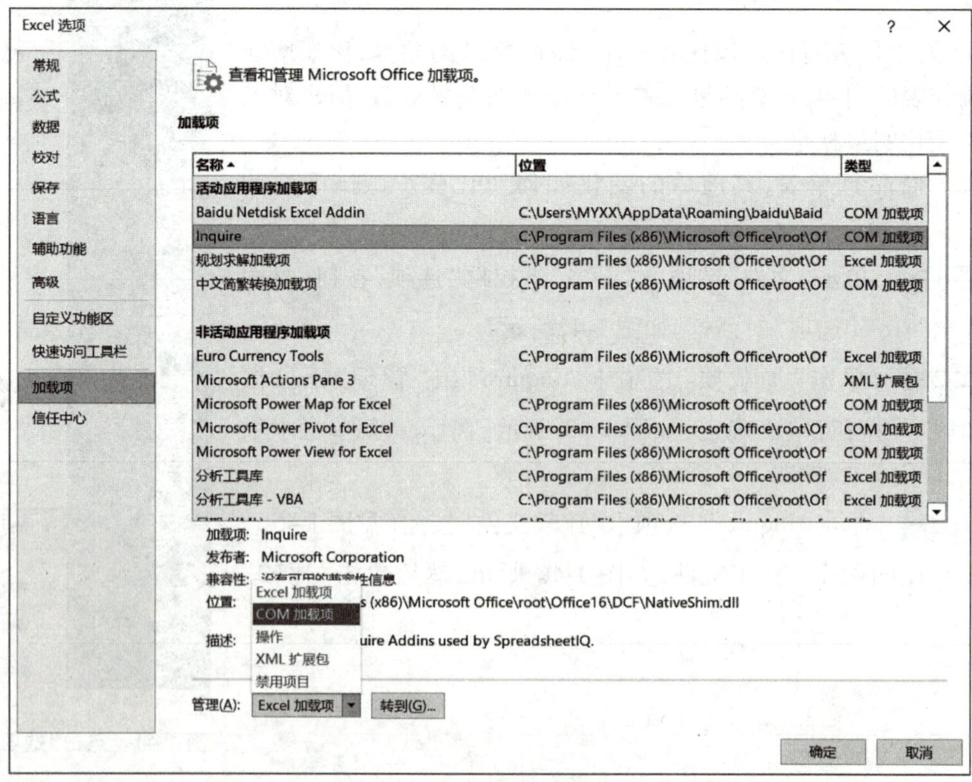

图 1-43 加载"Inquire"选项

图 1-44 “Inquire”选项

图 1-45 点击“比较文件”按钮

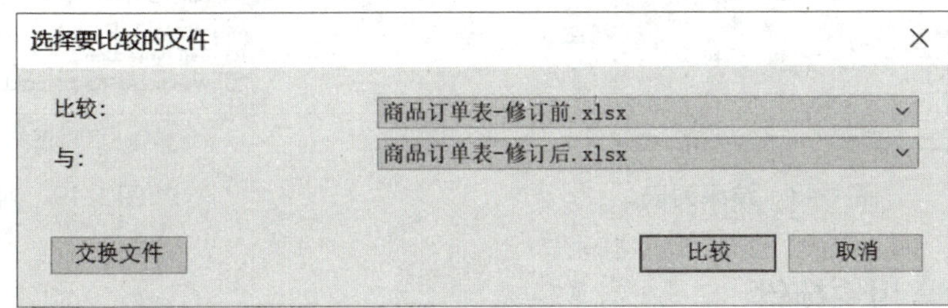

图 1-46 比较文件

如图 1-47 所示，数据差异被用颜色标示出来了，一目了然。打开文件后，软件界面分 5 部分显示，上面两部分，左侧显示旧文件，右侧显示新文件。下面三部分，左侧显示对比项，中间显示对比结果，右侧显示各项不同之处的统计数据。

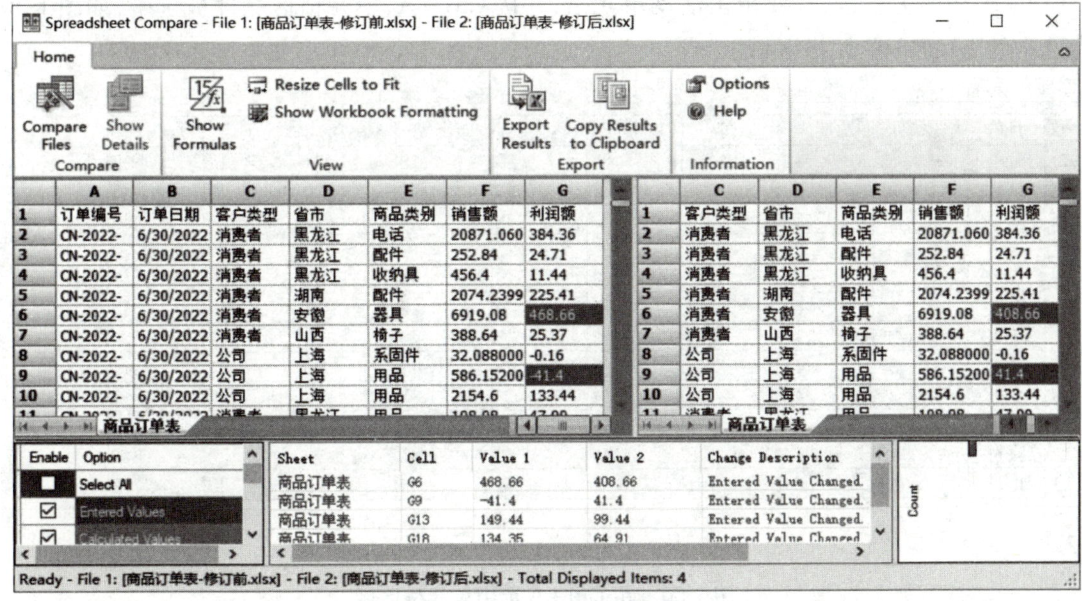

图 1-47 工作表对比结果

步骤 4▶ 单击 Export Results 选项，即可把对比结果导出到一个 Excel 文件中。导出的 Excel 文件分为两个工作表：一个是结果列表，如图 1-48 所示，另一个是对比选项，如图 1-49 所示。

Differences				
Sheet	Range	Old Value	New Value	Description
商品订单表	G6	468.66	408.66	Entered Value Changed.
商品订单表	G9	-41.4	41.4	Entered Value Changed.
商品订单表	G13	149.44	99.44	Entered Value Changed.
商品订单表	G18	134.35	64.91	Entered Value Changed.

图 1-48 结果列表

Compare Setup
Setting
File 1
File 2
Compare Date
Compared by
Entered Values
Calculated Values
Formulas
System Generated Formulas
System Generated Formulas with Errors
Structural
Named Items
System Generated Named Items
System Generated Named Items with Errors
Code Modules
Data Connections
Cell Formatting
Cell Protection
Workbook/Sheet Protection

图 1-49 对比选项

1.4.3 Excel 常用快捷键

Excel 快捷键可以在不用鼠标的情况下一键快速完成很多操作，是提升工作效率的利器。这里只介绍几个 Excel 中的常用快捷键，值得注意的是，这些快捷键基本都适用于各个版本的 Excel 软件。

1. Excel 快捷键：Ctrl + A

Ctrl + A 功能为全选，只要单击活动单元格，并按 Ctrl + A，单元格区域即被选中，如图 1-50 所示为选中的 A1:J13 单元格区域。

月份	定远路店	海恒店	金寨店	燎原店	临泉路	庐江路	人民路店	杨店店	众兴店
1月	22	14	16	25	28	18	31	14	32
2月	25	28	27	28	22	18	20	13	16
3月	29	25	34	22	28	24	19	24	28
4月	24	25	33	26	26	14	30	20	21
5月	34	43	40	34	45	50	31	28	40
6月	40	49	25	27	40	32	33	38	35
7月	25	15	24	22	33	12	28	24	14
8月	33	41	43	25	53	48	26	41	44
9月	39	46	33	34	42	35	53	48	46
10月	46	38	47	38	53	51	47	43	53
11月	45	34	42	43	44	35	49	23	40
12月	41	44	51	45	51	40	45	39	52

图 1-50 用 Ctrl + A 选中单元格区域

2. Excel 快捷键:Ctrl + C

Ctrl + C 功能为复制,例如先选中 A2:J2 单元格区域,并按 Ctrl + C,第 2 行单元格会添加虚线并被复制,如图 1-51 所示。

	A	B	C	D	E	F	G	H	I	J	K
1	月份	定远路店	海恒店	金寨店	燎原店	临泉路	庐江路	人民路店	杨店店	众兴店	
2	1月	22	14	16	25	28	18	31	14	32	
3	2月	25	28	27	28	22	18	20	13	16	
4	3月	29	25	34	22	28	24	19	24	28	
5	4月	24	25	33	26	26	14	30	20	21	
6	5月	34	43	40	34	45	50	31	28	40	
7	6月	40	49	25	27	40	32	33	38	35	
8	7月	25	15	24	22	33	12	28	24	14	
9	8月	33	41	43	25	53	48	26	41	44	
10	9月	39	46	33	34	42	35	53	48	46	
11	10月	46	38	47	38	53	51	47	43	53	
12	11月	45	34	42	43	44	35	49	23	40	
13	12月	41	44	51	45	51	40	45	39	52	
14											
15											

图 1-51　用 Ctrl + C 复制单元格数据

3. Excel 快捷键:Ctrl + V

Ctrl + V 功能为粘贴,在复制第 2 行的单元格后,单击 A3 单元格,并按 Ctrl + V,即可将数据粘贴至第 3 行,如图 1-52 所示。

	A	B	C	D	E	F	G	H	I	J
1	月份	定远路店	海恒店	金寨店	燎原店	临泉路	庐江路	人民路店	杨店店	众兴店
2	1月	22	14	16	25	28	18	31	14	32
3	1月	22	14	16	25	28	18	31	14	32
4	3月	29	25	34	22	28	24	19	24	28
5	4月	24	25	33	26	26	14	30	20	21
6	5月	34	43	40	34	45	50	31	28	40
7	6月	40	49	25	27	40	32	33	38	35
8	7月	25	15	24	22	33	12	28	24	14
9	8月	33	41	43	25	53	48	26	41	44
10	9月	39	46	33	34	42	35	53	48	46
11	10月	46	38	47	38	53	51	47	43	53
12	11月	45	34	42	43	44	35	49	23	40
13	12月	41	44	51	45	51	40	45	39	52

图 1-52　用 Ctrl + V 粘贴单元格数据

4. Excel 快捷键:Ctrl + X

Ctrl + X 功能为剪切,按上述操作把 Ctrl + C 改成 Ctrl + X,即可将第 2 行数据剪切到第 3 行,如图 1-53 所示。

	A	B	C	D	E	F	G	H	I	J
1	月份	定远路店	海恒店	金寨店	燎原店	临泉路	庐江路	人民路店	杨店店	众兴店
2										
3	1月	22	14	16	25	28	18	31	14	32
4	3月	29	25	34	22	28	24	19	24	28
5	4月	24	25	33	26	26	14	30	20	21
6	5月	34	43	40	34	45	50	31	28	40
7	6月	40	49	25	27	40	32	33	38	35
8	7月	25	15	24	22	33	12	28	24	14
9	8月	33	41	43	25	53	48	26	41	44
10	9月	39	46	33	34	42	35	53	48	46
11	10月	46	38	47	38	53	51	47	43	53
12	11月	45	34	42	43	44	35	49	23	40
13	12月	41	44	51	45	51	40	45	39	52

图 1-53　用 Ctrl + X 剪切单元格数据

5. Excel 快捷键:Ctrl + F

Ctrl + F 功能为查找,用鼠标选中活动单元格,按 Ctrl + F,弹出“查找”对话框,在“查找内容”中即可输入需要查找的关键字,如图 1-54 所示。

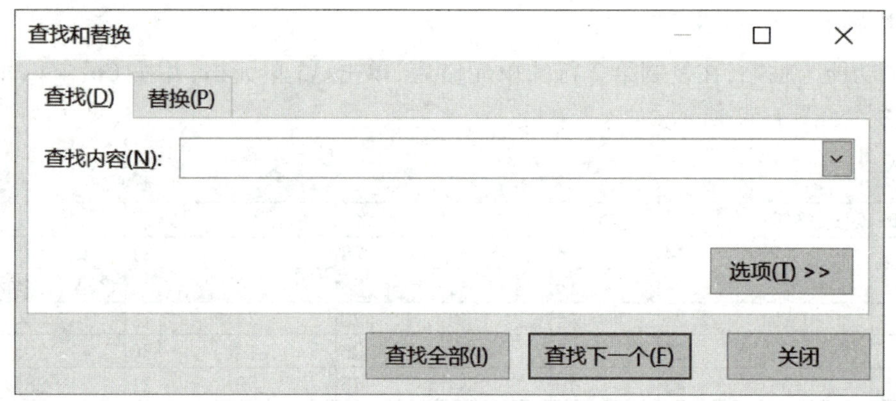

图 1-54　用 Ctrl + F 查找

6. Excel 快捷键:Ctrl + H

Ctrl + H 功能为替换,用鼠标选中活动单元格,按 Ctrl + H,弹出“替换”对话框,然后在“查找内容”中输入查找的关键字,在“替换为”中输入替换的关键字,即可用新的内容替换输入的关键字,如图 1-55 所示。

7. Excel 快捷键:Ctrl + L

Ctrl + L 功能为创建表,选中 A1J13 单元格区域,按 Ctrl + L,弹出“创建表”对话框,按回车键确认,即可实现创建表,如图 1-56 所示。

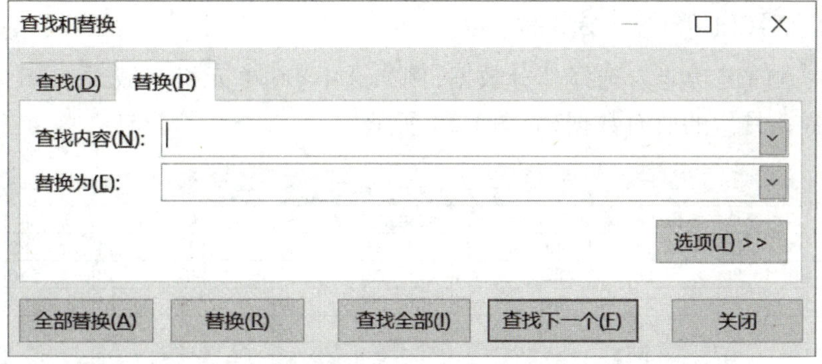

图 1-55 用 Ctrl + H 替换

	A	B	C	D	E	F	G	H	I	J
1	月份	定远路店	海恒店	金寨店	燎原店	临泉路	庐江路	人民路店	杨店店	众兴店
2	1月	22	14	16	25	28	18	31	14	32
3	2月	25	28	27	28	22	18	20	13	16
4	3月	29	25	34	22	28	24	19	24	28
5	4月	24	25	33	26	26	14	30	20	21
6	5月	34	43	40					28	40
7	6月	40	49	25					38	35
8	7月	25	15	24					24	14
9	8月	33	41	43					41	44
10	9月	39	46	33					48	46
11	10月	46	38	47					43	53
12	11月	45	34	42					23	40
13	12月	41	44	51	45	51	40	45	39	52

创建表 ? ×
表数据的来源(W):
$A$1:$J$13
☑ 表包含标题(M)
确定 取消

图 1-56 用 Ctrl + L 创建表

8. Excel 快捷键:Ctrl + Q

Ctrl + Q 功能为格式化数据,选中单元格区域,按 Ctrl + Q,弹出“格式化”对话框,还可以对单元格区域进行图表、汇总、表格、迷你图等操作,如图 1-57 所示。

	A	B	C	D	E	F	G	H	I	J	K	L	M	N
1	月份	定远路店	海恒店	金寨店	燎原店	临泉路	庐江路	人民路店	杨店店	众兴店				
2	1月	22	14	16	25	28	18	31	14	32				
3	2月	25	28	27	28	22	18	20	13	16				
4	3月	29	25	34	22	28	24	19	24	28				
5	4月	24	25	33	26	26	14	30	20	21				
6	5月	34	43	40	34	45								
7	6月	40	49	25	27	40								
8	7月	25	15	24	22	33								
9	8月	33	41	43	25	53								
10	9月	39	46	33	34	42								
11	10月	46	38	47	38	53								
12	11月	45	34	42	43	44								
13	12月	41	44	51	45	51								
14														
15														

格式化(F) 图表(C) 汇总(O) 表格(T) 迷你图(S)
数据条 色阶 图标集 大于 前 10% 清除格式
条件格式使用规则突出显示感兴趣的数据。

图 1-57 用 Ctrl + Q 格式化数据

9. Excel 快捷键:Ctrl + Shift + 方向键

Ctrl + Shift + 方向键功能为选择部分数据,例如选中 B6 单元格区域,按 Ctrl + Shift + 向右的方向键,即可选择 5 月份的所有数据,如图 1-58 所示。

	A	B	C	D	E	F	G	H	I	J	K
1	月份	定远路店	海恒店	金寨店	燎原店	临泉路	庐江路	人民路店	杨店店	众兴店	
2	1月	22	14	16	25	28	18	31	14	32	
3	2月	25	28	27	28	22	18	20	13	16	
4	3月	29	25	34	22	28	24	19	24	28	
5	4月	24	25	33	26	26	14	30	20	21	
6	5月	34	43	40	34	45	50	31	28	40	
7	6月	40	49	25	27	40	32	33	38	35	
8	7月	25	15	24	22	33	12	28	24	14	
9	8月	33	41	43	25	53	48	26	41	44	
10	9月	39	46	33	34	42	35	53	48	46	
11	10月	46	38	47	38	53	51	47	43	53	
12	11月	45	34	42	43	44	35	49	23	40	
13	12月	41	44	51	45	51	40	45	39	52	

图 1-58　用 Ctrl + Shift + 方向键选中数据

10. Excel 快捷键:Ctrl + S

Ctrl + S 功能为保存,修改工作表数据后,按 Ctrl + S,即可快速保存工作表。

Excel 还有很多其他快捷键,读者可以查阅相关资料,了解所有快捷键及其功能。

本章小结

本章主要学习了什么是数据分析,需要掌握数据分析的方法和流程;理解什么是数据清洗,掌握数据清洗的方法;理解什么是数据可视化与数据可视化视图;掌握 Excel 常用快捷键。通过本章的学习,读者可以掌握数据分析与处理的过程,能准确判断数据预处理的适用场景。

实操练习

1. 打开素材文件“第 1 章练习题 - 1”,采用“2023 年 1 - 2 月份商品零售数据”进行销售数据预处理。对数据进行清洗:删除数据表中的重复值;主要关键字为“绝对量”的降序排列。

2. 打开素材文件“第 1 章练习题 - 2”,采用“2023 年 1 - 8 月份部分规模以上工业企业主要财务指标”进行数据预处理。查找输入表格中的缺失值;根据需要调整营业收入、营业成本和利润总额的排序。

第 2 章　使用公式与函数

学习目标

(1)理解什么是 Excel 函数；

(2)掌握 Excel 单元格引用,分为相对引用、绝对引用和混合引用；

(3)学习新版 Excel 表格的新函数:多条件判断、文本连接函数、日期处理函数。

思政目标

(1)通过引入 Excel 公式和函数,培养学生的逻辑思维能力和解决问题的能力；

(2)引导学生利用 Excel 公式和函数解决生活中的实际问题。

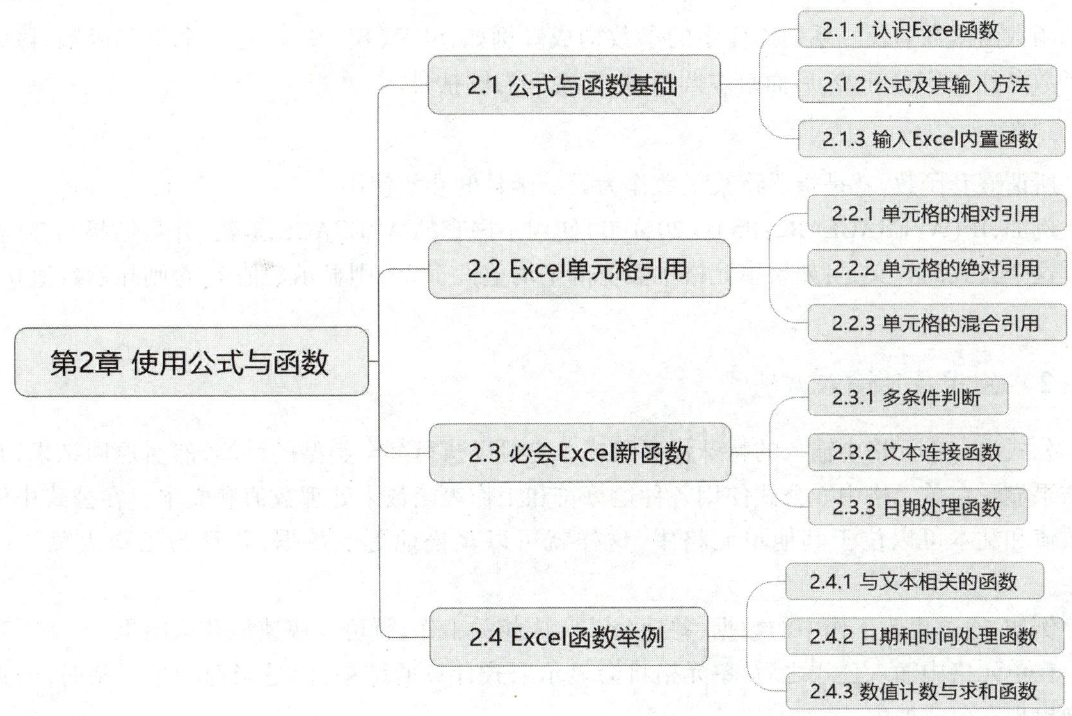

无论你今后从事财务、HR、会计，还是日常工作，都难免与数据和各种报表打交道，这样在使用Excel时就会经常接触到公式和函数。公式和函数可以说是Excel的“超级计算器”，工作中机械重复的手工计算其实用一个公式和函数就能解决。如果不具备使用公式和函数的能力，不仅浪费时间，而且很多问题根本无法解决。前面几章已经出现了一些公式和函数，本章主要介绍公式和函数的基础知识及其在数据分析中的应用。

2.1 公式与函数基础

公式由在单元格中输入的特殊代码组成，它可以执行某类计算，然后返回结果，并将结果显示在单元格中。函数是Excel数据处理的核心，利用函数可实现较复杂的数据计算、分析和管理等工作，大大提高工作效率。下面介绍公式和函数的基础知识。

2.1.1 认识Excel函数

Excel中的函数其实是一些预定义的公式，它们使用一些称为参数的特定数值按特定的顺序或结构进行计算。用户可以直接用它们对某个区域内的数值进行一系列运算，如分析和处理日期值和时间值、确定贷款的支付额、确定单元格中的数据类型、计算平均值、排序显示以及文本数据处理等。

1. 函数的结构

函数由函数名及一系列操作中的参数构成。例如，SUM(B5:B10)是一个求和函数，该函数以函数名称(SUM)开始，后面是左圆括号、参数和右圆括号。

2. 嵌套函数

所谓嵌套函数，就是指要将某函数作为另一函数的参数使用。

例如，IF(AVERAGE(B2:B5)>20,1,0)使用了嵌套的AVERAGE函数，并将结果与20相比较。这个公式的含义是：如果单元格中数值的平均值大于20，则显示数值1，否则显示数值0。

2.1.2 公式及其输入方法

公式由在单元格中输入的特殊代码组成。它可以执行某个类型的计算，然后返回结果，并且将结果显示在单元格中。公式使用各种运算符和工作表函数来处理数值和文本。在公式中使用的数值和文本可以位于其他单元格中，这样就可以轻松地更改数据，并且为工作表赋予动态特性。

例如：通过更改工作中的数据，并让公式完成相关工作，就可以快速地获取结果。

在单元格中输入公式之后，单元格将会显示公式计算的结果，但是当选择单元格时，公式自身会出现在公式栏中。

1. 创建计算公式

可以按照以下步骤创建公式：

步骤 1▶ 在 Excel 工作表中选择一个单元格,输入等号“ = ”。

注意:Excel 中的公式始终以等号“ = ”开头。

步骤 2▶ 选择一个单元格,或在所选单元格中输入其地址,再输入运算符。

步骤 3▶ 选择下一单元格,或在所选单元格中输入其地址,并按 Enter 键。

计算结果将显示在包含公式的单元格中。

例如,计算商品利润率的公式是利润额除以销售额,在 E2 中输入的公式为“ = D2/C2”,并设置为百分比的显示方式,如图 2-1 所示。

E2 | fx =D2/C2

	A	B	C	D	E
1	商品代码	商品名称	销售额	利润额	利润率
2	Prod-10004819	诺基亚_智能手机_整包	1725.36	88.88	5.15%
3	Prod-10003382	施乐_计划信息表_多色	304.92	17.44	5.72%
4	Prod-10002532	Hon_椅垫_可调	243.684	18.304	7.51%
5	Prod-10000979	Cuisinart_搅拌机_白色	729.456	46.864	6.42%
6	Prod-10002581	Avery_可去除的标签_可调	161.28	13.24	8.21%
7	Prod-10003153	贝尔金_键区_耐用	811.44	69.86	8.61%
8	Prod-10000979	Hon_凳子_可调	930.384	79.776	8.57%
9	Prod-10001047	Smead_锁柜_蓝色	2777.88	197.64	7.11%
10	Prod-10003397	Acme_开信刀_钢	82.908	6.152	7.42%
11			863.0347		8.61%

图 2-1 输入计算公式

2. 查看输入的公式

在单元格中输入公式时,该公式还会出现在编辑栏中。要查看公式,先选择公式所在单元格,该公式会出现在编辑栏中,例如 E2 = D2/C2。

可以在公式中使用函数,通过使用函数可以增强公式的功能,并且能够执行只使用运算符难以完成的计算。

函数可以极大地简化公式。例如,要计算销售额的平均值,即 9 个单元格(C2:C10)区域中数值的平均值,如果不使用函数,就必须构建一个如下所示的公式:

= (C2 + C3 + C4 + C5 + C6 + C7 + C8 + C9 + C10)/9

这并不是好的方法,因为如果要将另一个单元格添加到这个区域,就需要再次编辑这个公式。我们可以使用简单得多的函数来替换以上公式,即在公式中使用 Excel 的内置工作表函数 AVERAGE,这样销售额的平均值就等于 AVERAGE(C2:C10),如图 2-2 所示。

2.1.3 输入 Excel 内置函数

Excel 函数的输入方法有两种:一种是使用输入文本的方法输入函数,另一种是使用“插入函数”对话框输入函数。

1. 使用文本输入函数

这种方法较为简单,但使用该方法需要对函数及其参数非常熟悉。具体操作步骤如下:

步骤 1▶ 选择一个空单元格;

IF | =AVERAGE(C2:C10)

	A	B	C	D	E
1	商品代码	商品名称	销售额	利润额	利润率
2	Prod-10004819	诺基亚_智能手机_整包	1725.36	88.88	5.15%
3	Prod-10003382	施乐_计划信息表_多色	304.92	17.44	5.72%
4	Prod-10002532	Hon_椅垫_可调	243.684	18.304	7.51%
5	Prod-10000979	Cuisinart_搅拌机_白色	729.456	46.864	6.42%
6	Prod-10002581	Avery_可去除的标签_可调	161.28	13.24	8.21%
7	Prod-10003153	贝尔金_键区_耐用	811.44	69.86	8.61%
8	Prod-10000979	Hon_凳子_可调	930.384	79.776	8.57%
9	Prod-10001047	Smead_锁柜_蓝色	2777.88	197.64	7.11%
10	Prod-10003397	Acme_开信刀_钢	82.908	6.152	7.42%
11			=AVERAGE(C2:C10)		8.61%

图 2-2　输入内置函数

步骤 2▶　输入一个等号“＝”，然后输入函数。例如，用“＝AVERAGE”计算平均销售额；

步骤 3▶　输入左括号“（”；

步骤 4▶　选择单元格区域，然后输入右括号“）”；

步骤 5▶　Enter 按键获取结果。

2. 使用“插入函数”对话框

使用“插入函数”对话框可以输入内置函数，操作步骤如下：

步骤 1▶　选择要插入函数的单元格。打开原始文件，首先选中要插入函数的单元格，例如 E11。

步骤 2▶　打开“插入函数”对话框。单击“公式”选项卡下“函数库”组中的“插入函数”选项，弹出“插入函数”对话框，如图 2-3 所示。

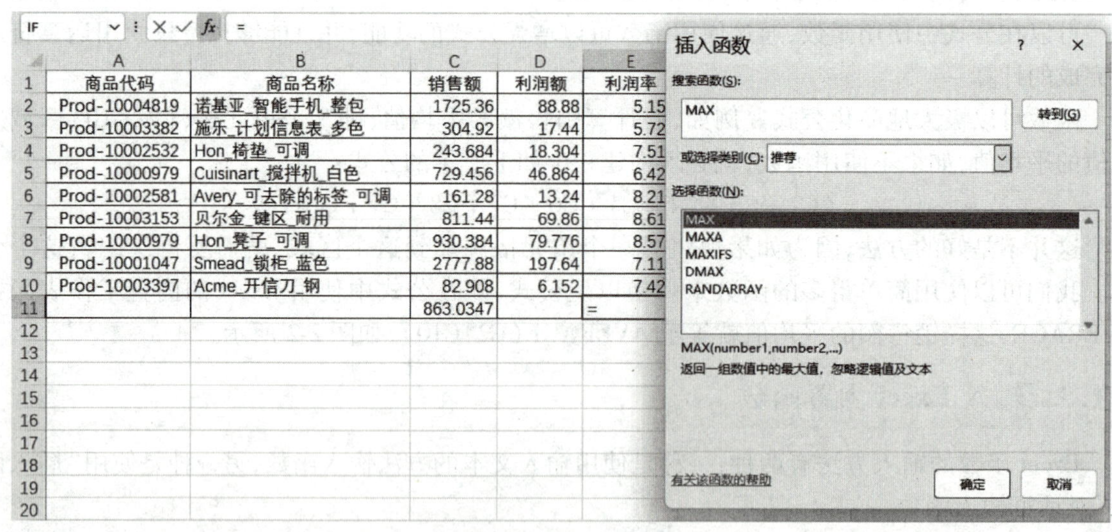

	A	B	C	D	E
1	商品代码	商品名称	销售额	利润额	利润率
2	Prod-10004819	诺基亚_智能手机_整包	1725.36	88.88	5.15
3	Prod-10003382	施乐_计划信息表_多色	304.92	17.44	5.72
4	Prod-10002532	Hon_椅垫_可调	243.684	18.304	7.51
5	Prod-10000979	Cuisinart_搅拌机_白色	729.456	46.864	6.42
6	Prod-10002581	Avery_可去除的标签_可调	161.28	13.24	8.21
7	Prod-10003153	贝尔金_键区_耐用	811.44	69.86	8.61
8	Prod-10000979	Hon_凳子_可调	930.384	79.776	8.57
9	Prod-10001047	Smead_锁柜_蓝色	2777.88	197.64	7.11
10	Prod-10003397	Acme_开信刀_钢	82.908	6.152	7.42
11			863.0347		=

图 2-3　插入函数

步骤 3▶　选择函数。弹出“插入函数”对话框，设置“或选择类别”为“统计”，在“选择函数”列表框中选择要插入的函数,如选择“MAX”函数,然后单击“确定”按钮。

若不太熟悉需要插入的函数,还可以在“插入函数”对话框“搜索函数”文本框中输入要插入的函数的关键字,如输入“求最大值”,单击“转到”按钮,系统将自动搜索出符合要求的所有函数,选择需要的函数插入即可。

步骤 4▶ 设置函数参数。弹出“函数参数”对话框,在 Number1 文本框中输入函数的参数,这里输入要参与计算的单元格区域“E2:E10”,如图 2-4 所示,然后单击“确定”按钮。

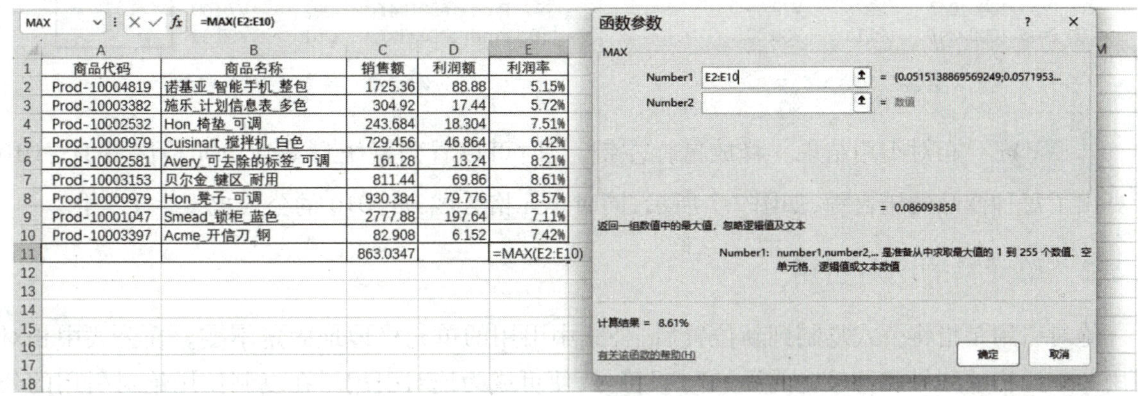

	A	B	C	D	E
1	商品代码	商品名称	销售额	利润额	利润率
2	Prod-10004819	诺基亚_智能手机_整包	1725.36	88.88	5.15%
3	Prod-10003382	施乐_计划信息表_多色	304.92	17.44	5.72%
4	Prod-10002532	Hon_椅垫_可调	243.684	18.304	7.51%
5	Prod-10000979	Cuisinart_搅拌机_白色	729.456	46.864	6.42%
6	Prod-10002581	Avery_可去除的标签_可调	161.28	13.24	8.21%
7	Prod-10003153	贝尔金_键区_耐用	811.44	69.86	8.61%
8	Prod-10000979	Hon_凳子_可调	930.384	79.776	8.57%
9	Prod-10001047	Smead_锁柜_蓝色	2777.88	197.64	7.11%
10	Prod-10003397	Acme_开信刀_钢	82.908	6.152	7.42%
11			863.0347		=MAX(E2:E10)

图 2-4 设置函数参数

步骤 5▶ 查看函数结果。返回工作表中,在 E11 单元格中显示了计算的结果为“8.61%”,在编辑栏中显示了完整的公式“=MAX(E2:E10)”。

2.2 Excel 单元格引用

在使用 Excel 公式进行数据计算时,除了直接使用常量数据(如数值常量 1、2、3,文本常量“分析师”)外,还可以引用单元格。例如在公式“=A4*B8+$C$2/6”中就引用了单元格 A4、B8 和 C2,其中单元格 A4 和 B8 是相对引用,$C$2 是绝对引用。

2.2.1 单元格的相对引用

相对引用包含当前单元格与公式所在单元格的相对位置。在默认情况下,Excel 使用相对引用。在相对引用下,将公式复制到某一单元格时,单元格中公式引用的单元格地址是相对变化的,但引用的单元格与包含公式的单元格的相对位置不变。

例 1 通过相对引用计算产品销售额。

操作步骤如下:

步骤 1▶ 输入公式。打开原始文件,选中单元格 D2,在编辑栏中输入公式“=B2*C2”,按 Enter 键,如图 2-5 所示。

步骤 2▶ 将鼠标指针移到单元格 D2 右下角,按住鼠标左键不放,向下拖曳填充至单元格 D10,如图 2-6 所示。

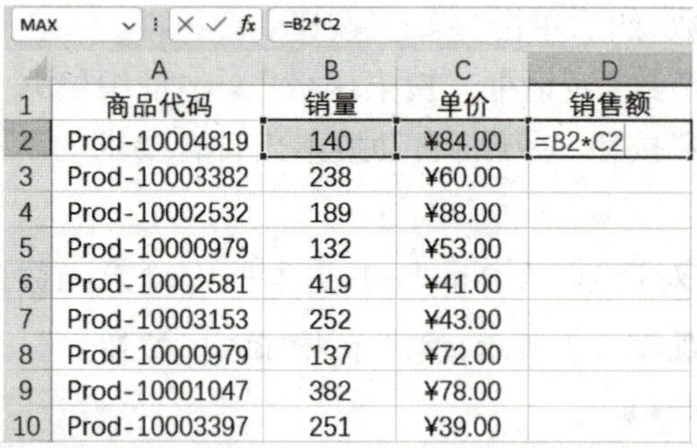

MAX | =B2*C2

	A	B	C	D
1	商品代码	销量	单价	销售额
2	Prod-10004819	140	¥84.00	=B2*C2
3	Prod-10003382	238	¥60.00	
4	Prod-10002532	189	¥88.00	
5	Prod-10000979	132	¥53.00	
6	Prod-10002581	419	¥41.00	
7	Prod-10003153	252	¥43.00	
8	Prod-10000979	137	¥72.00	
9	Prod-10001047	382	¥78.00	
10	Prod-10003397	251	¥39.00	

图 2-5　输入公式

D2 | =B2*C2

	A	B	C	D
1	商品代码	销量	单价	销售额
2	Prod-10004819	140	¥84.00	¥11,760.00
3	Prod-10003382	238	¥60.00	
4	Prod-10002532	189	¥88.00	
5	Prod-10000979	132	¥53.00	
6	Prod-10002581	419	¥41.00	
7	Prod-10003153	252	¥43.00	
8	Prod-10000979	137	¥72.00	
9	Prod-10001047	382	¥78.00	
10	Prod-10003397	251	¥39.00	

图 2-6　拖曳填充单元格

步骤 3▶　相对引用结果。释放鼠标左键，此时可以看到系统自动为单元格区域 D3:D10 计算出了每种商品的销售额，如图 2-7 所示，同时单元格区域 D3:D10 的公式也发生了变化。

2.2.2　单元格的绝对引用

绝对引用是指将公式复制到新位置后，公式中引用的单元格地址固定不变。在公式中相对引用的单元格的列号和行号之前添加"＄"符号，便可成为绝对引用。在复制使用绝对引用的公式时，将固定引用指定位置的单元格。

通常在使用公式进行计算时，如果某一固定单元格需要同其他单元格进行多次计算，该单元格就可设置为绝对引用。

例 2　通过绝对引用计算产品的良品数量。

操作步骤如下：

步骤 1▶　输入公式。打开原始文件，在单元格 C3 中输入公式"＝B3＊E2"，选中"E2"，按 F4 键将"E2"转换为绝对引用"＄E＄2"。引用方式转换过后，按 Enter 键，得到的计算结果如图 2-8 所示。

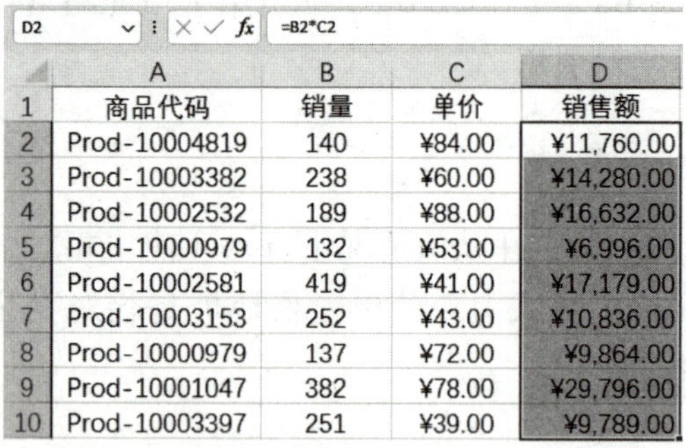

D2 | =B2*C2

	A	B	C	D
1	商品代码	销量	单价	销售额
2	Prod-10004819	140	¥84.00	¥11,760.00
3	Prod-10003382	238	¥60.00	¥14,280.00
4	Prod-10002532	189	¥88.00	¥16,632.00
5	Prod-10000979	132	¥53.00	¥6,996.00
6	Prod-10002581	419	¥41.00	¥17,179.00
7	Prod-10003153	252	¥43.00	¥10,836.00
8	Prod-10000979	137	¥72.00	¥9,864.00
9	Prod-10001047	382	¥78.00	¥29,796.00
10	Prod-10003397	251	¥39.00	¥9,789.00

图 2-7　相对引用结果

C2 | =B2*$E$2

	A	B	C	D	E
1	商品代码	销量	利润额		利润率
2	Prod-10004819	140	13.72		9.80%
3	Prod-10003382	238			
4	Prod-10002532	189			
5	Prod-10000979	132			
6	Prod-10002581	419			
7	Prod-10003153	252			
8	Prod-10000979	137			
9	Prod-10001047	382			
10	Prod-10003397	251			

图 2-8　输入公式

步骤 2▶　拖曳填充柄。将鼠标指针移动至单元格 C2 右下角，当鼠标指针变为黑色十字形状时，向下拖曳至单元格 C10，查看绝对引用后的效果。

释放鼠标，可以看到计算结果。此时单击单元格区域 C2:C10 中任一单元格，如单元格 C6，在编辑栏中可以看到对单元格 E2 的引用保持不变，如图 2-9 所示。

2.2.3 单元格的混合引用

混合引用是在一个单元格地址引用中，既有绝对引用，又有相对引用。如果公式所在单元格的位置改变，则相对引用改变，而绝对引用不变。混合引用常常发生在某一行或某一列同其他几列或其他几行进行计算时，需要将该行或该列进行绝对引用，而不是针对某一个单元格进行绝对引用。

例 3 通过混合引用计算产品质量等级数量。

操作步骤如下：

步骤 1▶ 输入公式并转换为混合引用。打开原始文件，在单元格 C4 中输入公式“ = B3 * C2”，按 F4 键，分别将“B3”和“C2”转换为混合引用“ $ B3”和“C $ 2”，如图 2-10 所示。

C6 =B6*$E$2

	A	B	C	D	E
1	商品代码	销量	利润额		利润率
2	Prod-10004819	140	13.72		9.80%
3	Prod-10003382	238	23.324		
4	Prod-10002532	189	18.522		
5	Prod-10000979	132	12.936		
6	Prod-10002581	419	41.062		
7	Prod-10003153	252	24.696		
8	Prod-10000979	137	13.426		
9	Prod-10001047	382	37.436		
10	Prod-10003397	251	24.598		

图 2-9 绝对引用结果

MAX =$B3*C$2

	A	B	C	D	E
1			优等品	合格率	残次品
2	商品代码	占比 数量	20%	75%	5%
3	Prod-10004819	140	=$B3*C$2		
4	Prod-10003382	238			
5	Prod-10002532	189			
6	Prod-10000979	132			
7	Prod-10002581	419			
8	Prod-10003153	252			
9	Prod-10000979	137			
10	Prod-10001047	382			
11	Prod-10003397	251			

图 2-10 输入公式

步骤 2▶ 显示结果。按 Enter 键后将会显示结果，然后拖曳填充至单元格 E3 得出一行的计算结果，如图 2-11 所示。

步骤 3▶ 完成数据计算。得出一行的计算结果后，再次拖曳填充至单元格 E11，即可计算出所有数据，如图 2-12 所示。

C3 =$B3*C$2

	A	B	C	D	E
1			优等品	合格率	残次品
2	商品代码	占比 数量	20%	75%	5%
3	Prod-10004819	140	28.0	105.0	7.0
4	Prod-10003382	238			
5	Prod-10002532	189			
6	Prod-10000979	132			
7	Prod-10002581	419			
8	Prod-10003153	252			
9	Prod-10000979	137			
10	Prod-10001047	382			
11	Prod-10003397	251			

图 2-11 拖曳填充单元格

C3 =$B3*C$2

	A	B	C	D	E
1			优等品	合格率	残次品
2	商品代码	占比 数量	20%	75%	5%
3	Prod-10004819	140	28.0	105.0	7.0
4	Prod-10003382	238	47.6	178.5	11.9
5	Prod-10002532	189	37.8	141.8	9.5
6	Prod-10000979	132	26.4	99.0	6.6
7	Prod-10002581	419	83.8	314.3	21.0
8	Prod-10003153	252	50.4	189.0	12.6
9	Prod-10000979	137	27.4	102.8	6.9
10	Prod-10001047	382	76.4	286.5	19.1
11	Prod-10003397	251	50.2	188.3	12.6

图 2-12 混合引用结果

当需要对相对引用、绝对引用、混合引用三种不同的引用进行切换时，只需要按 F4 键即可。

例 4 输出九九乘法表。

下面介绍相对引用、绝对引用、混合引用三种引用方式的一个实际案例，即如何使用 Excel 输出九九乘法表。九九乘法表是数学中的乘法口诀，远在春秋战国时代，九九歌就已经广泛地被人们使用着。在当时的许多著作中,已经引用了部分乘法口诀。

如何用 Excel 表格公式制作如表 2-1 所示的九九乘法表呢?下面我们简单介绍制作方法。

表 2-1　九九乘法表

	1	2	3	4	5	6	7	8	9
1	1×1=1								
2	1×2=2	2×2=4							
3	1×3=3	2×3=6	3×3=9						
4	1×4=4	2×4=8	3×4=12	4×4=16					
5	1×5=5	2×5=10	3×5=15	4×5=20	5×5=25				
6	1×6=6	2×6=12	3×6=18	4×6=24	5×6=30	6×6=36			
7	1×7=7	2×7=14	3×7=21	4×7=28	5×7=35	6×7=42	7×7=49		
8	1×8=8	2×8=16	3×8=24	4×8=32	5×8=40	6×8=48	7×8=56	8×8=64	
9	1×9=9	2×9=18	3×9=27	4×9=36	5×9=45	6×9=54	7×9=63	8×9=72	9×9=81

制作方法如下:

步骤 1▶ 选中要制作的区域(A1:J10),为其设置虚线边框,确定即可。

步骤 2▶ 选中要制作的区域(B1:J1)单元格区域,按住 Ctrl 键,再选中区域(A1:A10)单元格区域,然后为选中的单元格填充颜色。

步骤 3▶ 在 B1、C1 单元格中分别输入 1 和 2,然后选中这两个单元格,下拉填充至 J1 单元格,得到上表头。

步骤 4▶ 在 A2、A3 单元格中分别输入 1 和 2,然后选中这两个单元格,向右填充到 A10 单元格,得到左表头。

步骤 5▶ 将上表头和左表头的数字设置为“加粗”“垂直居中”。

步骤 6▶ 在 B2 单元格中输入公式“ = IF(B $1 > $ A2,"",B $1&" × "& $ A2&" = "&B $1 * $ A2)”,并向下、向右填充公式到 J10 单元(这里用了一个简单的 IF 公式进行判断,当 B1 单元格的值大于 A2 单元格的值时,返回空值,否则返回用“&”连接符连接的数据)。

步骤 7▶ 填充完成就可以看到一个完整的九九乘法表。

2.3　必会 Excel 新函数

微软在 2021 年 10 月 5 日正式发布了 Windows 11 系统,随后 Office 2021 也正式推出,新版本也带来了新功能,Excel 明显的变化是新函数,以下重点介绍几个新函数。

2.3.1　多条件判断

1. IFS 函数

功 能:进行多条件判断。条件不同,返回值不同。

语法结构: = IFS(条件 1,返回值 1,条件 2,返回值 2,…,条件 N,返回值 N)。

下面我们结合图 2-13 介绍 IFS 函数的使用。

IFS 函数的使用方法:

	A	B	C	D	E	F	G	H
4	2	苏冬露	59	男	义乌	132****0174		不及格
5	3	薛光	98	男	湖州	185****0117		优秀
6	4	谢君	95	女	湖州	155****0164		优秀
7	5	徐关茵	92	男	湖州	145****0190		良好
8	6	袁松	93	女	湖州	152****0117		良好
9	7	苏江丽	51	女	杭州	147****0188		不及格
10	8	何娇	92	女	绍兴	137****0151		良好
11	9	丁屹	57	女	绍兴	166****0173		不及格
12	10	韦实	62	女	绍兴	136****0190		及格
13	11	巩媛	87	女	绍兴	188****0142		良好
14	12	程安	55	男	温州	186****0185		不及格
15	13	俞毅	55	女	温州	180****0154		不及格

图 2-13　IFS 函数示例表

在目标单元格中输入公式"=IFS(C3=100,"满分",C3>=95,"优秀",C3>=80,"良好",C3>=60,"及格",C3<60,"不及格")"。

2. MINIFS 函数

功能:用来返回多个条件下的最小值。

语法结构:=MINIFS(返回值所在的区域,条件区域 1,条件 1,…,条件区域 N,条件 N)。

下面我们结合图 2-14 介绍 MINIFS 函数的使用。

	A	B	C	D	E	F	G	H	I	J
1	2022年上半年业绩考核表									
2	序号	姓名	业绩	性别	城市	手机号		性别	城市	业绩
3	1	林丹	97	男	湖州	151****0139		男	杭州	61
4	2	苏冬露	59	男	义乌	132****0174				
5	3	薛光	98	男	湖州	185****0117				
6	4	谢君	95	女	湖州	155****0164				
7	5	徐关茵	92	男	湖州	145****0190				
8	6	袁松	93	女	湖州	152****0117				
9	7	苏江丽	51	女	杭州	147****0188				
10	8	何娇	92	女	绍兴	137****0151				
11	9	丁屹	57	女	绍兴	166****0173				
12	10	韦实	62	女	绍兴	136****0190				

图 2-14　MINIFS 函数示例表

MINIFS 函数的使用方法:

返回男生或女生在指定城市条件下的业绩最小值,在 J3 目标单元格中输入公式"=MINIFS(C3:C52,D3:D52,H3,E3:E52,I3)"。

3. MAXIFS 函数

功能:用于返回指定条件下的最大值。

语法结构:=MAXIFS(返回值所在的区域,条件区域 1,条件 1,…,条件区域 N,条件 N)。

下面我们针对图 2-15 介绍 MAXIFS 函数的使用。

MAXIFS 函数的使用方法:

返回男生或女生的业绩最大值,在 J3 目标单元格中输入公式"=MAXIFS(C3:C52,D3:D52,H3)"。

MAXIFS 函数的用法和 MINIFS 函数的用法相同。

	A	B	C	D	E	F	G	H	I
1	2022年上半年业绩考核表								
2	序号	姓名	业绩	性别	城市	手机号		性别	业绩
3	1	林丹	97	男	湖州	151****0139		女	98
4	2	苏冬露	59	男	义乌	132****0174			
5	3	薛光	98	男	湖州	185****0117			
6	4	谢君	95	女	湖州	155****0164			
7	5	徐关茵	92	男	湖州	145****0190			
8	6	袁松	93	女	湖州	152****0117			
9	7	苏江丽	51	女	杭州	147****0188			
10	8	何娇	92	女	绍兴	137****0151			
11	9	丁崆	57	女	绍兴	166****0173			
12	10	韦实	62	女	绍兴	136****0190			

图 2-15　MAXIFS 函数示例表

2.3.2　文本连接函数

1. CONCAT 函数

功能：用于连接合并单元格或区域中的内容。

语法结构：= CONCAT(单元格区域，分隔符)。

下面我们结合图 2-16 介绍 CONCAT 函数的使用。

	A	B	C	D	E	F	G	H
1	2022年上半年业绩考核表							
2	序号	姓名	业绩	性别	城市	手机号		合并
3	1	林丹	97	男	湖州	151****0139		林丹、97、男、湖州、
4	2	苏冬露	59	男	义乌	132****0174		
5	3	薛光	98	男	湖州	185****0117		
6	4	谢君	95	女	湖州	155****0164		
7	5	徐关茵	92	男	湖州	145****0190		
8	6	袁松	93	女	湖州	152****0117		
9	7	苏江丽	51	女	杭州	147****0188		
10	8	何娇	92	女	绍兴	137****0151		

图 2-16　CONCAT 函数示例表

CONCAT 函数的使用方法：

在目标单元格中输入公式“ = CONCAT(B3:E3&"、")”。

按 Ctrl + Shift + Enter 快捷键进行填充。

2. TEXTJOIN 函数

功能：将多个区域和/或字符串的文本组合起来，包括在要组合的各文本值之间指定的分隔符。如果分隔符是空的文本字符串，则此函数将有效连接这些区域。

语法结构：= TEXTJOIN(分隔符，ignore_empty，text1，[text2]，…)。

◎分隔符：指定字符作为 text 和 text 之间的分隔符号，并批量添加。

◎ignore_empty：如果 text 中有空值，则选择忽略空值还是保留空值，如果设置为 TRUE，则忽略空值。

◎text：可以是手动输入的文本字符，可以是一个单元格，也可以是多行多列的数据区域。这点和 CONCAT 是一样的。

下面我们结合图 2-17 介绍 TEXTJOIN 函数的使用。

	A	B	C	D	E	F	G	H
1	2022年上半年业绩考核表							
2	序号	姓名	业绩	性别	城市	手机号		合并
3	1	林丹	97	男	湖州	151****0139		林丹、97、男、湖州
4	2	苏冬露	59	男	义乌	132****0174		苏冬露、59、男、义乌
5	3	薛光	98	男	湖州	185****0117		薛光、98、男、湖州
6	4	谢君	95	女	湖州	155****0164		谢君、95、女、湖州
7	5	徐关茵	92	男	湖州	145****0190		徐关茵、92、男、湖州
8	6	袁松	93	女	湖州	152****0117		袁松、93、女、湖州
9	7	苏江丽	51	女	杭州	147****0188		苏江丽、51、女、杭州
10	8	何娇	92	女	绍兴	137****0151		何娇、92、女、绍兴
11	9	丁崆	57	女	绍兴	166****0173		丁崆、57、女、绍兴
12	10	韦实	62	女	绍兴	136****0190		韦实、62、女、绍兴

图 2-17　TEXTJOI 函数示例表

TEXTJOI 函数的使用方法：

在目标单元格中输入公式“ =TEXTJOIN(" 、",TRUE,B3:E3)”。

2.3.3　日期处理函数

1. DATEDIF 函数

功能:以指定的方式统计两个时间段的差值。

语法结构: =DATEDIF(开始时间,结束时间,返回类型)。

返回类型方面主要用到的有 3 个:D 表示计算两个日期的天数差,M 表示计算两个日期的月份差,Y 表示计算两个日期的年份差。无论哪一种,公式里都必须加上双引号,否则公式会报错。

下面我们结合图 2-18 介绍 DATEDE 函数的使用。

DATEDF 函数的使用方法:

在目标单元格中输入公式“ =DATEDIF(A2,B2,"D")”。

2. NUMBERSTRING 函数

功能:按照指定的代码将对应的数字转换为大写。

语法结构: = NUMBERSTRING (数字或单元格引用,返回类型)。

返回类型分为 3 种:1 为汉字小写,2 为汉字大写,3 为汉字读数,使用时可以根据不同的要求加以选择。

下面我们结合图 2-19 介绍 NUMBERSTRING 函数的使用。

	A	B	C
1	订单日期	收货日期	实际配送天数
2	2023/4/30	2023/5/5	5
3	2023/4/30	2023/5/5	5
4	2023/4/30	2023/5/4	4
5	2023/4/30	2023/5/4	4
6	2023/4/30	2023/4/30	0
7	2023/4/30	2023/4/30	0
8	2023/4/30	2023/5/2	2
9	2023/4/30	2023/5/4	4
10	2023/4/30	2023/5/4	4

图 2-18　DATEDF 函数示例表

	A	B	C
1	订单日期	订单量	转换结果
2	2022/4/30	1622	壹仟陆佰贰拾贰
3	2022/4/30	919	玖佰壹拾玖
4	2022/4/30	284	贰佰捌拾肆
5	2022/4/30	920	玖佰贰拾
6	2022/4/30	95	玖拾伍
7	2022/4/30	1460	壹仟肆佰陆拾
8	2022/4/30	969	玖佰陆拾玖
9	2022/4/30	874	捌佰柒拾肆
10	2022/4/30	89	捌拾玖

图 2-19　NUMBERSTRING 函数示例表

	A	B
1	订单日期	转换结果
2	2022/4/30	22年04月30日
3	2022/4/30	22年04月30日
4	2022/4/30	22年04月30日
5	2022/4/30	22年04月30日
6	2022/4/30	22年04月30日
7	2022/4/30	22年04月30日
8	2022/4/30	22年04月30日
9	2022/4/30	22年04月30日
10	2022/4/30	22年04月30日

图 2-20　DATESTRING 函数示例表

NUMBERSTRING 函数的使用方法：

在目标单元格中输入公式“ = NUMBERSTRING (B2,2)”。

3. DATESTRING 函数

功能：将各种类型的日期转换为“年月日”的形式

语法结构：= DATESTRING（时间字符串或引用）。

下面我们结合图 2-20 介绍 DATESTRING 函数的使用。

DATESTRING 函数的使用方法：

在目标单元格中输入公式“ = DATESTRING(A2)”。

2.4　Excel 函数举例

在 Excel 中，函数共有 13 类，分别是数学和三角函数、统计函数、数据库函数、日期与时间函数、工程函数、财务函数、信息函数、逻辑函数、查询和引用函数、文本函数以及用户自定义函数等，每类函数的数量如表 2-2 所示。

表 2-2　Excel 函数

序号	函数类型	函数个数
1	数学和三角函数	82
2	统计函数	111
3	逻辑函数	14
4	日期和时间函数	25
5	查找和引用函数	25
6	文本函数	34
7	财务函数	55
8	工程函数	54
9	信息函数	20
10	数据库函数	12
11	Web 函数	3
12	兼容性函数	41
13	多维数据集函数	7

（1）数学和三角函数：通过数学和三角函数可以处理简单的计算，例如对数字取整、计算单元格区域中的数值总和或复杂计算。

（2）统计函数：统计函数用于对数据区域进行统计分析。例如，统计函数可以提供由一组给定值绘制出的直线相关信息，如直线的斜率和 Y 轴截距，或构成直线的实际点数值。

(3)逻辑函数:使用逻辑函数可以进行真假值判断,或者进行复合检验。例如,可以使用 IF 函数确定条件为真还是假,并由此返回不同的数值。

(4)日期与时间函数:通过日期与时间函数,可以在公式中分析和处理日期值和时间值。

(5)查询和引用函数:当需要在数据清单或表格中查找特定的数值,或者需要查找某一单元格的引用时,可以使用查询和引用工作表函数。

(6)文本函数:通过文本函数可以在公式中处理文字串。例如,可以改变大小写或确定文字串的长度。

(7)财务函数:财务函数可以进行一般的财务计算,如确定贷款的支付额、投资的未来值或净现值,以及债券或息票的价值。

(8)工程函数:工程函数用于工程分析。这类函数中的大多数可分为三种类型:对复数进行处理的函数、在不同的数字进制系统间进行数值转换的函数、在不同的度量系统中进行数值转换的函数。

(9)信息函数:可以使用信息函数确定存储在单元格中的数据的类型。信息函数包含一组称为 IS 的工作表函数,在单元格满足条件时返回 TRUE。

(10)数据库函数:当需要分析数据清单中的数值是否符合特定条件时,可以使用数据库函数。例如,对于销售数据,可以计算出销售额小于 1500 的行或记录的总数。

以下我们分别举例来介绍一些常用函数的使用方法。

2.4.1 与文本相关的函数

1. 数据截取类

数据截取类函数的主要功能是从文本中提取需要的字符串,主要包括 LEFT、RIGHT、MID 函数。

(1)LEFT 函数。

功能:从一个文本字符串的第一个字符开始,返回指定个数的字符。

语法:LEFT(要提取字符的字符串,提取长度)。

案例:如图 2-21 所示。

示例字符串	结 果	公 式
mariah6@ adventure - works. com	mariah6	= LEFT(A2,7)
brooke7@ adventure - works. com	b	= LEFT(A3)
dalton1@ adventure - works. com	dalton1@ adventure - works. com	= LEFT(A4,27)

图 2-21 LEFT 函数的使用

(2)RIGHT 函数。

功能:从一个文本字符串的最后一个字符开始返回指定个数的字符。

语法:RIGHT(要提取的字符串,提取长度)。

案例:如图 2-22 所示。

示例字符串	结 果	公式
mariah6@ adventure - works. com	adventure - works. com	= RIGHT (A2,19)
brooke7@ adventure - works. com	m	= RIGHT (A3)
dalton1@ adventure - works. com	dalton1@ adventure - works. com	= RIGHT (A4,27)

图 2-22 RIGHT 函数的使用

可以发现,LEFT 与 RIGHT 函数的不同之处在于,LEFT 函数是从前往后提取字符,RIGHT 函数是从后往前提取字符。

(3)MID 函数。

功能:从文本字符串中指定的起始位置起,返回指定长度的字符。

语法:MID(要提取字符串的文本,第一个字符的位置,提取长度)。

案例:如图 2-23 所示。

示例字符串	结 果	公 式
mailto:smith@ vip. sina. com	mailto	= MID(A2,1,6)
mailto:smith@ vip. sina. com	smith	= MID(A2,8,5)
mailto:smith@ vip. sina. com	smith@ vip. sina. com	= MID(A2,8,25)

图 2-23 MID 函数的使用

2. 数据清除类

数据清除类函数主要有 TRIM 函数。

功能:删除字符串中多余的空格。

语法:TRIM(字符串)。

在 Excel 函数的功能介绍中,还有一句"会在英文字符串中保留一个作为词与词之间分隔的空格"。其实不仅会在英文字符串中保留一个空格,在汉字中也是一样的。下面用一个示例演示 TRIM 函数的具体意义。

案例:如图 2-24 所示。

示例字符串	结 果	公 式
ABC	ABC	= TRIM(B2)
ABC	ABC	= TRIM(B3)
ABC	ABC	= TRIM(B4)

图 2-24 TRIM 函数的使用

注意:

(1)TRIM 函数会清除字符串首尾的空格。

(2)TRIM 函数会清除字符串中间的空格,但是会保留一个,作为词与词之间的分隔。

3. 数据替换类

数据替换类函数主要包括两个:REPLACE 与 SUBSTITUTE 函数。

(1)REPLACE 函数。

功能:将一个字符串中的部分字符用另一个字符串替换。

语法:REPLACE(要替换的字符串,开始的位置,替换长度,用来替换的内容)。

案例:如图 2-25 所示。

示例字符串	结 果	公 式
mailto:smith@ vip. sina. com	mailto:smith@ 126. com	=REPLACE(A2,FIND("@",A2,1)+1,12,"126. com")
mailto:smith@ vip. sina. com	mailto:smith@ 126. com	=REPLACE(A3,FIND("@",A2,1)+1,100,"126. com")
mailto:smith@ vip. sina. com	smith@ vip. sina. com	=REPLACE(A4,1,FIND(":",A4,1)," ")

图 2-25　REPLACE 函数的使用

注意:REPLACE 函数要替换的部分字符串在函数中无法直接输入,必须得用起始位置和长度表示。

(2)SUBSTITUTE 函数。

功能:将字符串中的部分字符串以新字符串替换。

语法: SUBSTITUTE(要替换的字符串,要被替换的字符串,用来替换的内容,替换第几个)。

注意:第 4 个参数“替换第几个”表示:若指定的字符串在父字符串中出现多次,则用本参数指定要替换第几个,如果省略,则全部替换。

案例:如图 2-26 所示。

示例字符串	结 果	公 式
浙江省 XXX 集团公司	浙江省 XXX 有限责任公司	=SUBSTITUTE(A2,"集团","有限责任",1)
浙江省 XXX 集团公司集团	浙江省 XXX 集团公司有限责任	=SUBSTITUTE(A3,"集团","有限责任",2)
浙江省 XXX 集团公司集团(集团)	浙江省 XXX 集团公司集团(有限责任)	=SUBSTITUTE(A4,"集团","有限责任",3)

图 2-26　SUBSTITUTE 函数的使用

2.4.2　日期和时间处理函数

1. NOW

功能:返回系统的当前日期和时间。

语法:NOW()。

释义:该函数没有参数,只用一对括号即可。

案例:NOW()=2022/04/15 11:46:38。

2. TODAY

功能：返回日期格式的当前日期。

语法：TODAY( )。

释义：该函数没有参数，只用一对括号即可。

案例：TODAY( ) =2022/4/15。

3. YEAR

功能：返回日期的年份值，一个 1900 ~9999 的数字。

语法：YEAR(serial_number)。

释义：serial_number 为一个日期值，带引号的文本串，其中包含要查找的年份。

案例：YEAR("2022/04/15 11:46:38") =2022。

4. MONTH

功能：返回月份值，且返回的值是 1 ~12 的整数。

语法：MONTH (serial_number)。

释义：serial_number 必须存在，含义是要查找的月份日期。

案例：MONTH("2022/04/15 11:46:38") =4。

5. DAY

功能：返回一个月中的第几天的数值，介于 1 ~31。

语法：DAY(serial_number)。

释义：serial_number 为要查找的天数日期，带引号的文本串。

案例：DAY("2022/04/15 11:46:38") =15。

6. HOUR

功能：用于返回时间值中的小时数，返回的值范围是 0 ~23。

语法：HOUR(serial_number)。

释义：serial_number 表示要提取小时数的时间。

案例：HOUR("2022/04/15 11:46:38") =11。

7. MINUTE

功能：返回一个指定时间值中的分钟数。

语法：MINUTE(serial_number)。

释义：serial_number 必须存在，含义是要查找的一个时间值是分钟数。

案例：MINUTE("2022/04/15 11:46:38") =46。

8. SECOND

功能：返回一个时间值中的秒数。

语法：SECOND(serial_number)。

释义：serial_number：表示要提取秒数的时间，函数结果的取值范围是 0 ~59。

案例：SECOND("2022/04/15 11:46:38") =38。

9. WEEKDAY

功能:返回代表一周中的第几天的数值,是一个 1 ~7 的整数。

语法:WEEKDAY(serial_number,return_type)。

释义:serial_number 是要返回日期数的日期,带引号的文本串。return_type 为确定返回值类型的数字,数字 1 或省略代表 1 ~7 为星期天 ~ 星期六,数字 2 代表 1 ~7 为星期一 ~ 星期天,数字 3 代表 0 ~6 为星期一 ~ 星期天。

案例:WEEKDAY("2022/04/15 11:46:38") =6。

10. WEEKNUM

功能:返回位于一年中的第几周。

语法:WEEKNUM(serial_num,return_type)。

释义:参数 serial_num 必需,代表要确定它位于一年中的几周的特定日期。参数 return_type 可选,为一数字,它确定星期计算从哪一天开始。

案例:WEEKNUM("2022/04/15 11:46:38") =16。

2.4.3 数值计数与求和函数

Excel 的功能在于对数据进行统计和计算,其自带了很多函数,利用这些函数可以完成很多实际需求。下面介绍常用的 3 类 Excel 统计函数,分别为求和类、计数类和平均值类。

1. Excel 统计类函数公式:求和类

(1)普通求和 SUM。

功能:对指定的区域或数值进行求和。

语法结构:=SUM(数值或区域 1,数值或区域 2,…,数值或区域 N)。

案例:计算“总销量”,数据如图 2-27 所示。

	A	B	C	D	E	F	G	H
1	2022年1月份销售业绩							
2	序号	产品	销量	价格	省市	地区		总销量
3	1	收纳具	97	28.73	辽宁	东北		1478
4	2	纸张	59	66.99	内蒙古	华北		
5	3	收纳具	82	95.18	山东	华东		
6	4	纸张	75	42.58	重庆	西南		
7	5	系固件	88	31.77	吉林	东北		
8	6	椅子	54	30.91	河北	华北		
9	7	书架	58	32.73	四川	西南		
10	8	美术	67	76.64	广东	中南		
11	9	标签	51	18.24	四川	西南		
12	10	信封	88	48.73	四川	西南		
13	11	收纳具	60	88.31	北京	华北		
14	12	书架	66	57.55	上海	华东		
15	13	系固件	83	39.71	黑龙江	东北		
16	14	用品	76	96.66	福建	华东		
17	15	系固件	79	29.14	湖北	中南		
18	16	标签	75	44.68	甘肃	西北		
19	17	配件	77	37.13	浙江	华东		
20	18	收纳具	76	51.86	山西	华北		
21	19	配件	88	50.81	福建	华东		
22	20	收纳具	79	99.56	云南	西南		

图 2-27 SUM 函数实例

方法:在目标单元格中输入公式“ =SUM(C3:C22)”。

(2)单条件求和 SUMIF。

功能:对符合条件的值进行求和。

语法结构: =SUMIF(条件范围,条件,[求和范围])。当条件范围和求和范围相同时,可以省略求和范围。

案例:按销售地区统计销量和,数据如图 2-28 所示。

方法:在目标单元格中输入公式“ =SUMIF(E3:E22,H3. C3:C22)”。

	A	B	C	D	E	F	G	H	I
1	2022年1月份销售业绩								
2	序号	产品	销量	价格	省市	地区		省市	总销量
3	1	收纳具	97	28.73	辽宁	东北		四川	197
4	2	纸张	59	66.99	内蒙古	华北			
5	3	收纳具	82	95.18	山东	华东			
6	4	纸张	75	42.58	重庆	西南			
7	5	系固件	88	31.77	吉林	东北			
8	6	椅子	54	30.91	河北	华北			
9	7	书架	58	32.73	四川	西南			
10	8	美术	67	76.64	广东	中南			
11	9	标签	51	18.24	四川	西南			
12	10	信封	88	48.73	四川	西南			
13	11	收纳具	60	88.31	北京	华北			
14	12	书架	66	57.55	上海	华东			
15	13	系固件	83	39.71	黑龙江	东北			
16	14	用品	76	96.66	福建	华东			
17	15	系固件	79	29.14	湖北	中南			
18	16	标签	75	44.68	甘肃	西北			
19	17	配件	77	37.13	浙江	华东			
20	18	收纳具	76	51.86	山西	华北			
21	19	配件	88	50.81	福建	华东			
22	20	收纳具	79	99.56	云南	西南			

图 2-28　SUMIF 函数实例

解读:由于条件区域 E3:E9 和求和区域 C3:C9 范围不同,因此求和区域 C3:C9 不能省略。

(3)多条件求和 SUMIFS。

语法结构: =SUMIFS(求和区域,条件 1 区域,条件 1,[条件 2 区域],[条件 2],…,[条件 N 区域],[条件 N])。

案例:按地区统计销量大于指定值的销量和,数据如图 2-29 所示。

	A	B	C	D	E	F	G	H	I	J
2	序号	产品	销量	价格	省市	地区		省市	销量	总销量
3	1	收纳具	97	28.73	辽宁	东北		四川	55	146
4	2	纸张	59	66.99	内蒙古	华北				
5	3	收纳具	82	95.18	山东	华东				
6	4	纸张	75	42.58	重庆	西南				
7	5	系固件	88	31.77	吉林	东北				
8	6	椅子	54	30.91	河北	华北				
9	7	书架	58	32.73	四川	西南				
10	8	美术	67	76.64	广东	中南				
11	9	标签	51	18.24	四川	西南				
12	10	信封	88	48.73	四川	西南				
13	11	收纳具	60	88.31	北京	华北				
14	12	书架	66	57.55	上海	华东				
15	13	系固件	83	39.71	黑龙江	东北				
16	14	用品	76	96.66	福建	华东				
17	15	系固件	79	29.14	湖北	中南				
18	16	标签	75	44.68	甘肃	西北				
19	17	配件	77	37.13	浙江	华东				
20	18	收纳具	76	51.86	山西	华北				
21	19	配件	88	50.81	福建	华东				
22	20	收纳具	79	99.56	云南	西南				

图 2-29　SUMIFS 函数实例

方法:在目标单元格中输入公式“ =SUMIFS(C3:C22,C3:C22," >"&I3,E3:E22,H3)”。

公式中第一个 C3:C22 为求和范围,第二个 C3:C22 为条件范围,所以数据是相对的,而不是绝对的。

利用多条件求和函数 SUMIFS 可以完成单条件求和函数 SUMIF 的功能,可以理解为只有一个条件的多条件求和。

2. Excel 统计类函数公式:计数类

(1) 数值计数 COUNT。

功能:统计指定的值或区域中数字类型值的个数。

语法结构: =COUNT(值或区域 1,[值或区域 2],…,[值或区域 NI)。

案例:计算“语文”学科的实考人数,数据如图 2-30 所示。

方法:在目标单元格中输入公式“ =COUNT(C3:C52)”。

解读:COUNT 函数的统计对象为数值,在 C3:C9 区域中,“缺考”为文本类型,所以统计结果为 47。

	A	B	C	D	E	F	G
1	2022年上半年考试成绩						
2	序号	姓名	语文	数学	英语		实考人数
3	1	林丹	88	88	52		47
4	2	苏冬露	98	57	90		
5	3	薛光	88	52	91		
6	4	谢君	97	62	52		
7	5	徐关茵	缺考	51	91		
8	6	袁松	74	97	77		
9	7	苏江丽	72	79	57		
10	8	何娇	缺考	90	73		
11	9	丁崆	93	58	58		
12	10	韦实	69	73	缺考		
13	11	巩嫒	95	64	92		
14	12	程安	72	缺考	50		
15	13	俞毅	95	58	95		
16	14	麦虢	65	91	63		
17	15	康丽	83	56	89		
18	16	陈霖	缺考	59	58		
19	17	黄娜	51	84	54		
20	18	卢芳	87	94	94		

图 2-30 COUNT 函数实例

(2)非空计数 COUNTA。

功能:统计指定区域中非空单元格的个数。

语法结构: =COUNTA(区域 1,[区域 2],...,[区域 N])。

案例:统计应考人数,数据如图 2-31 所示。

方法:在目标单元格中输入公式“ =COUNTA(C3:C52)”。

解读:应考人数就是所有的人数,也就是姓名的个数。

(3)空计数 COUNTBLANK。

功能:统计指定的区域中空单元格的个数。

语法结构: =COUNTBLANK(区域 1,[区域 2],...,[区域])。

案例:统计“语文”缺考人数,数据如图 2-32 所示。

方法:在目标单元格中输入公式“ =COUNTBLANK(C3:C52)”。

	A	B	C	D	E	F	G
1	2022年上半年考试成绩						
2	序号	姓名	语文	数学	英语		应考人数
3	1	林丹	88	88	52		50
4	2	苏冬露	98	57	90		
5	3	薛光	88	52	91		
6	4	谢君	97	62	52		
7	5	徐关茵	缺考	51	91		
8	6	袁松	74	97	77		
9	7	苏江丽	72	79	57		
10	8	何娇	缺考	90	73		
11	9	丁崆	93	58	58		
12	10	韦实	69	73	缺考		
13	11	巩媛	95	64	92		
14	12	程安	72	缺考	50		
15	13	俞毅	95	58	95		
16	14	麦虢	65	91	63		
17	15	康丽	83	56	89		
18	16	陈霖	缺考	59	58		
19	17	黄娜	51	84	54		
20	18	卢芳	87	94	94		

图 2-31　COUNTA 函数实例

解读:此处的空白单元格表示没有成绩,即为缺考。COUNTBLANK 函数的统计对象为空白单元格,所以公式 =COUNTBLANK(C3:C9)的统计结果为 1。

	A	B	C	D	E	F	G
1	2022年上半年考试成绩						
2	序号	姓名	语文	数学	英语		语文缺考人数
3	1	林丹	88	88	52		3
4	2	苏冬露	98	57	90		
5	3	薛光	88	52	91		
6	4	谢君	97	62	52		
7	5	徐关茵		51	91		
8	6	袁松	74	97	77		
9	7	苏江丽	72	79	57		
10	8	何娇		90	73		
11	9	丁崆	93	58	58		

图 2-32　COUNTBLANK 函数实例

(4)单条件计数 COUNTIF。

功能:计算指定区域中满足条件的单元格个数。

语法结构:=COUNTIF(范围,条件)。

案例:统计"语文"学科的及格人数,数据如图 2-33 所示。

方法:在目标单元格中输入公式" =COUNTIF(C3:C9," > "&G3)"。

解读:"及格"就是分数≥60 分。

	A	B	C	D	E	F	G	H
1	2022年上半年考试成绩							
2	序号	姓名	语文	数学	英语		成绩	语文及格人数
3	1	林丹	88	88	52		60	7
4	2	苏冬露	98	57	90			
5	3	薛光	88	52	91			
6	4	谢君	97	62	52			
7	5	徐关茵	70	51	91			
8	6	袁松	74	97	77			
9	7	苏江丽	72	79	57			

图 2-33　COUNTIF 函数实例

(5)多条件计数 COUNTIFS。

语法结构:=COUNTIFS(条件范围1,条件1,…,条件范围N,条件N)。

案例:统计语文和数学都及格的人数,数据如图2-34所示。

	A	B	C	D	E	F	G
1	2022年上半年考试成绩						
2	序号	姓名	语文	数学	英语		三科及格人数
3	1	林丹	88	88	52		24
4	2	苏冬露	98	57	90		
5	3	薛光	88	52	91		
6	4	谢君	97	62	52		
7	5	徐关茵	70	51	91		
8	6	袁松	74	97	77		
9	7	苏江丽	72	79	57		
10	8	何娇	70	90	73		
11	9	丁崆	93	58	58		
12	10	韦实	69	73	70		
13	11	巩媛	95	64	92		
14	12	程安	72	70	50		
15	13	俞毅	95	58	95		
16	14	麦虢	65	91	63		
17	15	康丽	83	56	89		
18	16	陈霖	70	59	58		
19	17	黄娜	51	84	54		
20	18	卢芳	87	94	94		

图2-34 COUNTIFS函数实例

方法:在目标单元格中输入公式“=COUNTIFS(C3:C52,">=60",D3:D52,">=60",E3:E52,">=60")”。

解读:多条件计数COUNTIFS函数也可以完成COUNTIF的功能,即符合一个条件的多条件计数。

3. Excel统计类函数公式:平均类

(1)普通平均值 AVERAGE。

功能:返回参数的平均值。

语法结构:=AVERAGE(值或引用)。

案例:计算“语文”学科的平均分,数据如图2-35所示。

方法:在目标单元格中输入公式“=AVERAGE(C3:C52)”。

	A	B	C	D	E	F	G
1	2022年上半年考试成绩						
2	序号	姓名	语文	数学	英语		语文平均分
3	1	林丹	88	88	52		77.2
4	2	苏冬露	98	57	90		
5	3	薛光	88	52	91		
6	4	谢君	97	62	52		
7	5	徐关茵	70	51	91		
8	6	袁松	74	97	77		
9	7	苏江丽	72	79	57		
10	8	何娇	70	90	73		
11	9	丁崆	93	58	58		
12	10	韦实	69	73	70		
13	11	巩媛	95	64	92		
14	12	程安	72	70	50		
15	13	俞毅	95	58	95		
16	14	麦虢	65	91	63		
17	15	康丽	83	56	89		
18	16	陈霖	70	59	58		
19	17	黄娜	51	84	54		
20	18	卢芳	87	94	94		

图2-35 AVERAGE函数实例

(2)单条件平均值 AVERAGEIF。

功能:计算符合条件的平均值。

语法结构:=AVERAGEIF(条件范围,条件,[数值范围])。当条件范围和数值范围相同时,可以省略数值范围。

案例:计算语文学科及格人的平均分,数据如图 2-36 所示。

方法:在目标单元格中输入公式“=AVERAGEIF(C3:C52,">=60")”。

解读:依据目的,条件范围为 C3:C52,数值范围也为 C3:C52,所以可以省略数值范围的 C3:C52。

	A	B	C	D	E	F	G
1	2022年上半年考试成绩						
2	序号	姓名	语文	数学	英语		语文及格平均分
3	1	林丹	88	88	52		81.76
4	2	苏冬露	98	57	90		
5	3	薛光	88	52	91		
6	4	谢君	97	62	52		
7	5	徐关茵	70	51	91		
8	6	袁松	74	97	77		
9	7	苏江丽	72	79	57		
10	8	何娇	70	90	73		
11	9	丁崆	93	58	58		
12	10	韦实	69	73	70		
13	11	巩媛	95	64	92		
14	12	程安	72	70	50		
15	13	俞毅	95	58	95		
16	14	麦虢	65	91	63		

图 2-36 AVERAGEIF 函数实例

(3)多条件平均值 AVERAGEIFS。

语法结构:=AVERAGEIFS(数值范围,条件 1 范围,条件 1,...,条件 N 范围,条件 N)。

案例:统计语文、数学和英语成绩都及格,语文成绩的平均分,数据如图 2-37 所示。

方法:在目标单元格中输入公式“=AVERAGEIFS(C3:C52,C3:C52,">=60",D3:D52,">=60",E3:E52,">=60")”。

解读:公式中第一个 C3:C52 为数值范围,第二个 C3:C52 为条件区域。

	A	B	C	D	E	F	G
1	2022年上半年考试成绩						
2	序号	姓名	语文	数学	英语		语文平均分
3	1	林丹	88	88	52		80.92
4	2	苏冬露	98	57	90		
5	3	薛光	88	52	91		
6	4	谢君	97	62	52		
7	5	徐关茵	70	51	91		
8	6	袁松	74	97	77		
9	7	苏江丽	72	79	57		
10	8	何娇	70	90	73		
11	9	丁崆	93	58	58		
12	10	韦实	69	73	70		
13	11	巩媛	95	64	92		
14	12	程安	72	70	50		
15	13	俞毅	95	58	95		
16	14	麦虢	65	91	63		
17	15	康丽	83	56	89		
18	16	陈霖	70	59	58		
19	17	黄娜	51	84	54		
20	18	卢芳	87	94	94		

图 2-37 AVERAGEIFS 函数实例

本章小结

本章主要学习了 Excel 表格的公式与函数，理解什么是 Excel 函数，掌握 Excel 单元格引用，分为相对引用、绝对引用和混合引用，并学习新版 Excel 表格的新函数：多条件判断、文本连接函数、日期处理函数。通过引入 Excel 公式和函数，可以培养学生的逻辑思维能力和解决问题的能力，还可以引导学生利用 Excel 公式和函数解决生活中的实际问题。

实操练习

1. 打开素材文件“第 2 章练习题 - 1”，用 COUNTIF 函数给同一班级的学生编号。
2. 打开素材文件“第 2 章练习题 - 2”，将同一部门的姓名汇总到同一单元格。

第 3 章　数据规范与管理

学习目标

(1)理解利用数据验证规范数据输入,掌握如何输入规范的日期;
(2)理解利用数据验证规范时间格式,掌握计算数据平均值的特殊情况;
(3)使用多级联动菜单规范数据输入,以及处理不能计算的"数值"。

思政目标

(1)强调数据的合法合规使用,增强社会责任感;
(2)在数据的采集、存储、处理和共享过程中,注重保护用户隐私和数据安全。

学习导图

3.1　数据规范

数据规范就是立规矩，给单元格设置一个填写规则，让它怎么填就只能怎么填，不符合规则就会报错。

3.1.1　利用数据验证规范数据输入

在 Excel 单元格中输入数据时，经常会输入不规范或无效的数据，给数据的统计工作带来很大的麻烦。数据验证（数据有效性）能够建立特定的规则，限制输入单元格的内容，从而规范数据输入，提高数据统计与分析效率。在 Excel 2010 及以前的版本中，数据验证称为“数据有效性”。

1. 规范性别输入

利用数据验证输入性别，不仅规范而且快速。

单击“数据”选项卡“数据验证”选项，在打开的“数据验证”对话框中选择“设置”选项卡，将“允许”设为“序列”，在“来源”中选择“男，女”，如图 3-1 所示。

设置了数据验证后，输入性别时只要选择“男”或“女”。

（1）在序列来源中，“男”“女”两个字之间一定是“英文状态”下的逗号，即半角逗号。

（2）只要对一个单元格设置了数据验证，就可通过鼠标拖动单元格右下角填充柄，将数据验证的设置填充到其他单元格。

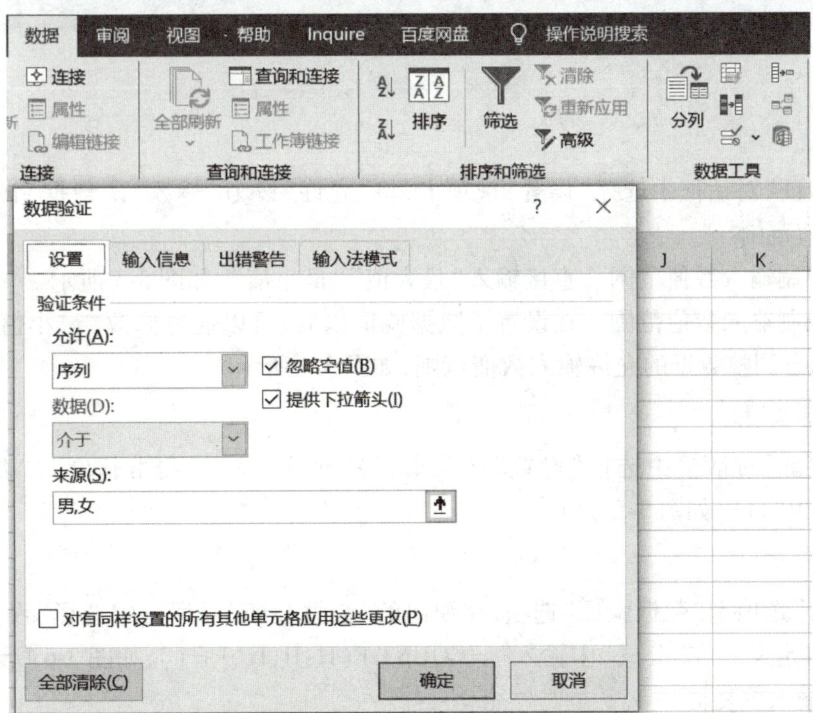

图 3-1　规范性别输入

2. 限定输入内容

通常情况下，要求只在某些特定值内选择输入单元格的内容。例如，如图 3-2 所示的“评定等级”只有优秀、良好、合格、不合格，所有姓名对应的等级必须出自其中之一，而再无其他值，这时就可以利用数据验证来规范等级输入。

在“数据验证”对话框中选择“设置”选项卡，将“允许”设为“序列”，在“来源”中选择 4 个等级所在的 L2∶L5 区域，如图 3-2 所示。

设置了数据验证后，输入等级时只要选择其中之一就可以了。

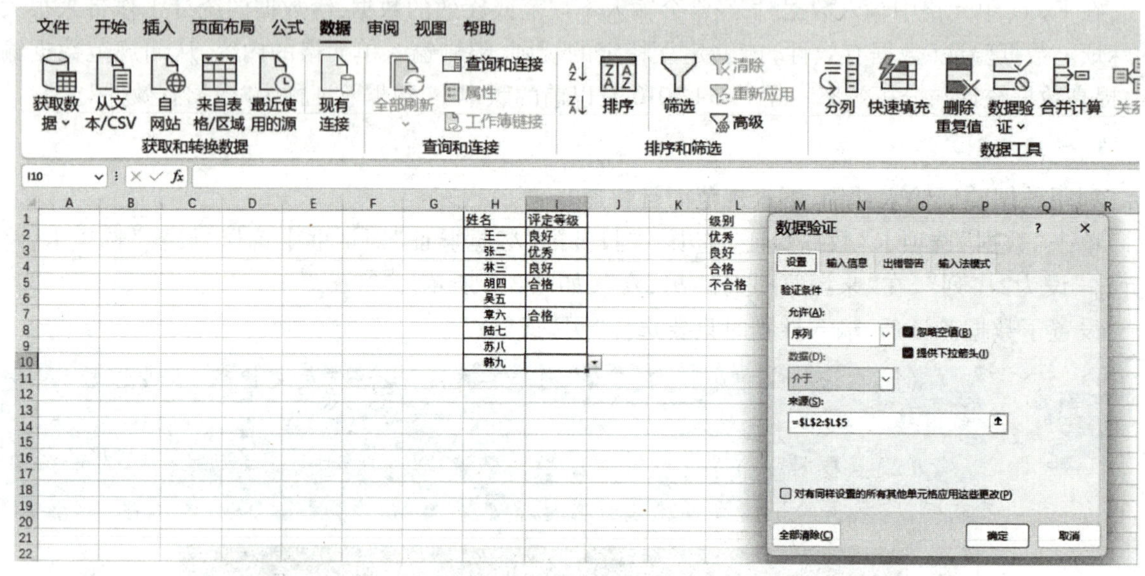

图 3-2　限制输入内容

3. 限定数值范围

在“数据验证”对话框中选择“设置”选项卡，将“允许”设为“整数”，“数据”设为“介于”，即可限定输入数值范围。

(1) 静态限制输入数值范围。直接输入“最大值”“最小值”，如图 3-3 所示。

(2) 动态限制输入数值范围。在设置了数据验证以后，可以通过修改“最小值”“最大值”单元格的数值，动态调整数据的允许输入数值范围，如图 3-4 所示。

4. 限定文本长度

在“数据验证”对话框中选择“设置”选项卡，将“允许”设为“文本长度”，“数据”设为“等于”，“长度”设为“11”，如图 3-5 所示。

5. 限制输入重复值

单击“数据”选项卡“数据验证”选项，在弹出的“数据验证”对话框中选择“设置”选项卡，将“允许”设为“自定义”，在“公式”中输入“ =COUNTIF(H∶H,H1) =1”，如图 3-6 所示单击“确定”按钮可以禁止输入重复值。

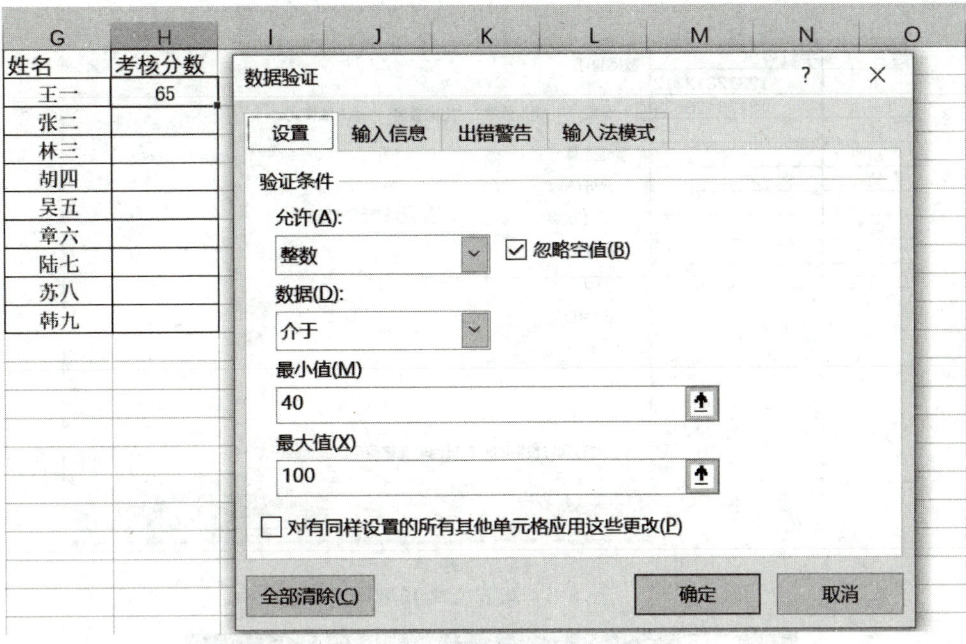

图 3-3 静态限制输入数值范围

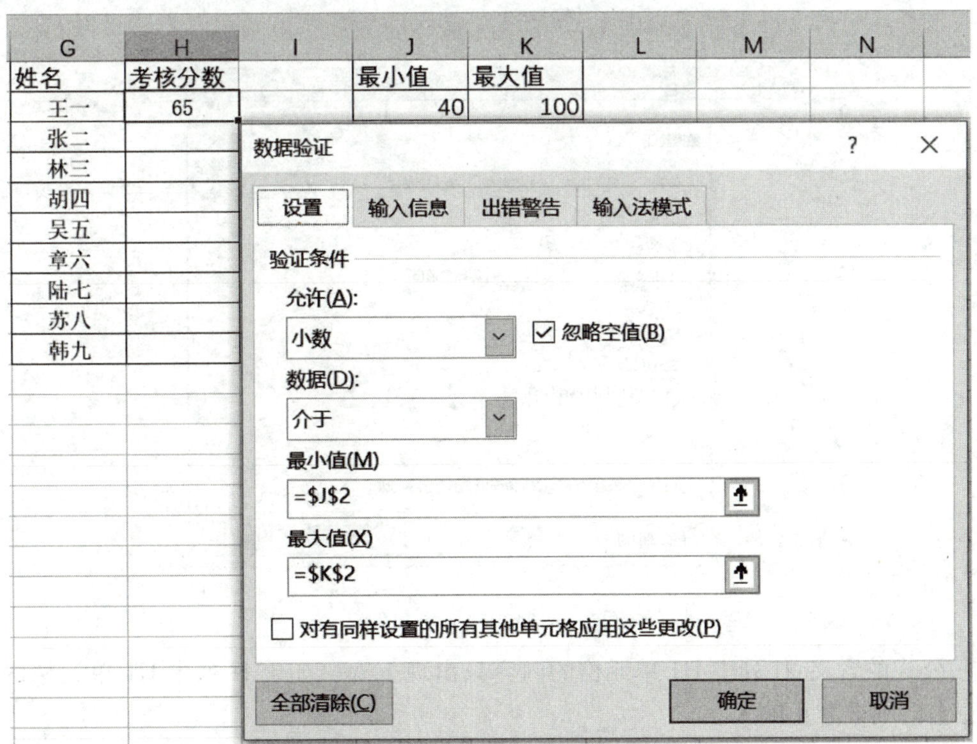

图 3-4 动态限制输入数值范围

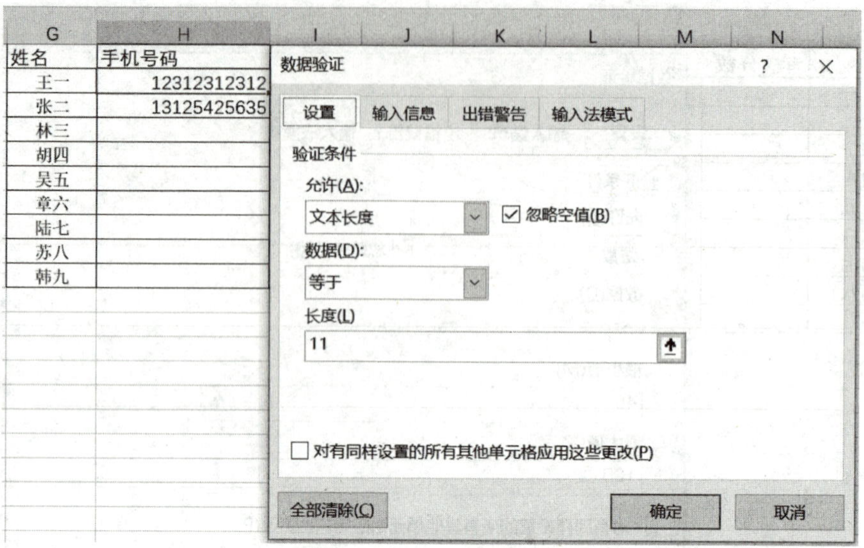

图 3-5　限定文本长度

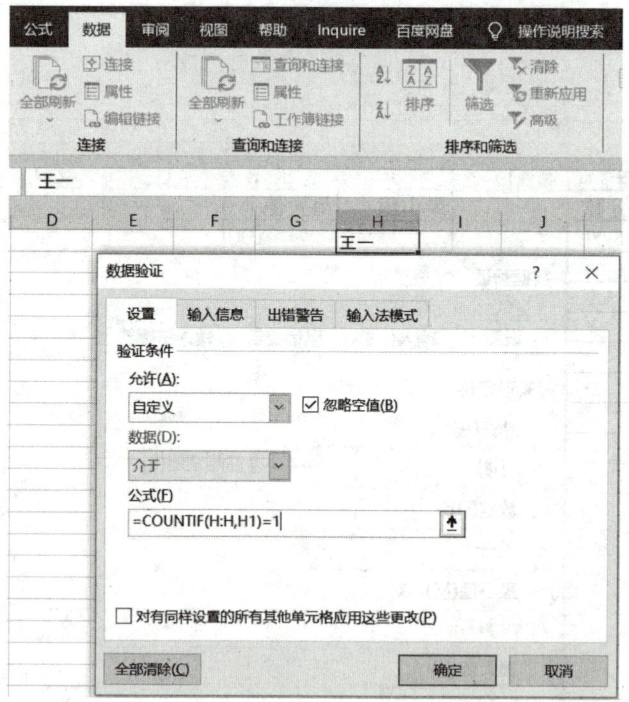

图 3-6　禁止输入重复值

其中,公式的含义:H 列中 H1 单元格的内容只出现 1 次。如果 H 列中 H1 单元格的内容出现次数超过 1,则被禁止输入。

6. 限定身份证号码

单击“数据”选项卡“数据验证”选项,在打开的“数据验证”对话框中选择“设置”选项卡,将“允许”设为“自定义”,在“公式”中输入“AND(LEN(D1)=18,COUNTIF(D:D,D1&"*")=

1)”,如图 3-7 所示。

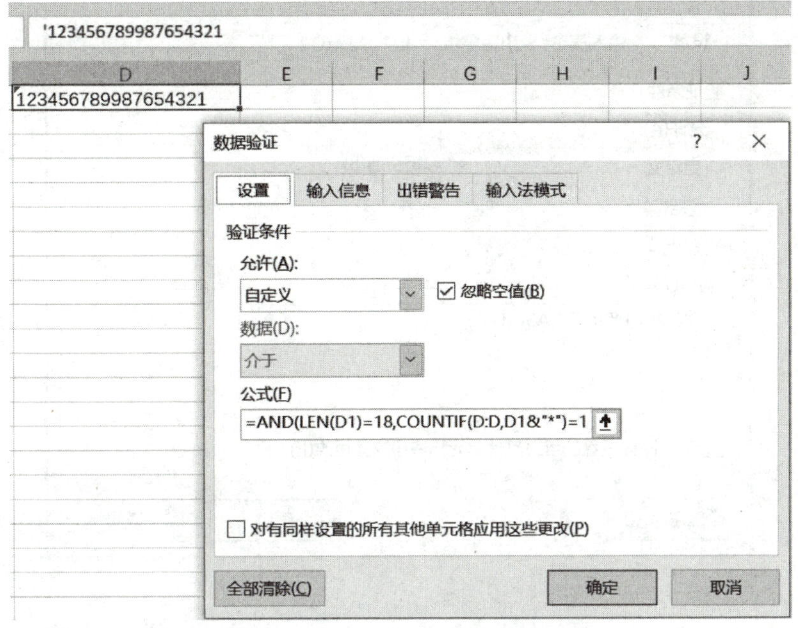

图 3-7 限定输入 18 位身份证号码

公式解析

✧ LEN(D1)=18:表示 D1 单元格数据的长度为 18 位。

✧ COUNTIF(D:D,D1&"*")=1:表示在 D 列中,D1 单元格数据只出现 1 次,也就是不能重复出现。

✧ =AND(LEN(D1)=18,COUNTIF(D:D,D1&"*")=1):表示要满足 D1 单元格数据的长度 18 位且 D1 单元格数据不能重复出现这两个条件。

7. 限制输入空格

单击“数据”选项卡“数据验证”选项,在打开的“数据验证”对话框中选择“设置”选项卡,“允许”设为“自定义”,在“公式”中输入“=ISERR(FIND(" ",ASC(D1)))”,如图 3-8所示。

公式解析

✧ ASC(D1):表示将 D1 单元格的全角空格转换为半角空格。

✧ FIND(" ",ASC(D1)):表示在 D1 单元格中查找空格,如果包含空格,则返回空格在 D1 单元格的位置,即一个数字;如果不包含空格,则返回错误值#VALUE。

✧ ISERR(FIND(" ",ASC(D1))):表示通过 ISERR 函数,将不包含空格时返回的数值转换为逻辑值 TRUE,表示允许输入;将包含空格时返回的数值转换为逻辑值 FALSE,表示禁止输入。

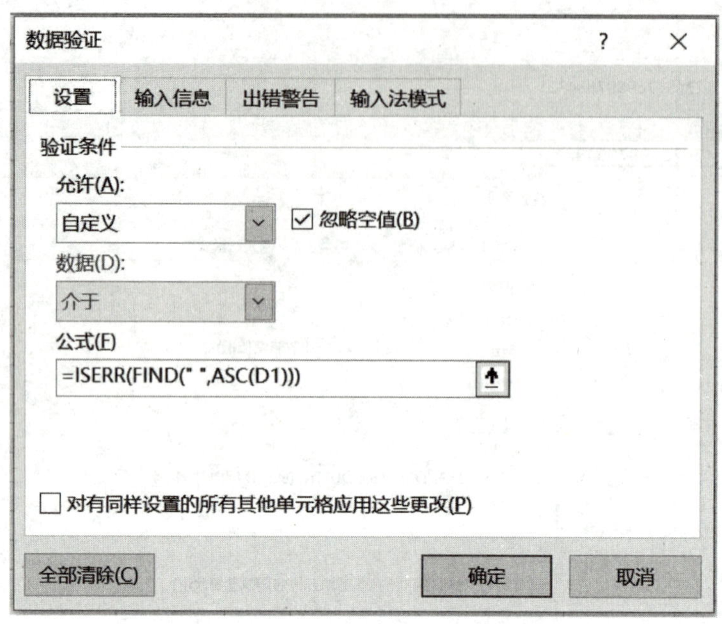

图 3-8 限制输入空格

3.1.2 设置只能输入规范的日期

在日常使用 Excel 时，经常要在 Excel 单元格中输入日期型数据。日期型数据的格式有很多种，规范的如“2023 年 11 月 27 日”“2023/11/27”“2023－11－27”等；不规范的如“2023、11、27”“2023，11，27”“2023＊11＊27”等。

如果在同一个数据表中日期型数据的格式不合规范，势必会影响后期的数据处理与计算。可以采取如下方法来设置：

(1)设置日期格式。选中要填充日期的单元格区域，右击，在弹出的快捷菜单中执行“设置单元格格式”命令，在打开的“设置单元格格式”对话框中，将“类型”设置为要求输入的格式，这里选择常用的“＊2012/3/14”格式，如图 3-9 所示。

(2)利用数据验证规范日期区间。选中要填充日期的单元格区域，在“数据验证”对话框中选择“设置”选项卡，将“允许”设为“日期”，“数据”设为“介于”，“开始日期”设为“2000/1/1”，“结束日期”设为“＝today()”，如图 3-10 所示。

选中“出错警告”选项卡，将“样式”设为“停止”，“标题”设为“请重新输入：”，“错误信息”设为“请输入格式如 2012/03/14 的日期，并且起始日期介于 2000/1/1 与今天之间。”，如图 3-11 所示。

通过以上步骤的设置，单元格中就只允许输入规范格式、特定区域的日期。

3.1.3 巧用数据验证规范时间格式

如图 3-12 所示的单位客户接待登记表，其中在“到达时间”一列，由于是被几个人录入的，所以“到达时间”的格式是五花八门的，这影响了表格的美观及后期的数据计算分析。其实，这种情况是可以利用数据验证来有效预防的。

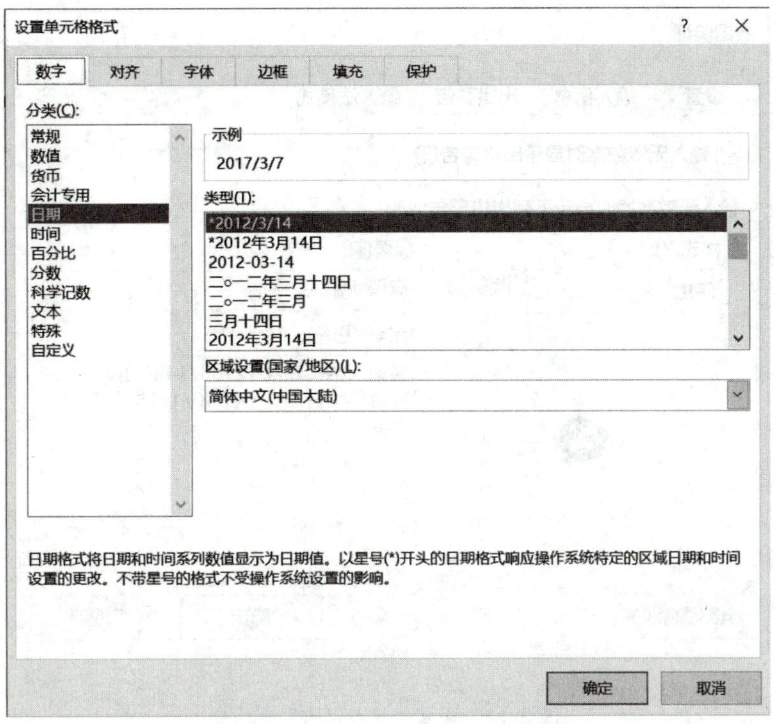

图 3-9 设置日期格式

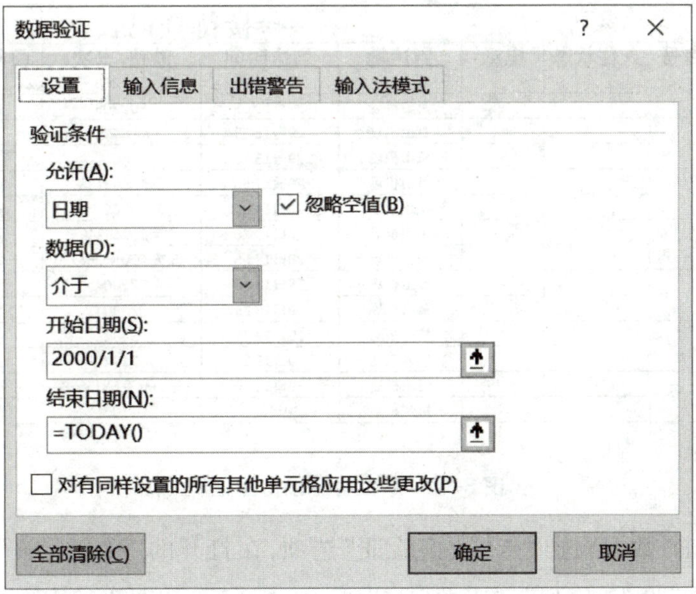

数据验证

设置 输入信息 出错警告 输入法模式

验证条件

允许(A):

日期 ☑ 忽略空值(B)

数据(D):

介于

开始日期(S):

2000/1/1

结束日期(N):

=TODAY()

☐ 对有同样设置的所有其他单元格应用这些更改(P)

全部清除(C) 确定 取消

图 3-10 设置日期范围

操作步骤如下：

步骤 1▶ 借助一个辅助单元格，这里是 E2。在 E2 中，输入公式“=NOW()”，显示当前时间。

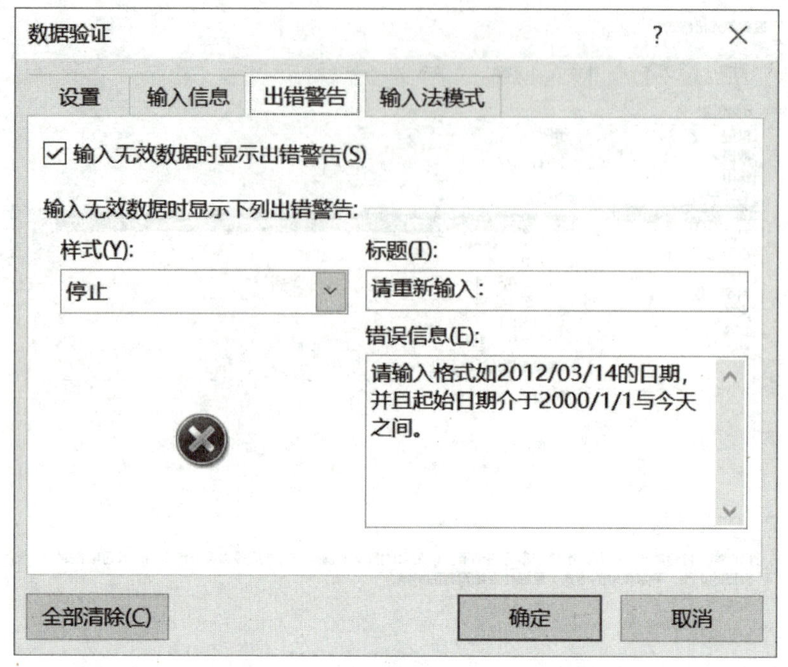

图 3-11　设置"出错警告"选项卡

***接待登记表										
序号	姓名	房型	房号	入住状态	电话	到达地	到达时间	航班/车次	回程出发地	回程时间
1	洪*	标间				萧山机场	29号11:05	EU2205	杭州	1.2日
2	廖*乡					萧山机场	29号11:05	EU2205	杭州	1.2日
3	贾*	标间				萧山机场	29号15:25	MU9296		
4	林*先					萧山机场	29号15:25	MU9296		
5	张*玲	标间				萧山机场	29日12:55	国航CA1733	萧山机场	1号14:25
6	陈*平					杭州东站	29日14:37	G165	杭州东站	1号12:00
7	陈*丽	标间				萧山机场	29日10:20	南航CZ3749	萧山机场	1号14:25
8	阚*云					萧山机场	29日17:55	东方航空MU5672	萧山机场	1号17:00
9	欧*连	标间				萧山机场	29日13:35	CZ3804	萧山机场	1号12:15
10	唐*					萧山机场	29日13:35	CZ3804	萧山机场	1号12:15
11	李*	标间				杭州东站	29日13:36	G284	待定	待定
12	燕*梅					杭州东站	29日13:36	G284	待定	待定
13	艾*婷	标间				萧山机场	29日12:30	东方航空MU5558	杭州东站	待定
14	张*					杭州东站	29日2:37	G165	杭州东站	1号12:00

图 3-12　单位客户接待登记表

步骤 2▶ 单击"数据"选项卡"数据验证"选项,在打开的"数据验证"对话框中选择"设置"选项卡,将"允许"设为"序列","来源"设为" = $E$2",如图 3-13 所示。在"输入信息"项卡中,在"输入信息"中输入"请输入当前时间",如图 3-14 所示。

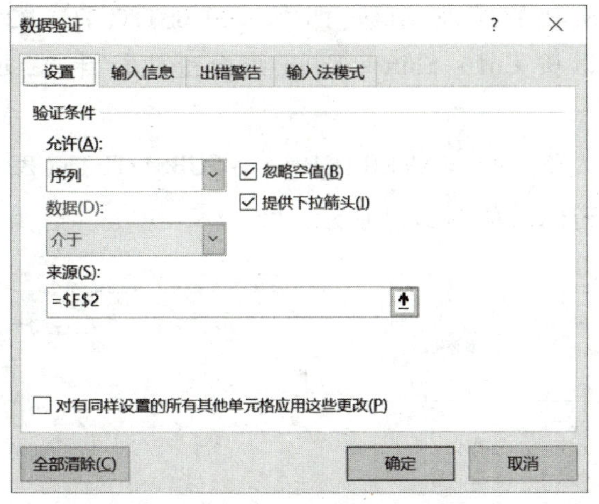

图 3-13　设置“设置”选项卡

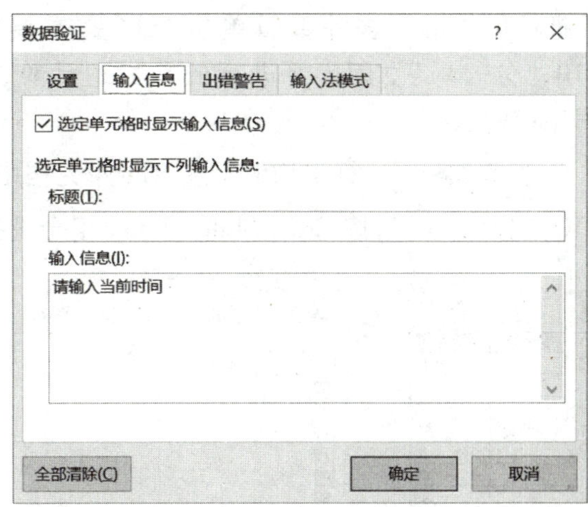

图 3-14　设置“输入信息”选项卡

步骤 3▶　设置时间格式，如图 3-15 所示。最后，单击“确定”按钮即可。

3.1.4　数据带数量单位，如何计算平均值

某公司进行员工考核，并将考核分数录入 Excel 表格中，但这些考核分数被录入得不规范，如图 3-16 所示，部分考核分数带有数量单位“分”。现在要计算员工的平均考核分数。

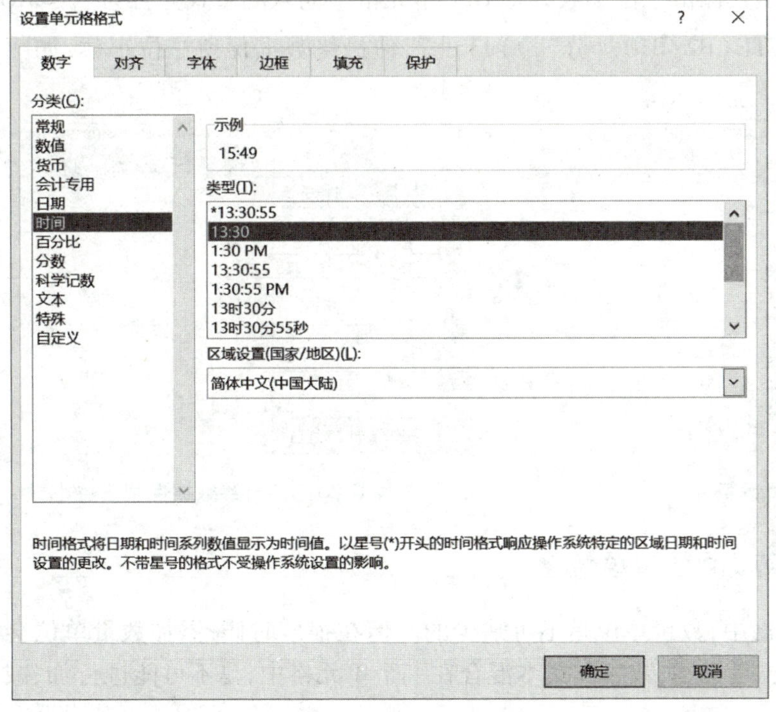

图 3-15　设置时间格式

	A	B
1	姓 名	考核分数
2	王一	75
3	张二	82分
4	林三	68
5	胡四	78
6	吴五	79分
7	章六	68
8	陆七	88
9	苏八	91分
10	韩九	65
11	平均分	

图 3-16　不规范数据

操作步骤如下：

步骤 1▶　统一去单位。数量单位“分”属于文本，不能参与计算。所以，在写公式时，首先

要把单位去除。去除数量单位“分”文本要用 SUBSTITUTE 函数，即“{ = SUBSTITUTE(B2:B10,"分",)}”。因为要进行的是数组计算，所以按 Ctrl + Shift + Enter 组合键执行计算，如图 3-17所示。

步骤 2▶ 计算平均值。在 B11 单元格中输入公式“{ = AVERAGE(- - SUBSTITUTE(B2:B10,"分",))}”，按 Ctrl + Shift + Enter 组合键执行计算，如图 3-18 所示。

D2 {=SUBSTITUTE(B2:B10,"分",)}

	A	B	C	D	E	F	G
1	姓名	考核分数					
2	王一	75		75			
3	张二	82分		82			
4	林三	68		68			
5	胡四	78		78			
6	吴五	79分		79			
7	章六	68		68			
8	陆七	88		88			
9	苏八	91分		91			
10	韩九	65		65			
11	平均分						

图 3-17　统一去数量单位“分”

B11 {=AVERAGE(--SUBSTITUTE(B2:B10,"分",))}

	A	B	C	D	E	F	G	H
1	姓名	考核分数						
2	王一	75						
3	张二	82分						
4	林三	68						
5	胡四	78						
6	吴五	79分						
7	章六	68						
8	陆七	88						
9	苏八	91分						
10	韩九	65						
11	平均分	77.11						

图 3-18　计算平均值

其中，公式内“ - ”为“减负运算”，SUBSTITUTE(B2:B10,"分",)的结果是一串文本，前面加一个“ - ”，表示通过取负数将文本转换成数值，再加一个“ - ”，即负负得正。“减负运算”常用于将文本转换为数值，如图 3-19 所示。

步骤 3▶ 规范数据，使其保留三位小数。将 B11 单元格中输入的公式完善为“{ = ROUND(AVERAGE(- - SUBSTITUTE(B2:B10,"分",)),3)}”，使最终数据保留三位小数，如图 3-20 所示。

D2 {=--SUBSTITUTE(B2:B10,"分",)}

	A	B	C	D	E	F	G
1	姓名	考核分数					
2	王一	75		75			
3	张二	82分		82			
4	林三	68		68			
5	胡四	78		78			
6	吴五	79分		79			
7	章六	68		68			
8	陆七	88		88			
9	苏八	91分		91			
10	韩九	65		65			
11	平均分	77.11					

图 3-19　减负运算

B11 {=ROUND(AVERAGE(--SUBSTITUTE(B2:B10,"分",)),3)}

	A	B	C	D	E	F
1	姓名	考核分数				
2	王一	75				
3	张二	82分				
4	林三	68				
5	胡四	78				
6	吴五	79分				
7	章六	68				
8	陆七	88				
9	苏八	91分				
10	韩九	65				
11	平均分	77.111				

图 3-20　使最终数据保留三位小数

3.1.5　一键添加“能计算”的数量单位

在很多正规的 Excel 表格中，数量单位是不可缺少的。但在很多时候，添加数量单位会妨碍统计计算，其原因是数量单位是文本，数字和文本混合在一个单元格中，是不可能进行加、减、乘、除等统计计算的。

通过自定义单元格格式，既可以添加数量单位，又不妨碍统计计算。

操作步骤如下：

选中数据单元格区域，右击，在弹出的快捷菜单中执行“设置单元格格式”命令，打开“设置

单元格格式”对话框。在“分类”中选择“自定义”，直接在“类型”的“G/通用格式”后输入数量单位就可以了，如图 3-21 和图 3-22 所示。

这是一种非常快捷的规范数据的方式。

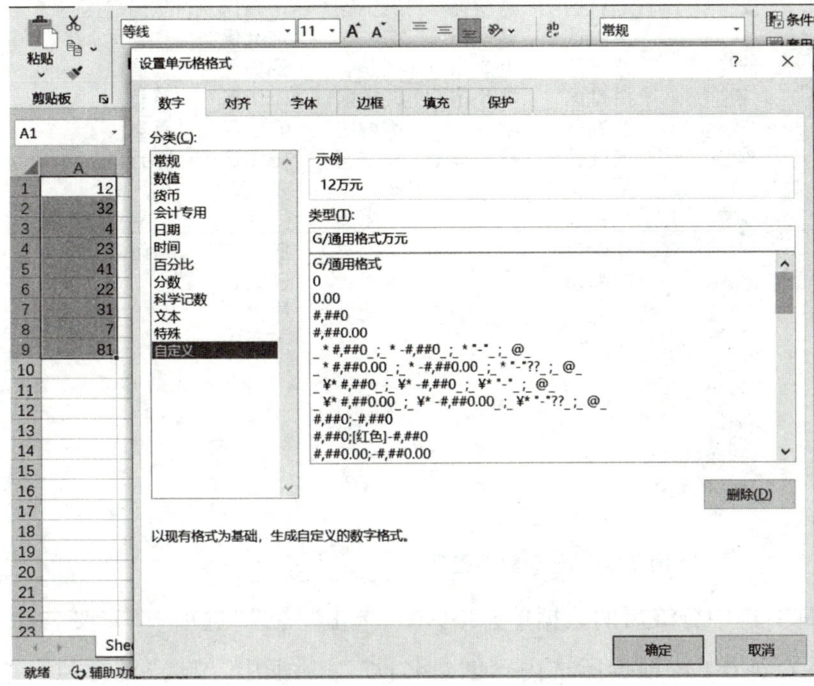

图 3-21 设置统一单位

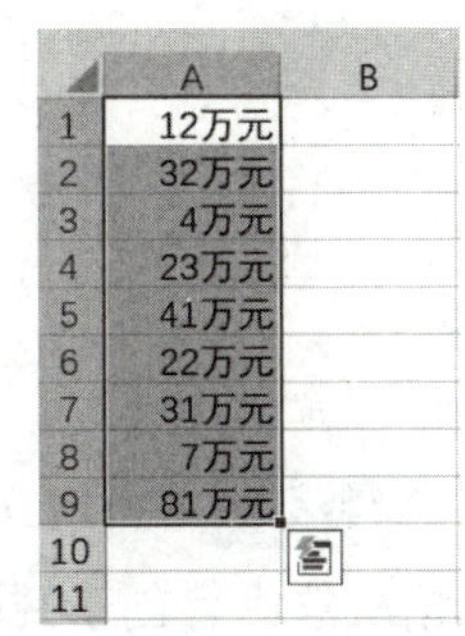

图 3-22 设置结果

3.1.6 使用多级联动菜单规范数据输入

人事部每次下发 Excel 表格给员工去填写，但在交上来的 Excel 表格中，数据都被填得不规范，这给统计工作带来很多麻烦。使用多级联动菜单，可以有效规范数据输入。

联动菜单的使用如图 3-23 和图 3-24 所示，对单元格中输入的内容根据上一层菜单做了限制。

	A	B	C
1	省份	地市	区县
2	浙江	杭州	上城区
3	山东	济南	荫区

济南
青岛
淄博
枣庄
东营
烟台
潍坊
济宁

图 3-23 根据省份选择地市

	A	B	C	D
1	省份	地市	区县	
2	浙江	杭州	上城区	
3	山东	济南		

上城区
下城区
江干区
拱墅区
西湖区
滨江区
萧山区
余杭区

图 3-24 根据地市选择区县

操作步骤如下：

步骤 1▶ 分级数据整理。如图 3-25 所示，红色（深颜色）部分的省份数据是一级菜单，黄色(浅颜色)部分的地市数据是二级菜单,无填充部分的数据是三级区县数据。

	A	B	C	D	E	F	G	H
1	省份	浙江	山东	杭州	绍兴	济南	青岛	聊城
2	浙江	杭州	济南	上城区	越城区	历下区	市南区	东昌府区
3	山东	宁波	青岛	下城区	诸暨市	市中区	市北区	开发区
4		温州	淄博	江干区	上虞市	槐荫区	四方区	临清市
5		嘉兴	枣庄	拱墅区	嵊州市	天桥区	李沧区	冠县
6		绍兴	东营	西湖区	绍兴县	历城区	崂山区	莘县
7		金华	烟台	滨江区	新昌县	长清区	城阳区	阳谷县
8		衢州	潍坊	萧山区		章丘市	黄岛区	东阿县
9		舟山	济宁	余杭区		平阴县	即墨市	茌平县
10		台州	泰安	建德市		济阳县	胶州市	高唐县
11		丽水	威海	富阳市		商河县	胶南市	
12			日照			高新区	平度市	
13			莱芜				莱西市	
14			临沂					
15			德州					
16			聊城					
17			滨州					
18			菏泽					

图 3-25 分级数据整理

步骤 2▶ 自定义名称。选中分级后的数据单元格区域,单击"公式"选项卡"定义名称"组"根据所选内容创建"按钮,在弹出的"根据所选内容创建名称"对话框中,勾选"首行"项,单击"确定"按钮,如图 3-26 所示。

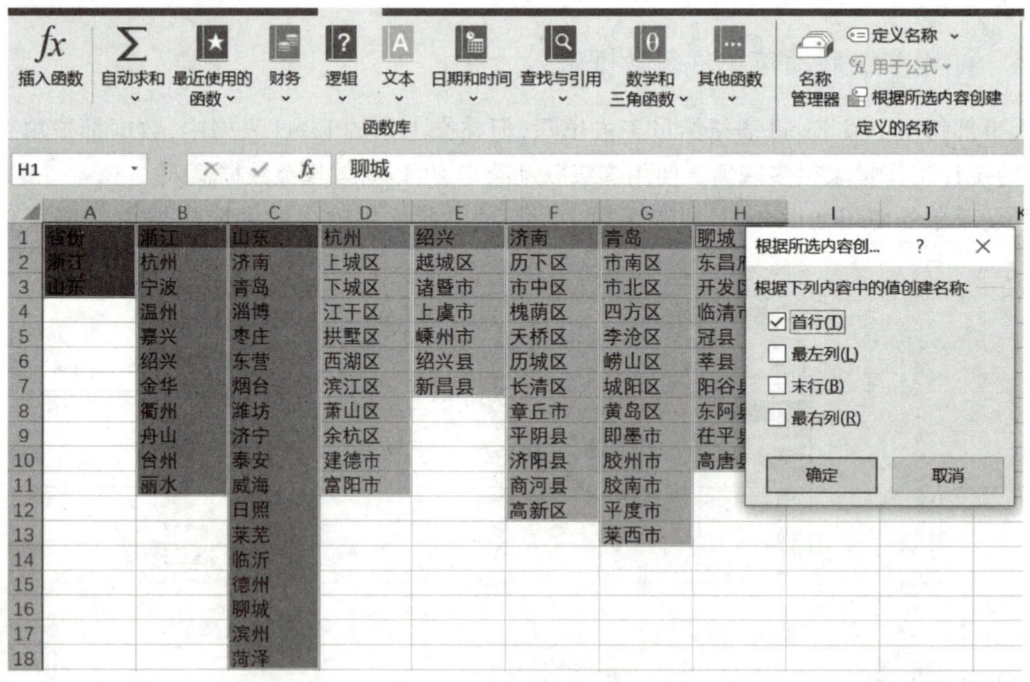

图 3-26 创建名称

在打开的“名称管理器”对话框中，可以看到已经建立的名称，如图 3-27 所示。

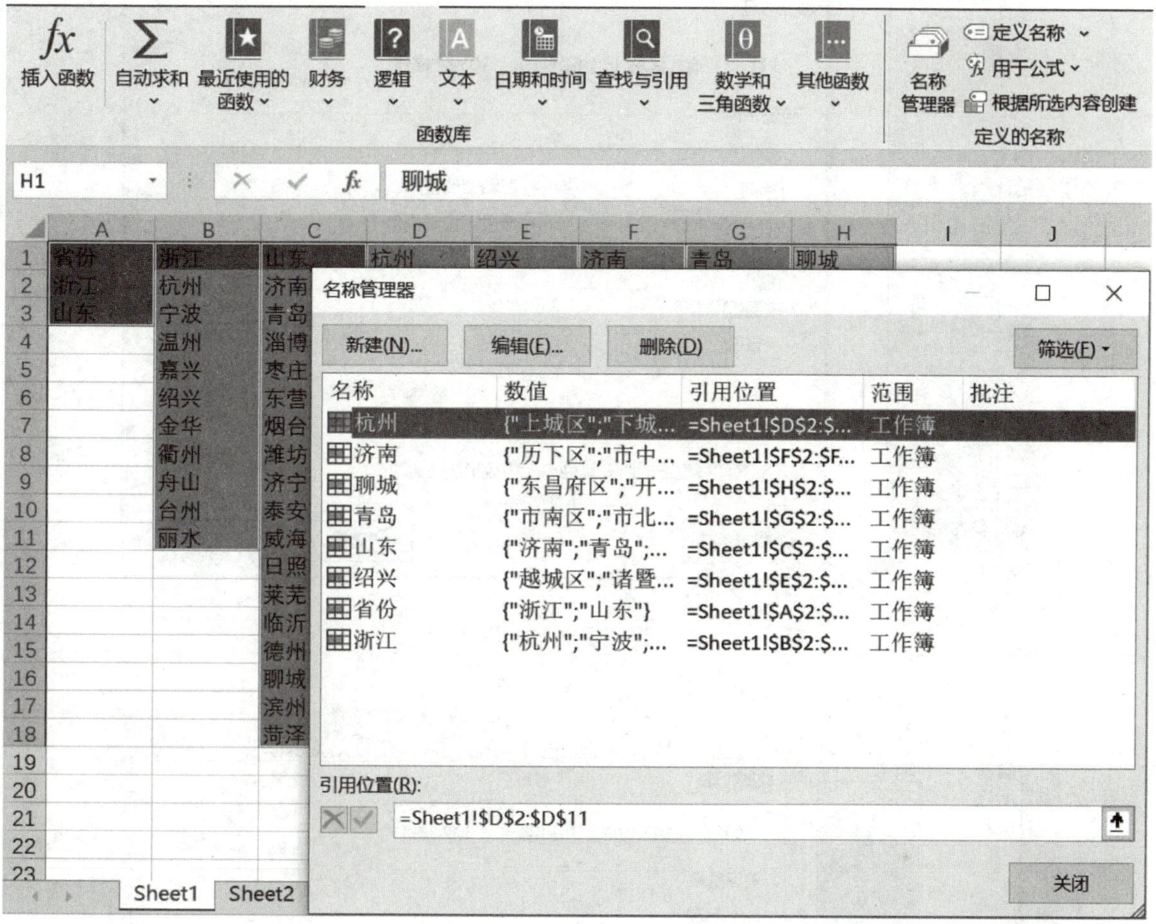

图 3-27 “名称管理器”对话框

步骤 3▶ 建立各级菜单。一级菜单：选中要添加省份的单元格区域，单击“数据”选项卡“数据验证”选项，在打开的“数据验证”对话框的“设置”选项卡中，将“允许”设为“序列”，在“来源”中输入公式“ = 省份”，“省份”是上一步建立的名称之一，如图 3-28 所示。

二级菜单：选中要添加地市的单元格区域，在打开的“数据验证”对话框的“设置”选项卡中，将“允许”设为“序列”，在“来源”中输入公式“ = INDIRECT($ A2)”，如图 3-29 所示。

三级菜单：选中要添加区县的单元格区域，在打开的“数据验证”对话框“设置”选项卡中，将“允许”设为“序列”，在“来源”中输入公式“ = INDIRECT($ B2) ”，单击“确定”按钮，如图 3-30 所示。

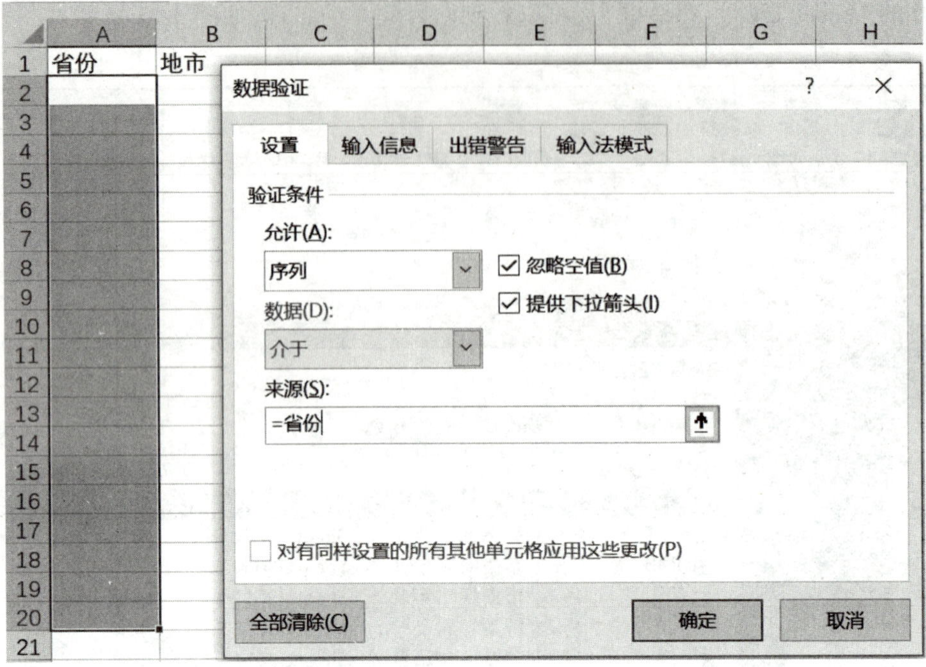

图 3-28　建立一级菜单

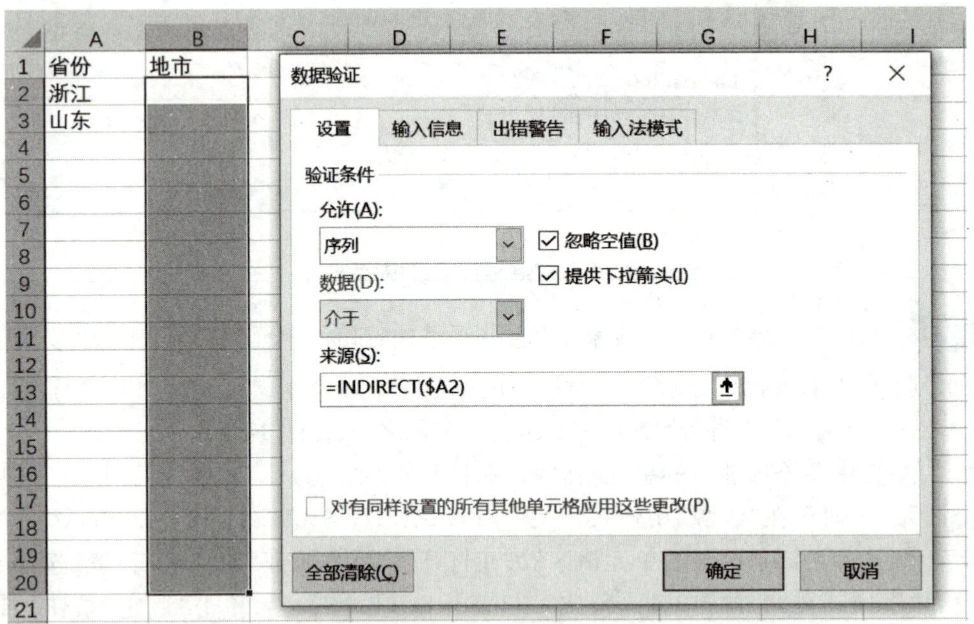

图 3-29　建立二级菜单

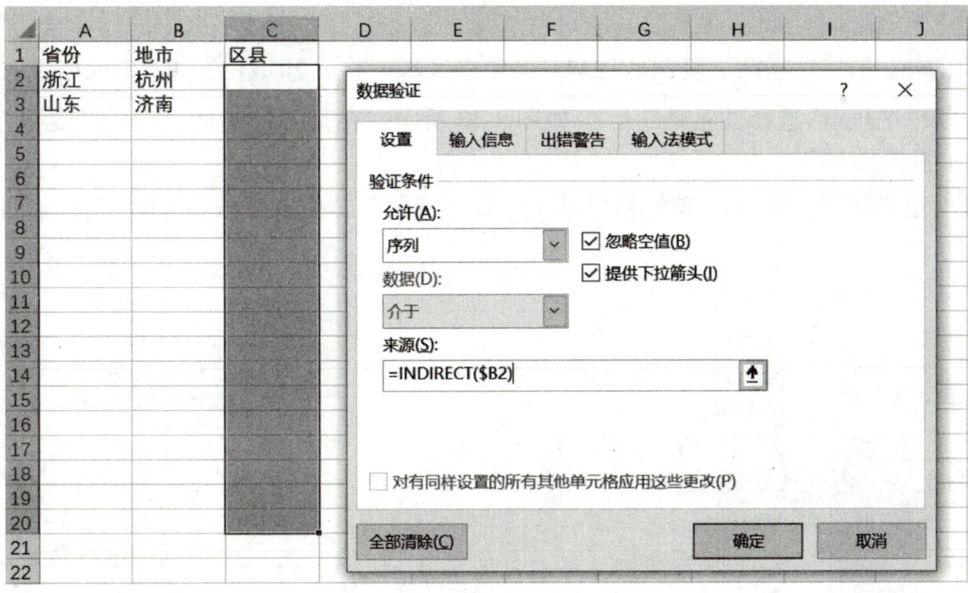

图 3-30 建立三级菜单

3.2 数据管理

3.2.1 处理不能计算的“数值”

如图 3-31 所示，在 A2:A11 单元格区域内，既有数值型数字，又有文本型数字。文本型数字是不能直接参与计算的，所以直接用求和公式是计算不出正确结果的。

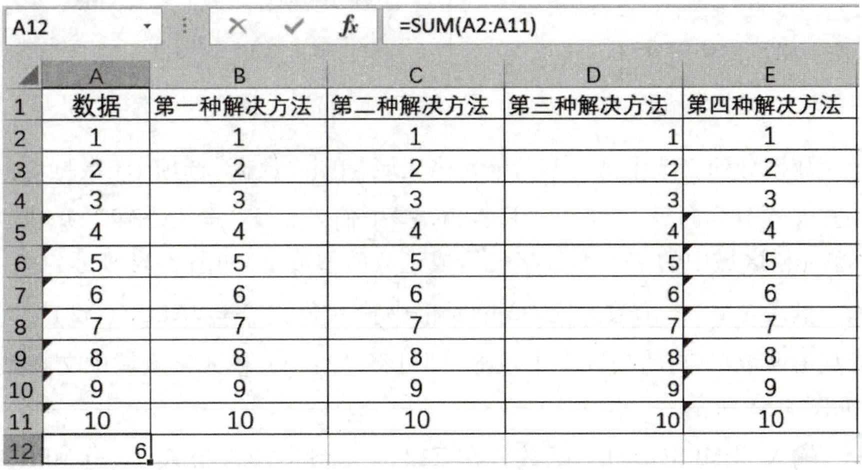

A12 =SUM(A2:A11)

	A	B	C	D	E
1	数据	第一种解决方法	第二种解决方法	第三种解决方法	第四种解决方法
2	1	1	1	1	1
3	2	2	2	2	2
4	3	3	3	3	3
5	4	4	4	4	4
6	5	5	5	5	5
7	6	6	6	6	6
8	7	7	7	7	7
9	8	8	8	8	8
10	9	9	9	9	9
11	10	10	10	10	10
12	6				

图 3-31 数值型数字与文本型数字夹杂，影响计算

操作步骤如下：

步骤 1▶ 选择性粘贴。复制 A2:A11 单元格区域。将光标定位在 B2 单元格，右击，在弹出的快捷菜单中执行“选择性粘贴”命令，如图 3-32 所示。在打开的对话框中，在“运算”中选择“加”项，如图 3-33 所示。

通过上述步骤，将 A2:A11 单元格区域中的文本型数字转换成了数值型数字，即可进行正常的计算。

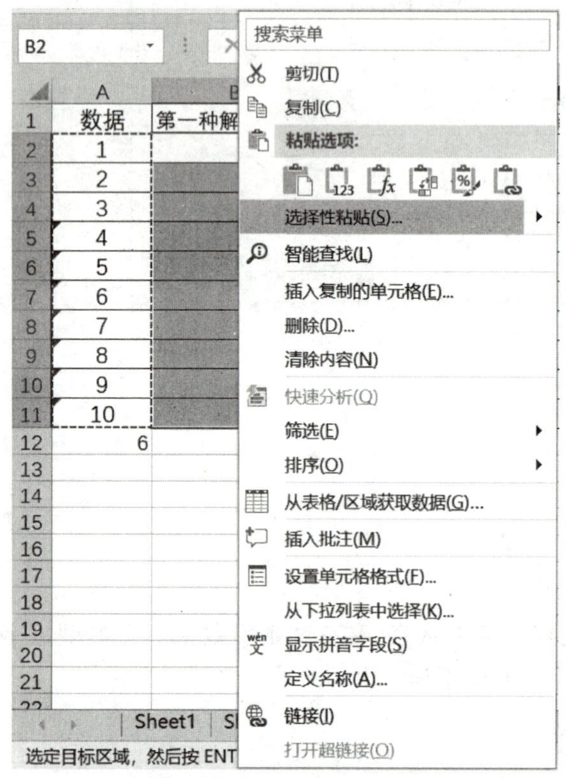

图 3-32 “选择性粘贴”命令

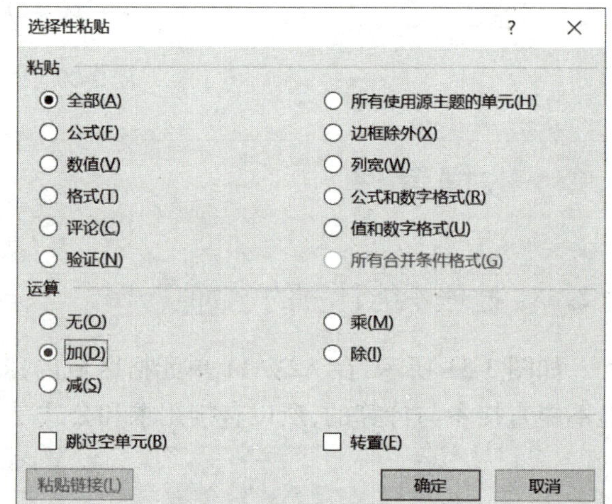

图 3-33 选择“加”项

步骤 2▶ 数据分列。选中 A2:A11 单元格区域，单击“数据”选项卡“数据工具”组“分列”按钮，在打开的“文本分列向导”对话框“目标区域”中输入公式“ = $C$2”，单击“完成”按钮，则将 A2:A11 单元格区域中的文本型数字转换成了数值型数字，如图 3-34 所示。

步骤 3▶ 输入 VALUE 函数。在 D2 单元格中输入公式 “ = VALUE(A2)”，可将 A2 单元格数字转换成数值型数字，再将公式向下填充，即可将 A2:A11 单元格区域中文本型数字转换为数值型数字，如图 3-35 所示。

步骤 4▶ 输入 SUMPRODUCT 函数。在 E12 单元格中输入公式“ = SUMPRODUCT(- - E2:E11)”，即可完成 A2:A11 单元格区域求和运算，如图 3-36 所示。

3.2.2 规范全角、半角数据

如图 3-37 所示，“详址”一栏中的数字既有全角的又有半角的，如果数据少，通过手工修改即

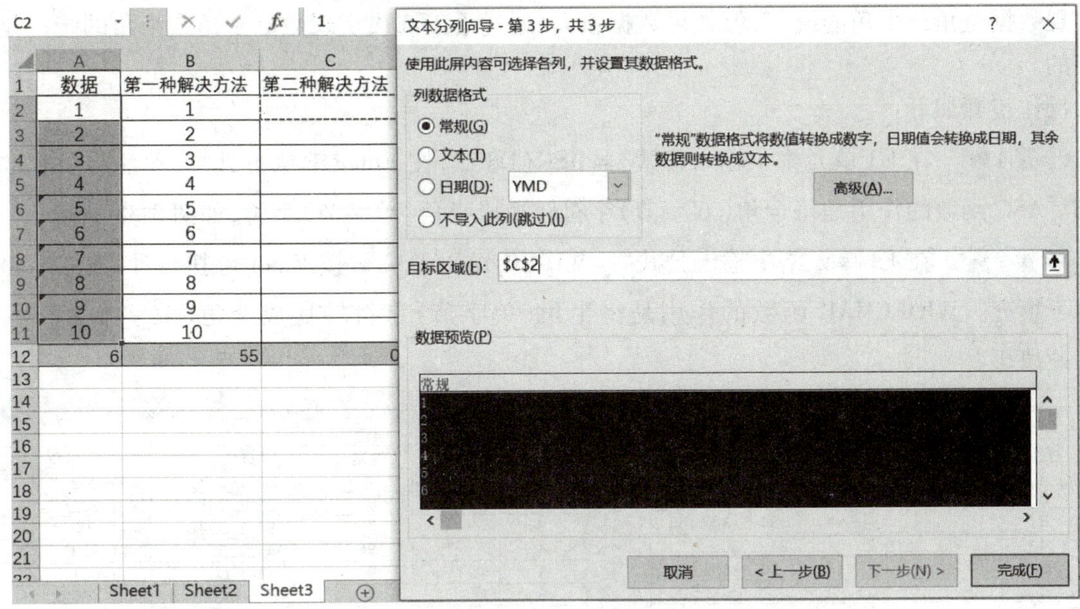

图 3-34 “文本分列向导”对话框

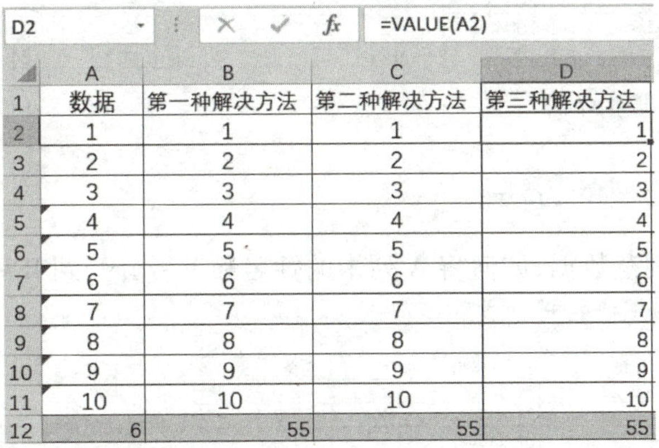

D2 =VALUE(A2)

	A	B	C	D
1	数据	第一种解决方法	第二种解决方法	第三种解决方法
2	1	1	1	1
3	2	2	2	2
4	3	3	3	3
5	4	4	4	4
6	5	5	5	5
7	6	6	6	6
8	7	7	7	7
9	8	8	8	8
10	9	9	9	9
11	10	10	10	10
12	6	55	55	55

图 3-35 利用 VALUE 函数

E12 =SUMPRODUCT(--E2:E11)

	A	B	C	D	E
1	数据	第一种解决方法	第二种解决方法	第三种解决方法	第四种解决方法
2	1	1	1	1	1
3	2	2	2	2	2
4	3	3	3	3	3
5	4	4	4	4	4
6	5	5	5	5	5
7	6	6	6	6	6
8	7	7	7	7	7
9	8	8	8	8	8
10	9	9	9	9	9
11	10	10	10	10	10
12	6	55	55	55	55

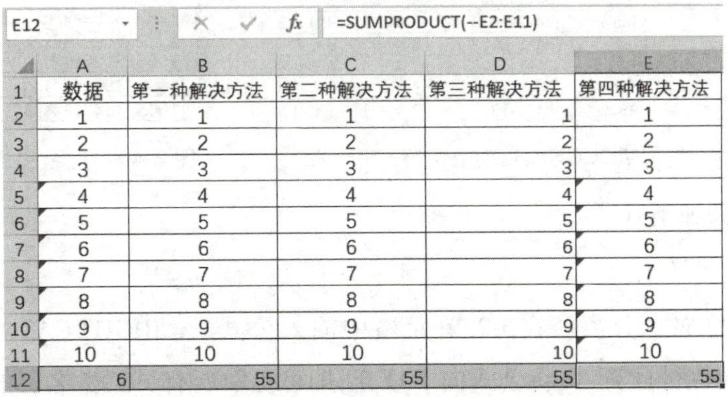

图 3-36 利用 SUMPRODUCT 函数

可实现数据全角或半角的统一,但如果数据量大,通过手工修改实现数据全角或半角的统一是不现实的。

操作步骤如下:

步骤 1▶ 在 E3 单元格中输入公式"=ASC(D3)",按 Enter 键执行计算,然后将公式向下填充。ASC 函数的作用是将全角(双字节)字符转换成半角(单字节)字符,如图 3-38 所示。

步骤 2▶ 在 F3 单元格中输入公式"=WIDECHAR(D3)",按 Enter 键执行计算,然后将公式向下填充。WIDECHAR 函数的作用是将半角(单字节)字符转换成全角(双字节)字符,如图 3-39所示。

	A	B	C	D
1	4幢			
2	序号	姓名	性别	详址
3	1		男	34-1-202
4	2		男	34-1-301
5	3		男	34-1-302
6	4		男	34-1-303３
7	5		男	34-1-601
8	6		女	34-1-1503３
9	7		女	34-1-802
10	8		男	34-1-903３
11	9		女	34-1-902
12	10		男	34-1-1803３
13	11		男	34-1-1804
14	12		女	34-1-1805

图 3-37　全角、半角混杂的数据

	A	B	C	D	E
1	4幢				
2	序号	姓名	性别	详址	半角
3	1		男	34-1-202	34-1-202
4	2		男	34-1-301	34-1-301
5	3		男	34-1-302	34-1-302
6	4		男	34-1-303３	34-1-3033
7	5		男	34-1-601	34-1-601
8	6		女	34-1-1503３	34-1-15033
9	7		女	34-1-802	34-1-802
10	8		男	34-1-903３	34-1-9033
11	9		女	34-1-902	34-1-902
12	10		男	34-1-1803３	34-1-18033
13	11		男	34-1-1804	34-1-1804
14	12		女	34-1-1805	34-1-1805

图 3-38　ASC 函数

3.2.3　数字与文本分离的方法

如图 3-40 所示,为规范数据,如何将 A 列中的姓名和工号分开到 B 列和 C 列呢?

	A	B	C	D	E	F
1	4幢					
2	序号	姓名	性别	详址	半角	全角
3	1		男	34-1-202	34-1-202	３４－１－２０２
4	2		男	34-1-301	34-1-301	３４－１－３０１
5	3		男	34-1-302	34-1-302	３４－１－３０２
6	4		男	34-1-303３	34-1-3033	３４－１－３０３３
7	5		男	34-1-601	34-1-601	３４－１－６０１
8	6		女	34-1-1503３	34-1-15033	３４－１－１５０３３
9	7		女	34-1-802	34-1-802	３４－１－８０２
10	8		男	34-1-903３	34-1-9033	３４－１－９０３３
11	9		女	34-1-902	34-1-902	３４－１－９０２
12	10		男	34-1-1803３	34-1-18033	３４－１－１８０３３
13	11		男	34-1-1804	34-1-1804	３４－１－１８０４
14	12		女	34-1-1805	34-1-1805	３４－１－１８０５

图 3-39　WIDECHAR 函数

	A	B	C
1	姓名和工号	工号	姓名
2	100511205衣定行		
3	100512585尤志向		
4	100514933侯天好		
5	100515128甄俊		
6	100523820都浩		
7	100524642任真帅		

图 3-40　姓名和工号在同一单元格中

操作方法与步骤如下:

1. 方法一:函数法

步骤 1▶ 先将文本分离。在 C2 单元格中输入公式"=RIGHT(A2,LENB(A2)-LEN(A2))",按 Enter 键执行计算,再将公式向下填充,即可提取所有员工姓名,如图 3-41 所示。

公式解析

✧ LENB(A2)和 LEN(A2)：都用于计算 A2 单元格的字符数，不同的是，LENB 函数是将每个汉字的字符数按照 2 进行计算的，而 LEN 函数是将每个汉字的字符数按照 1 计算的，所以，两者的差值是汉字的个数。

✧ =RIGHT(A2,LENB(A2) - LEN(A2))：是指从 A2 单元格的字符右侧开始按照汉字个数提取出汉字。

步骤 2▶ 再将数字分离。在 B2 单元格中输入公式“=LEFT(A2,LENB(A2) - LENB(C2))”，向下填充，即可提取所有员工的工号，如图 3-42 所示。

C2　=RIGHT(A2,LENB(A2)-LEN(A2))

	A	B	C	D
1	姓名和工号	工号	姓名	
2	100511205衣定行		衣定行	
3	100512585尤志向		尤志向	
4	100514933侯天好		侯天好	
5	100515128甄俊		甄俊	
6	100523820都浩		都浩	
7	100524642任真帅		任真帅	

图 3-41　利用函数提取员工姓名

B2　=LEFT(A2,LENB(A2)-LENB(C2))

	A	B	C
1	姓名和工号	工号	姓名
2	100511205衣定行	100511205	衣定行
3	100512585尤志向		尤志向
4	100514933侯天好		侯天好
5	100515128甄俊		甄俊
6	100523820都浩		都浩
7	100524642任真帅		任真帅

图 3-42　利用函数提取员工的工号

公式解析

✧ LENB(A2) - LENB(C2)：是指用 A2 单元格中的字符数减去 C2 单元格中的字符数，即数字的个数。

✧ =LEFT(A2,LENB(A2) - LENB(C2))：是指从 A2 单元格数据的最左侧开始按数字个数提取出所有数字。

2. 方法二：分列法

步骤 1▶ 选中要分列的数字与文本单元格区域，单击“数据”选项卡“分列”组，在打开的“文本分列向导 - 第 1 步”对话框中执行“固定宽度”命令，然后单击“下一步”按钮，如图 3-43 所示。

步骤 2▶ 在“文本分列向导 - 第 2 步”对话框“数据预览”区，在标尺上对准数字与文字界处单击，会出现一条分隔线，如图 3-44 所示，单击“下一步”按钮。

步骤 3▶ 在“文本分列向导 - 第 3 步”对话框中，选择“目标区域”为 B2，即“=$B$2”，分离后的数字和文本以 B2 单元格为起始位置向后填充，如图 3-45 所示。分列结果如图 3-46 所示。

但这种分列方式，仅限于要分离的两个部分中第一部分位数一致的情况，如本示例中，工号的位数是一致的。

3. 方法三：快速填充法

快速填充是 Excel 2016 特有的填充方式，不用函数就可以实现数字与文本的分离，且不受数字与文本个数的限制。

将第 1 位员工的工号输入 B2 单元格中，按住鼠标左键拖动填充柄往下填充，勾选“自动填充

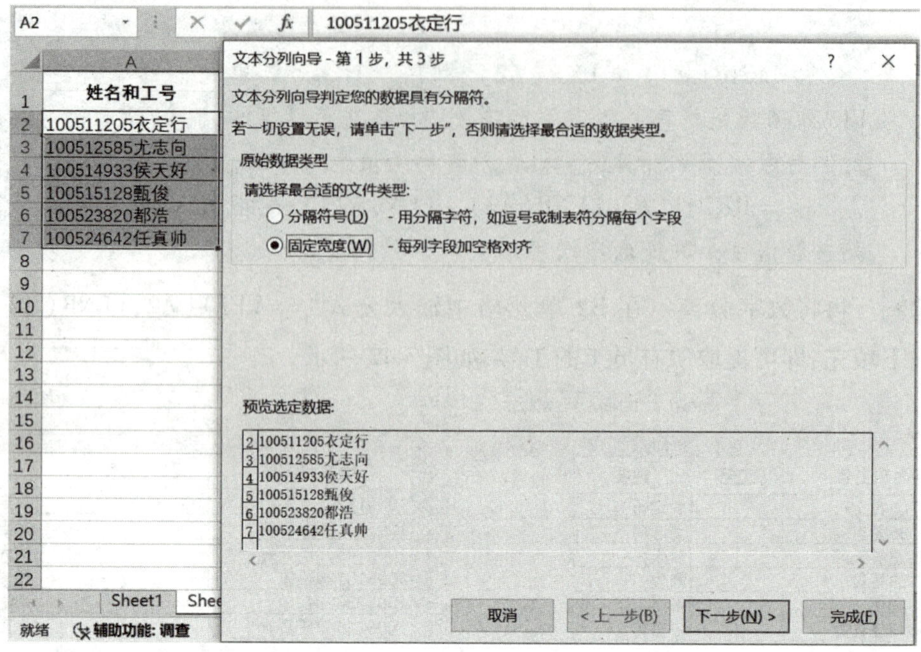

图 3-43　选择固定列宽

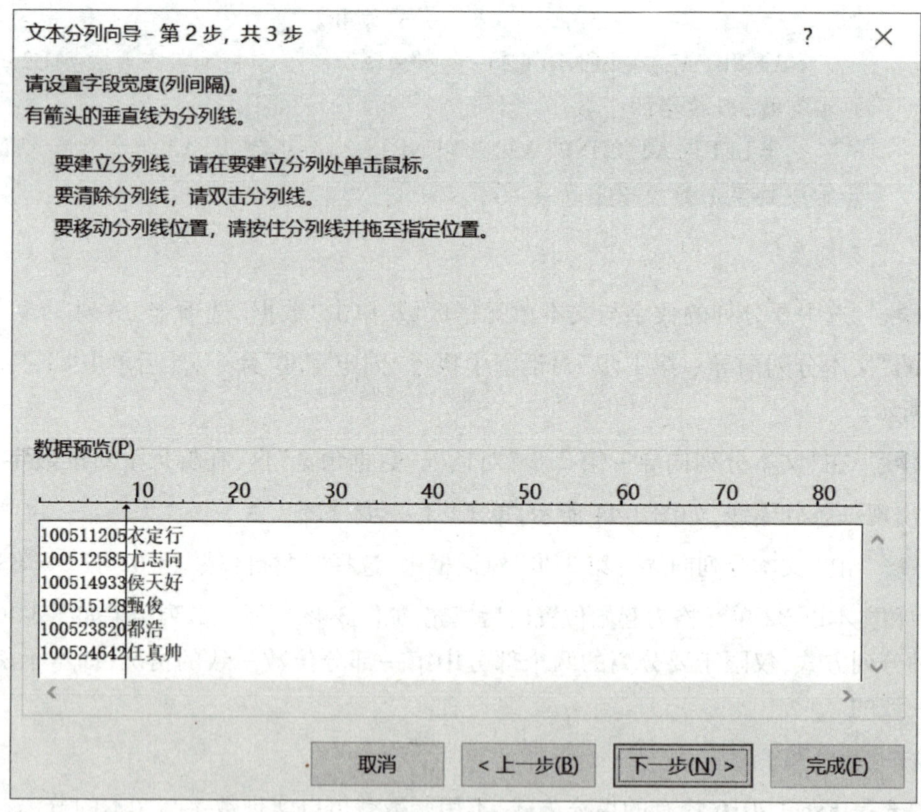

图 3-44　添加分割线

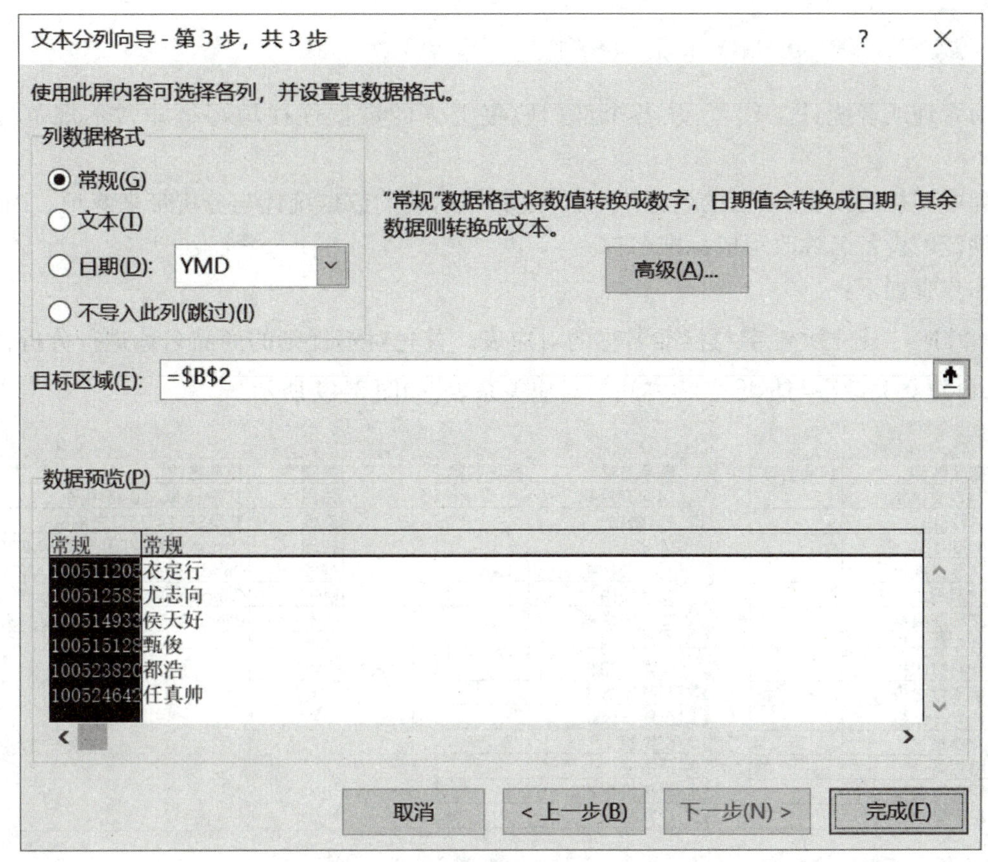

图 3-45　选择数据放置目标区域

选项”，选择“快速填充”选项，如图 3-47 所示，即可完成工号提取。姓名的提取也可用同样方法完成。

快速填充也可以使用 Ctrl + E 组合键，只要录入第一个单元格，直接按 Ctrl + E 组合键，就实现了向下所有单元格数据的填充。

	A	B	C
1	姓名和工号	工号	姓名
2	100511205衣定行	100511205	衣定行
3	100512585尤志向	100512585	尤志向
4	100514933侯天好	100514933	侯天好
5	100515128甄俊	100515128	甄俊
6	100523820都浩	100523820	都浩
7	100524642任真帅	100524642	任真帅

图 3-46　分列结果

	A	B	C	D
1	姓名和工号	工号	姓名	
2	100511205衣定行	100511205		
3	100512585尤志向	100512585		
4	100514933侯天好	100514933		
5	100515128甄俊	100515128		
6	100523820都浩	100523820		
7	100524642任真帅	100524642		
8				
9			复制单元格(C)	
10			填充序列(S)	
11			仅填充格式(F)	
12			不带格式填充(O)	
13			快速填充(F)	
14				
15				

图 3-47　快速填充

3.2.4 LOOKUP + FIND 函数组合规范标准名称

作为管理或者统计工作者，从各个部门收集上来的数据往往填写得非常不规范，图 3-48 所示。

A 列中同样的设备，填写的名称不一样，这将给后期的数据统计与分析带来麻烦。因此要把这些不规范的设备名称改写成标准名称。

操作步骤如下：

步骤 1▶ 建立关键字与标准名称的对应表。首先对不规则的商品名称进行分析，提取出关键字，再建立关键字与标准名称之间的对应关系表，如图 3-49 所示。

	A	B
1	商品名称	标准名称
2	24口交换机	
3	4口路由	
4	MF3010	
5	艾泰交换机	
6	艾泰路由	
7	艾泰路由器	
8	仓库打印机	
9	佳能打印机	
10	明基投影仪	
11	佳能一体机	
12	交换机	
13	路由器	
14	明基投影机	
15	投影机	

图 3-48　不规范的数据

	A	B	C	D	E
1	商品名称	标准名称		关键字	标准名称
2	24口交换机			路由	艾泰 进取510 路由器
3	4口路由			交换	艾泰SF124 24口交换机
4	MF3010			打印	Canon 佳能 打印一体机MF3010
5	艾泰交换机			佳能	Canon 佳能 打印一体机MF3010
6	艾泰路由			MF	Canon 佳能 打印一体机MF3010
7	艾泰路由器			投影	BENQ 明基 MX662 远焦 投影仪
8	仓库打印机				
9	佳能打印机				
10	明基投影仪				
11	佳能一体机				
12	交换机				
13	路由器				
14	明基投影机				
15	投影机				

图 3-49　建立规范名称表

步骤 2▶ 函数实现。在 B2 单元格中输入公式“=LOOKUP(1,0/FIND($D$2:$D$7,A2),$E$2:$E$7)”，按 Enter 键执行计算，再将公式向下填充，就可以写出所有的标准名称，如图 3-50 所示。这种用来填写标准名称的方法，还可用在给物品分类。

B2　=LOOKUP(1,0/FIND($D$2:$D$7,A2),$E$2:$E$7)

	A	B	C	D	E
1	商品名称	标准名称		关键字	标准名称
2	24口交换机	艾泰SF124 24口交换机		路由	艾泰 进取510 路由器
3	4口路由	艾泰 进取510 路由器		交换	艾泰SF124 24口交换机
4	MF3010	Canon 佳能 打印一体机MF3010		打印	Canon 佳能 打印一体机MF3010
5	艾泰交换机	艾泰SF124 24口交换机		佳能	Canon 佳能 打印一体机MF3010
6	艾泰路由	艾泰 进取510 路由器		MF	Canon 佳能 打印一体机MF3010
7	艾泰路由器	艾泰 进取510 路由器		投影	BENQ 明基 MX662 远焦 投影仪
8	仓库打印机	Canon 佳能 打印一体机MF3010			
9	佳能打印机	Canon 佳能 打印一体机MF3010			
10	明基投影仪	BENQ 明基 MX662 远焦 投影仪			
11	佳能一体机	Canon 佳能 打印一体机MF3010			
12	交换机	艾泰SF124 24口交换机			
13	路由器	艾泰 进取510 路由器			
14	明基投影机	BENQ 明基 MX662 远焦 投影仪			
15	投影机	BENQ 明基 MX662 远焦 投影仪			

图 3-50　函数实现

公式解析

总公式为“=LOOKUP(1,0/FIND($D$2:$D$7,A2),$E$2:$E$7)”。

◇ FIND($D$2:$D$7,A2):FIND 函数返回一个字符串在另一个字符串中的起始位置,如果找不到要查找字符或字符串,返回错误值#VALUE!。

其含义是:依次查找$D$2:$D$7 区域中的关键字在 A2 字符串中的起始位置,如果查找到了,就返回关键字在 A2 字符串中的起始位置,如果查找不到,就返回错误值#VALUE!。

所以,本部分函数的返回值是由起始位置与错误值#VALUE! 组成的数组(为描述方便,称为数组 1):{#VALUE;4;#VALUE;#VALUE;#VALUE;#VALUE}。

◇ 0/FIND($D$2:$D$7,A2):用 0 除以数组 1,得到由 0 和错误值#VALUE! 组成的新数组(数组 2),即{#VALUE;0;#VALUE;#VALUE;#VALUE;#VALUE}。

◇ LOOKUP(1,0/FIND($D$2:$D$7,A2),$E$2:$E$7):LOOKUP 函数用 1 作为查找值,由于在数组 2 中,所有的数字都小于 1,所以按照小于 1 的最大值 0 进行匹配,匹配出第 3 个参数$E$2:$E$7 数组与数组 2 中 0 对应位置的值,即 E3 单元格的数据。

3.2.5 给同一单元格的姓名和电话号码中间加分隔符号

样表如图 3-51 所示,名字和电话号码都写在一个单元格中,这样太不规范了,需要在中间加个中文冒号“:”。

操作步骤如下:

在 B2 单元格中输入公式“=REPLACEB(A2,SEARCHB("?",A2),0,":")”,按 Enter 键执行计算,然后将公式向下填充,即完成对所有单元格名字与电话号码之间“:”的添加,如图 3-52 所示。

	A
1	姓名及联系方式
2	林黛玉13111112221
3	贾宝玉13222221212
4	薛宝钗13322221111
5	王熙凤13555550505
6	贾琏13666661111
7	焦大17070702222
8	鲍二家的13113131313

图 3-51 姓名和电话号码

	A	B
1	姓名及联系方式	
2	林黛玉13111112221	林黛玉:13111112221
3	贾宝玉13222221212	贾宝玉:13222221212
4	薛宝钗13322221111	薛宝钗:13322221111
5	王熙凤13555550505	王熙凤:13555550505
6	贾琏13666661111	贾琏:13666661111
7	焦大17070702222	焦大:17070702222
8	鲍二家的13113131313	鲍二家的:13113131313

图 3-52 公式计算结果

公式解析

✧ SEARCHB("?",A2):自左向右,查找并返回第一个数值字符在 A2 字符串中的位置。

✧ REPLACEB(A2,SEARCHB("?",A2),0,":"):在 A2 字符串的第一个数值字符位置处开始替换,替换掉 0 个字符,也就是只添加一个":"。

本章小结

数据是一种重要的资源,在数据处理的过程中,需要进行数据分析挖掘,发现数据的价值。与此同时,注重数据规范和管理。本章主要讲述了利用数据验证规范数据输入,掌握如何输入规范的日期,利用数据验证规范时间格式,掌握计算数据平均值的特殊情况,以及使用多级联动菜单规范数据输入,以及处理不能计算的"数值"。

实操练习

1. 打开素材文件"第 3 章练习题 - 1",采用"某公司 2023 年销售数据",通过数据筛选,发现数据问题:"类别"列表出现两个"大豆";"大麦"销售数量为"0"。

2. 打开素材文件"第 3 章练习题 - 2",通过对数据进行排序,判断数据是否存在异常。某工厂的产品有 A 类和 B 类两种,检验科在抽检产品以后,给出了一个检测报告表格,如表 3-1 所示。其中,规格数据的前两位数字表示直径(单位为 cm),后两位数字表示长度(单位为 cm),例如 Q1025 表示该产品的直径为 10cm,长度为 25cm。理论上,直径相同、材料相同的零件,其长度越长,重量就应该越大,换句话说,产品的重量排序应该与其规格排序是一致的。将数据按照"产品类别"和"规格"进行二次排序,找出其中存在的问题。

表 3-1 检测报告表

	A	B	C	D
1	产品类别	品号	规格	重量
2	A类	P10356	Q1025	1.2
3	A类	P12546	Q1026	1.5
4	A类	P24523	Q1027	1.3
5	A类	P36514	Q1029	1.8
6	B类	P36524	Q1127	2.3
7	B类	P54125	Q1129	2.5
8	A类	P54261	Q1028	1.6
9	B类	P58421	Q1126	2.4
10	B类	P84526	Q1125	2.2
11	B类	P85422	Q1128	2.6

第 4 章　数据可视化

学习目标

(1) 掌握数据可视化的基本定义及其在现代数据分析中的作用；

(2) 掌握数据可视化的基本任务与使用原则；

(3) 了解不同类型的数据可视化图表及其适用场景，能够根据数据特性选择合适的图表类型。

思政目标

鼓励学生在学习和实践中勇于创新，不断探索数据可视化的新技术、新方法，以适应快速发展的信息时代需求，为国家的科技创新作出贡献。

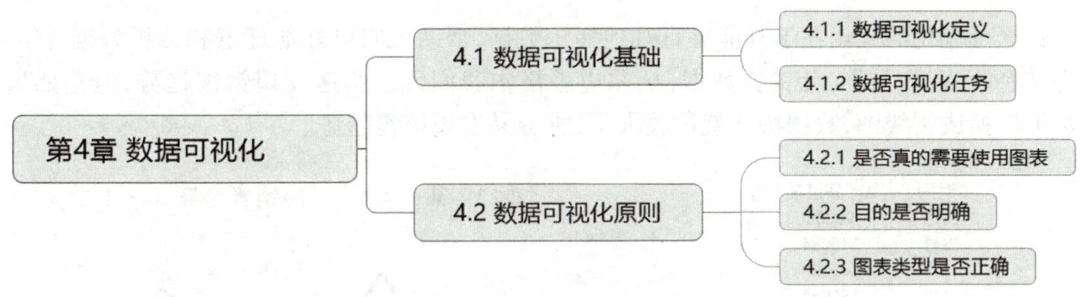

4.1 数据可视化基础

在当今这个数据驱动的时代，理解和运用数据可视化技术已成为诸多领域从业者必备的技能之一。数据可视化不仅是一种将数据转化为图形的艺术，更是一门科学，它涉及如何有效地传达信息、如何引导读者的注意力以及如何揭示数据背后的深层含义。本章，我们将开启对数据可视化基础知识的探索之旅，从理解其核心概念开始，逐步深入到各种可视化工具和技术的应用。

4.1.1 数据可视化定义

在人类所处理的所有外部刺激中，视觉占据着主导地位，人类大脑接收的信息90%以上是通过视觉获取的。换句话说，相比其他感觉，大脑用更多的资源来处理视觉数据。

1. 数据可视化的涵义

人类对图形的接收和处理能力高于对文字和数据的处理能力，图表是图形化的数字内容，将数字转换成恰当的图表，从图中读取信息，比直接读取纯数字更直观，更形象。当数据量增加，尤其是面对海量的数据时，图表是抓取数据特质最有效的工具之一。

数据可视化是一种通过将大量复杂的数据转换为直观、易于理解的图形或图像，帮助人们更好地理解和分析数据的技术。数据可视化将数据以视觉化的方式呈现，人们可以更加快速、准确地把握数据的分布、趋势和关系，从而更好地发掘数据中的潜在价值。

2. 数据可视化的作用

数据可视化的优点在于其能够直观地展示数据，帮助人们更好地理解和分析数据，图4-1所示为某企业A产品的全年销售数据，从左边表格中我们无法快速发现销售趋势，但是如果将表中数据转换成折线图，数据特征就被放大了，更容易发现销售趋势。

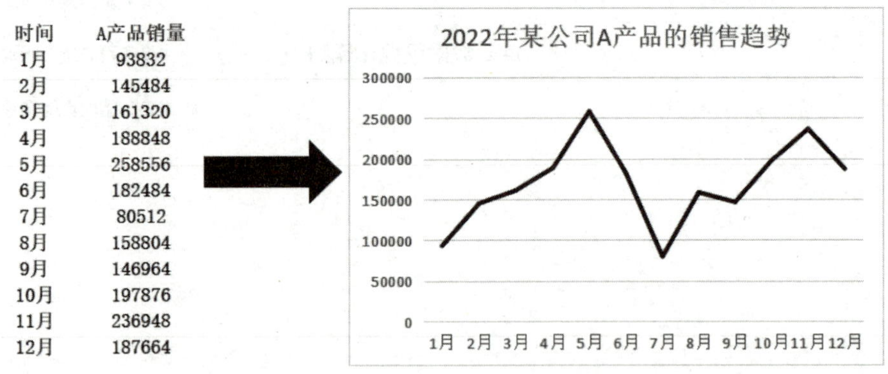

时间	A产品销量
1月	93832
2月	145484
3月	161320
4月	188848
5月	258556
6月	182484
7月	80512
8月	158804
9月	146964
10月	197876
11月	236948
12月	187664

图4-1 将表格转换为折线图

数据可视化是一门涉及多个学科领域、具有广泛适用性的前沿科学技术。它借助图形图像的技术与方法，为人们提供理解和分析数据的有效手段。在表现形式上，数据可视化不仅涵盖了图像、表格、图形等直观元素，还包括了文本信息的展示。其核心意义在于通过形象化的方式，将难以理解的抽象数据转化为直观可视的信息，进而实现数据到信息、信息到价值的转化过程，这

一环节在数据处理和分析中尤为关键。

数据可视化技术的应用范围非常广泛,涵盖了商业智能、金融分析、医疗健康、社交媒体等多个领域。在商业智能中,数据可视化可以帮助企业分析销售数据、市场调研数据等,以制定更加明智的商业决策。在金融分析中,数据可视化可以用于分析股票行情、市场风险等,以帮助投资者做出更加明智的投资决策。在医疗健康中,数据可视化可以帮助医生分析病例数据、疾病发病率等,以更好地了解疾病的分布和趋势。在社交媒体中,数据可视化可以用于分析用户行为、社交网络关系等,以帮助企业更好地了解用户需求和行为。

3. 数据可视化的步骤

数据可视化主要有以下 4 个步骤:

(1)数据的清洗和预处理。在进行数据可视化之前,需要对数据进行清洗和预处理,去除异常值、缺失值和重复值等,以保证数据的准确性和可靠性。

(2)选择合适的图表类型。不同的图表类型适用于不同的数据类型和目的,因此需要根据数据的特点选择合适的图表类型,以便更好地呈现和理解数据。

(3)分析不同数据之间的关系。在分析数据时,需要关注数据的分布和变化情况,以便更好地发现其中的规律和趋势,并进一步挖掘数据的价值。

(4)结合专业知识和领域背景挖掘价值。数据可视化的最终目的不是作图,而是发现数据背后的价值,需要结合相关的专业知识和领域背景,以便更好地理解数据的意义和价值,并为企业或组织提供有价值的建议和决策支持。

4.1.2 数据可视化任务

1. 寻找数据之间的模式和趋势

“模式”可以理解为数据中的规律性结构或反复出现的形态。比如,在大量用户购买行为的数据中,可能会发现某些商品经常被一起购买,这就是一种购买模式。这种模式的发现,有助于我们理解消费者的行为习惯,进而优化商品布局或销售策略。

“趋势”是指数据随时间或其他因素的变化方向。比如,通过分析历年的销售数据,我们可能会发现销售额呈现出稳定的增长趋势。这个趋势的识别,能够帮助我们预测未来的销售情况,为制定策略提供决策依据。

对于单变量数据分析,通常关注一个变量的分布情况、中心趋势和离散程度等信息。例如,通过画出频率分布直方图,可以帮助我们了解该变量的分布情况,进而找出其中的模式和趋势。如果该变量呈现出明显的正态分布,那么我们可以认为这是一种比较理想的状态,因为正态分布意味着数据分布比较均匀,没有出现特别异常的数值。如果该变量呈现出偏态分布,那么我们需要注意可能存在某些影响因素导致数据出现偏差,需要进一步的分析和处理。

对于多变量数据分析,可以通过绘制散点图、折线图、柱形图等图形来展示多个变量之间的关系。通过这些图形,我们可以观察到各个变量之间的关联程度、趋势以及相互影响关系,进而寻找其中的模式和趋势。例如,如果两个变量之间存在明显的线性关系,那么我们可以使用线性回归模型来描述它们之间的关系,并预测其中一个变量的值。如果多个变量之间存在复杂的非线性关系,那么我们可能需要使用更加高级的模型来进行拟合和预测。

在单变量或多变量数据分析中，寻找模式和趋势是至关重要的任务。通过仔细观察和分析数据中的规律和趋势，我们可以更好地理解数据的特征和本质，进而为决策提供有力的支持。

2. 寻找数据之间的关系

数据之间的关系通常可以分为两种：数据之间的相关关系和数据之间的因果关系。

相关关系揭示了两个或多个数据间相互依赖、相互关联的特性。在进行数据分析时，通常会通过计算相关系数来探寻这种关系。相关系数是一个介于 -1 到 1 的数值，用于衡量两个变量间的线性相关程度。数值趋近于 1，意味着两变量间正相关性强烈；趋近于 -1，暗示着负相关性强烈；而趋近于 0 则表示相关性微弱。探寻数据的关联关系有助于我们揭示潜藏在数据中的规律和趋势，使我们能更深入、更准确地把握数据的特性和本质。

因果关系是指一个事件（因）对另一个事件（果）的产生起了决定性的作用。在数据分析中，因果关系的确定通常是一个比较复杂的过程，需要借助更加高级的方法和技术。例如，通过分析时间序列数据，可以使用时间序列分析方法来研究因果关系。时间序列分析方法可以帮助我们识别出影响时间序列数据的各种因素，并确定它们之间的因果关系。

3. 对数据进行排名

排名是根据一定的标准将数据按照顺序进行排列，这个标准可以是数据的大小、频率、重要性等，通过排名，以便于更好地了解数据之间的相对关系和重要性。在数据可视化中，排名通常是通过使用条形图、表格等形式来呈现的。

首先，对数据进行排名的目的主要是为了突出显示数据中的重要元素，以便更快地识别出数据中的主要趋势和模式。例如，在销售数据中，我们可以按照销售额对数据进行排名，以便更好地了解哪些产品销售最好，哪些产品需要改进。

其次，排名可以揭示数据之间的关系。通过对不同地区、不同时间段的销售数据进行排名，我们可以比较它们之间的差异和相似性，进而分析出销售情况与市场环境、季节变化等因素的关系。

最后，排名还能帮助我们发现数据中的异常值和离群点。这些数据点往往包含了重要信息，如市场中的黑马产品、突发事件等。通过对这些异常值进行深入分析，我们可以挖掘出更多有价值的信息，为决策提供有力支持。

4. 异常监测

异常监测是指从数据中自动发现显著不同于其他数据的模式或异常值。这些异常值可能是由于错误、异常行为或者业务上的风险和机会引起的。在数据可视化中，异常监测是一种重要的技术，可以帮助我们发现数据中的潜在问题，并采取适当的措施来处理这些问题。

异常监测的主要目的是识别出那些与其他数据明显不同，且可能对业务产生负面影响的数据点。例如，在销售数据中，如果某个月的销售额突然大幅度下降，或者某个客户的购买行为明显不同于以往的购买习惯，那么这些情况都可能预示着一些潜在的问题或者机会。通过异常监测，我们可以在发现这些问题时立即采取行动，避免对业务造成更大的影响。

在实施异常监测时，我们需要先定义什么样的数据点属于异常点。这通常需要我们根据业务需求和历史数据进行一些假设和推断。一旦定义好了异常点，我们就可以使用各种算法来自

动发现这些异常点。最后,我们需要对发现的异常点进行分析和处理,以解决潜在的问题或把握机会。

4.2 数据可视化原则

在大数据的时代背景下,不论是工作成果的汇报、新方案的描述,还是深入的调研报告,都强调以数据为基础进行表达。那么,如何使这些冰冷的数据能更好地传达信息呢？核心就在于我们如何恰当地使用图表。

图表是一种独特的视觉语言,它能够通过直观的形象和突出的数据特点,清晰地揭示出数据的内在规律。比如,一个简单的饼图可以迅速展示各类别的占比,折线图可以描述某个指标的变化趋势。正因为如此,合适的图表选择和设计可以提高信息传递的效率。

但是制作一张既简洁又能高效传递信息的图表并不是一件轻松的事情。这需要我们深入理解数据背后的含义,选择合适的图表类型,并进行精心的设计。颜色、线条、标注等每一个细节都可能影响到图表的信息传达效果。

具体而言,数据可视化需要注意以下几个原则。

4.2.1 是否真的需要使用图表

在数据可视化的原则中,"是否真的需要使用图表"这个问题主要涉及对数据可视化的必要性和有效性的评估。我们要明确数据可视化的目的是为了更好地传达和理解数据,图表作为一种视觉工具,可以帮助我们更加直观、快速地理解数据,发现数据中的规律和趋势。但是,并不是所有的数据都适合用图表来表示,也不是所有的情况都需要使用图表。

在决定是否使用图表时,我们应该考虑以下几点:

(1)数据的特点:如果数据具有复杂的关联性、趋势或者分类,使用图表可以更加直观地展示这些数据特点,帮助读者更好地理解数据。而对于一些简单的、少量的数据,可能只需要用文字描述即可。

(2)读者的需求:受众群体对数据的理解和接受程度不同。例如,对于不熟悉数据可视化的人来说,简单的图表可能更容易理解;而对于熟悉数据可视化的人来说,更复杂的图表可能更能提供有价值的信息。因此,我们需要根据受众来选择适当的图表。

(3)图表的可读性:图表应该具有可读性,即读者能够轻松地解读图表中的信息。如果图表过于复杂、混乱或者难以理解,可能会导致读者对数据的误解或者忽略重要信息。在这种情况下,可能需要重新考虑是否使用图表或者选择其他更合适的可视化方式。如果一个表格可以更准确地表达数据中的信息,那么就没有必要使用图表。

下面举一个非必须情况下使用图表的例子,如图4-2所示,以6月龄男孩和女孩身高中位数的数据为例,当数

月龄	男孩	女孩
0	50.4	49.7
1	54.8	53.7
2	58.7	57.4
3	62	60.6
4	64.6	63.1
5	66.7	65.2
6	68.4	66.8
7	69.8	68.2
8	71.2	69.6
9	72.6	71
10	74	72.4
11	75.3	73.7
12	76.5	75

图4-2 数据用表格形式展示

据较为接近时,使用原始数据可以准确查看精确到0.1厘米的身高情况,方便比较男孩和女孩的身高差异。

如果将表格转成图表,如图4-3所示,则弱化了具体的数据,失去了参照的作用。

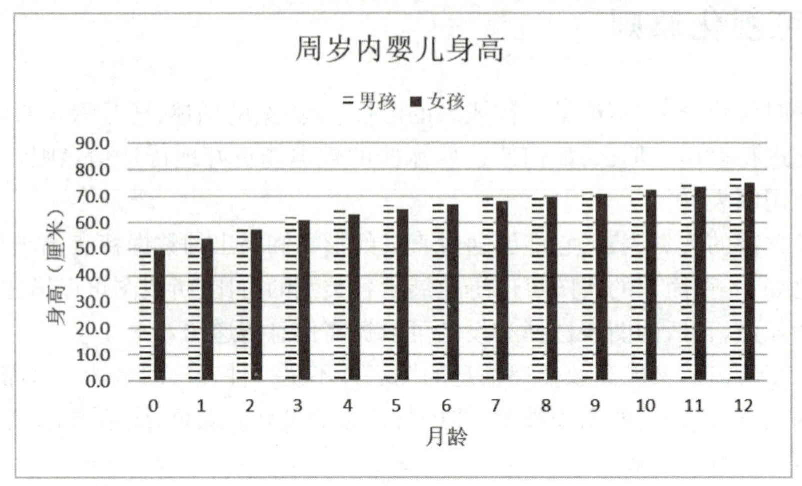

图4-3 数据用柱形图形式展示

因此,“是否真的需要使用图表”这个问题的答案是取决于数据的特点和读者的需求。我们需要根据实际情况来判断是否使用图表,并确保图表能够有效地传达数据的信息,帮助读者更好地理解数据。

总结来说,数据可视化的原则强调在使用图表之前进行充分的评估,确保图表的使用是有意义和有效的,能够帮助人们更好地理解和分析数据。同时,我们也应该意识到图表并非万能的,有时简单的文字描述或者其他可视化方式可能更为合适和有效。

4.2.2 目的是否明确

数据可视化的“目的明确”原则指的是在进行数据可视化之前,必须清晰明确可视化的目标和意图。这个原则强调在开始可视化过程之前,你需要清楚地知道自己想要传达什么信息,以及这个目标信息对你的受众有什么重要性。

具体而言,“目的明确”原则包括以下几个方面:

(1)确定分析目标:在开始可视化之前,你必须清楚地了解自己想要通过数据表达什么,想要揭示什么样的信息或模式。了解分析目标可以帮助你选择合适的可视化方法和工具,以确保可视化能够有效地传达想要表达的信息。

(2)确定受众需求:了解你的受众是谁以及他们对数据的需求是什么非常重要。不同的受众可能对数据的理解程度、兴趣点和关注点有所不同。明确受众需求可以帮助你设计可视化,以最具吸引力和易于理解的方式呈现数据,确保你的信息能够触动和影响受众。

(3)定义关键指标:在可视化过程中,你需要定义并突出显示关键指标。这些指标应该是能够支持你的分析目标和满足受众需求的重要数据点。通过强调关键指标,你可以帮助受众更快速地获取关键信息,并引导他们做出基于数据的决策。

即使是同一份数据,如果目的不同,做出来的图表也完全不同,例如表4-1为比亚迪3款车型2023年前9个月份的销售情况。①

如果目的是分析每个月每款车型的销售量趋势变化,可以绘制如图4-4所示的折线图。

表4-1 某公司产品销售情况

时间	秦PLUS	宋PLUS新能源	唐新能源
2023-01	11590	35585	8542
2023-02	27434	37153	12029
2023-03	40215	30088	11954
2023-04	39951	24580	12246
2023-05	42887	22079	12337
2023-06	38197	27041	12658
2023-07	37129	29991	12662
2023-08	39808	32850	11156
2023-09	39904	36773	11366

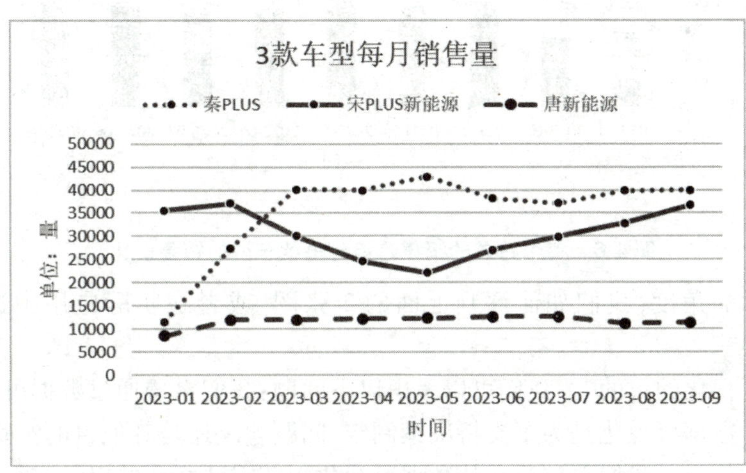

图4-4 每个月每款车型的销售量趋势变化

如果目的是分析每个月每款车型的销售量占比,可以绘制如图4-5所示的百分比堆积柱形图。

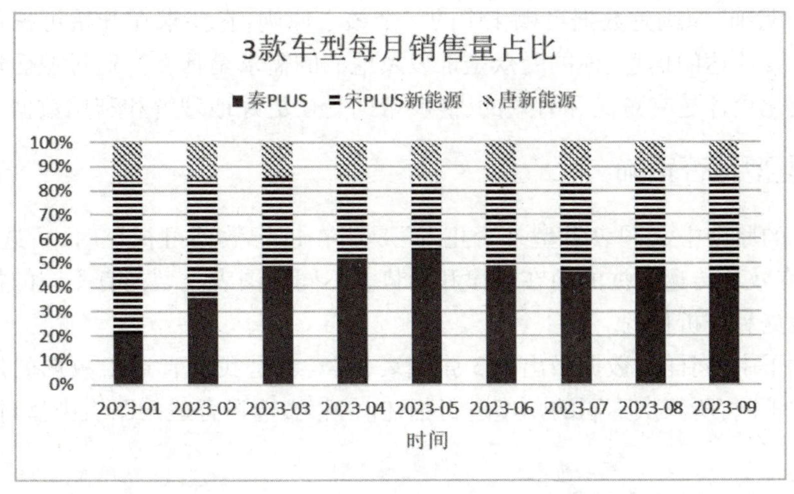

图4-5 每个月每款车型的销售量占比

① 数据来源:车主之家网站,https://xl.16888.com/month.html,2024年1月29日。

如果目的是分析每个月总的销售趋势与每款车型的销售占比，可以绘制如图4-6所示的堆积柱形图。

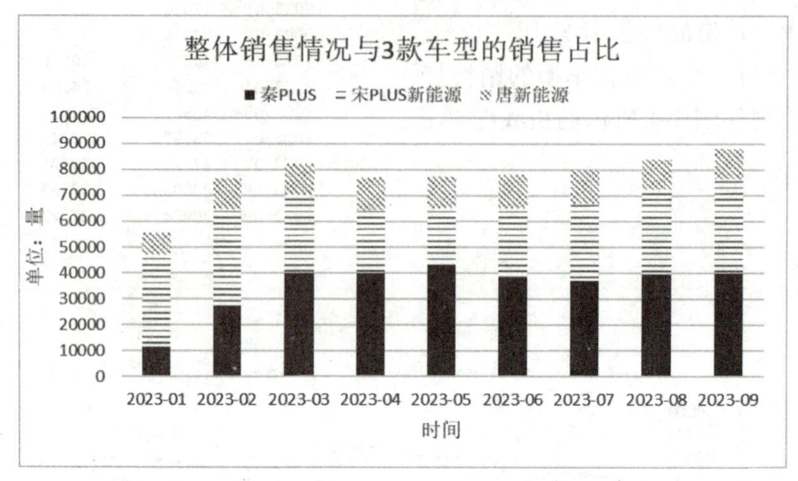

图4-6　每个月总的销售趋势与每款车型的销售占比

当从数据展示的角度，我们如何评判上面的3张图，或者在实际应用中选择哪张图表更合适？

在确定数据可视化的目的时，我们可以考虑以下问题：我们希望通过数据可视化来传达什么样的信息或观点？数据可视化是为了支持决策制定、问题解决还是其他目的？我们的受众是谁？他们需要什么样的信息？我们希望受众从数据可视化中获得什么样的启示或行动？

通过回答这些问题，我们可以更好地确定数据可视化的目的和目标，并选择适当的图表类型和设计风格来满足这些需求。同时，我们还可以根据目的来解释和说明数据可视化结果，回答有关数据的问题并提供有价值的见解。

总之，“目的明确”原则是数据可视化中的一个核心原则，它要求在开始可视化之前，清晰地定义和了解你想要传达的信息、你的受众是谁以及他们的需求是什么。通过遵循这个原则，你可以确保你的可视化设计是有意义和有效的，能够帮助受众更好地理解和利用数据。

4.2.3　图表类型是否正确

数据可视化的原则中，“图表类型是否正确”是指在进行数据可视化时，所选择的图表类型是否能够准确、有效地传达数据的内在规律和趋势。不同的图表类型具有不同的特点，适用于展示不同类型的数据和分析目的。

在前面的例子中，同样的数据做出了3张图表，其实就是我们看这组数据的角度不同，或者不同读者的需求不同，所以从不同的角度进行描述。因此，选择合适的图表类型对于数据可视化至关重要。

1. 选择图表类型需注意的问题

具体来说，“图表类型是否正确”应当注意以下几个问题：

（1）图表类型与数据特点相匹配：在选择图表类型时，需要考虑数据的类型、数量、分布等特点。例如，对于时间序列数据，折线图可能是一个更好的选择，因为它可以清晰地展示数据随时

间的变化趋势；而对于分类数据，如果目的是展示数据之间的相关性，那么散点图可能更合适。

（2）图表简洁明了：在选择图表类型时，应尽量避免过于复杂的图表设计。简洁明了的图表更容易被读者理解和接受。因此，在选择图表类型时，应遵循“简单即美”的原则，尽量使用简单、直观的图表来展示数据。图表应该准确地反映数据的特征和规律，避免夸大或歪曲数据。在选择图表类型时，需要确保所选的图表类型能够真实、准确地展示数据的内在规律和趋势。

（3）图表具有可读性：图表的可读性是指读者能够轻松地从图表中获取关键信息。因此，在选择图表类型时，需要考虑图表的可读性。例如，颜色、字体、标签等元素的设计都应该有助于引导读者关注核心信息，避免视觉上的干扰和误导。

例如，以下是员工学历的情况，如图 4-7 所示，虽然使用柱形图也能体现学历的分布情况，但是如图 4-8 所示，使用饼图会更加直观。

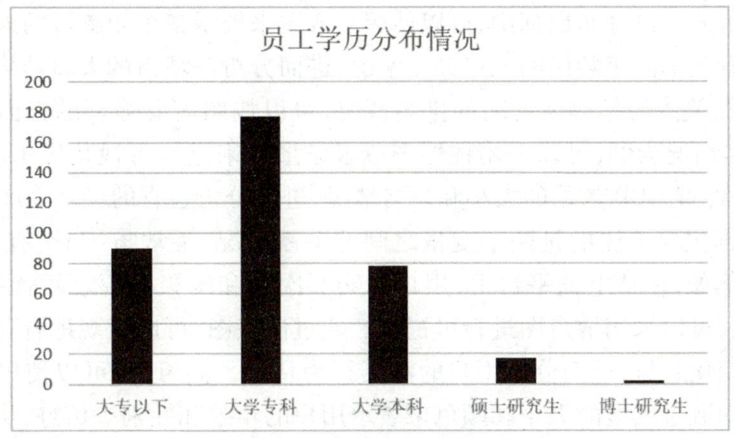

图 4-7 员工学历分布（柱形图）

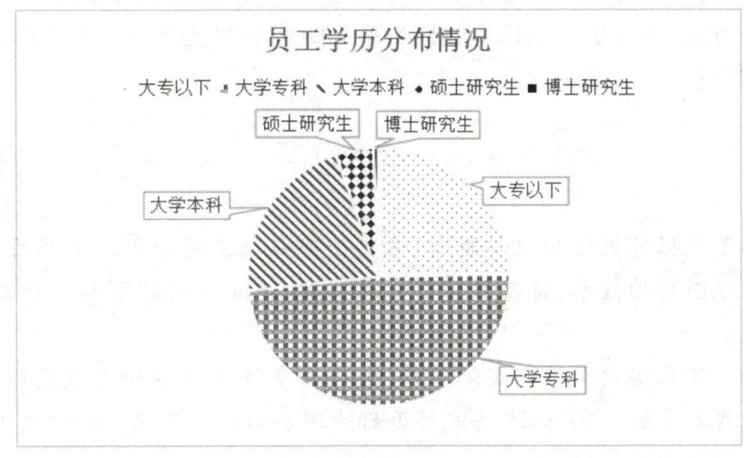

图 4-8 员工学历分布（饼图）

2. 选择图表类型的主要依据

选择图表类型的主要依据是数据的类型，针对不同类型的数据，选择相应的图表能够更好地呈现数据的内在规律和趋势。以下是五种主要数据类型及其实际案例和对应的常见图表类型的详细介绍。

(1)组成类数据主要用于表示每个部分在整体中所占的百分比,常见于展示“占有率”“市场份额”等概念。例如,在某电商平台上,各个商品品类的销售额占比情况就可以使用饼图进行展示。通过饼图,我们可以直观地看到每个商品品类在总销售额中所占的比例,进而分析销售额的分布情况。

(2)趋势类数据通常出现在时间序列分析中,它们会随着时间的变化而发生变化。以某公司为例,该公司的季度或年度财政情况就属于趋势类数据。为了展示公司财政情况的变化趋势,可以采用折线图进行可视化。通过折线图,我们可以清晰地看到公司财政收入和支出在不同季度的变化情况,进而分析公司的经营状况。

(3)分布类数据关注的是数值范围内包含了多少内容,常常与“频率分布”“集中”等概念相关。例如,在某城市的人口分布数据中,可以使用直方图来展示各个年龄段的人口数量。通过直方图,可以直观地看到不同年龄段的人口分布情况,进而分析该城市的人口结构特征。

(4)比较类数据关注的是数据之间的排名情况,可以按照需要强调的方面进行排序。以各省 GDP 数据及排名情况为例,可以采用柱形图或者条形图来进行可视化展示。通过条形图,我们可以清晰地比较各省 GDP 数据的大小和排名情况,进而分析各省的经济发展水平。

(5)关系类数据主要关注的是两个变量之间的关系情况,常常与“与…有关”“随着…的增长”等表述相关。例如,在某电商平台上,用户的购买次数和购买金额之间就存在一定的关系。为了展示这种关系,可以采用散点图进行可视化。通过散点图,可以直观地看到随着购买次数的增加,购买金额的变化趋势,进而分析用户的购买行为特征。同时,也可以使用气泡图来展示更多的维度信息,例如通过气泡的大小和颜色来表示用户的年龄和性别等信息,从而更全面地了解用户购买行为的特点。

总之,针对不同的数据类型选择合适的图表类型能够更好地呈现数据的内在规律和趋势。通过举实际案例的方式,可以更好地理解数据类型和图表类型之间的对应关系,从而更好地进行数据可视化展示和分析。

本章小结

本章系统介绍了数据可视化的核心概念、主要任务以及使用原则。数据可视化作为一种将大量数据转化为直观图形的技术,旨在帮助用户更高效、更深入地理解和分析数据,进而支持决策制定和知识发现。

本章为读者打下了扎实的数据可视化基础,为后续章节的学习和实践提供了重要的理论支撑和指导。通过掌握本章的内容,读者将能够更好地理解和应用数据可视化技术,进而在数据分析和决策支持中发挥更大的作用。

实操练习

1. 简述为什么在进行可视化展示之前要目的明确?
2. 简述如果没有正确地使用图表,会有哪些问题?

第 5 章　Excel 图表设计规范

学习目标

(1)熟练使用 Excel 制作图表的详细步骤,包括数据的准备、图表类型的选择、图表的创建与编辑等关键流程;

(2)深入理解和熟练运用数据透视表的功能,能够通过数据透视表对数据进行有效的整理、分析和可视化展示;

(3)系统掌握 Excel 图表中的各种元素,如标题、图例、坐标轴、数据标签等,并能够恰当地运用这些元素来增强图表的表现力和传达效果;

(4)理解配色在数据可视化中的重要性,掌握基本的配色原理和技巧,能够运用合适的色彩搭配来提升图表的视觉吸引力和易读性。

思政目标

在学习 Excel 图表设计的过程中,注重强调数据的真实性、准确性和公正性,要求学生遵循职业道德规范,树立诚信意识,为将来的职业生涯奠定良好的道德基础。

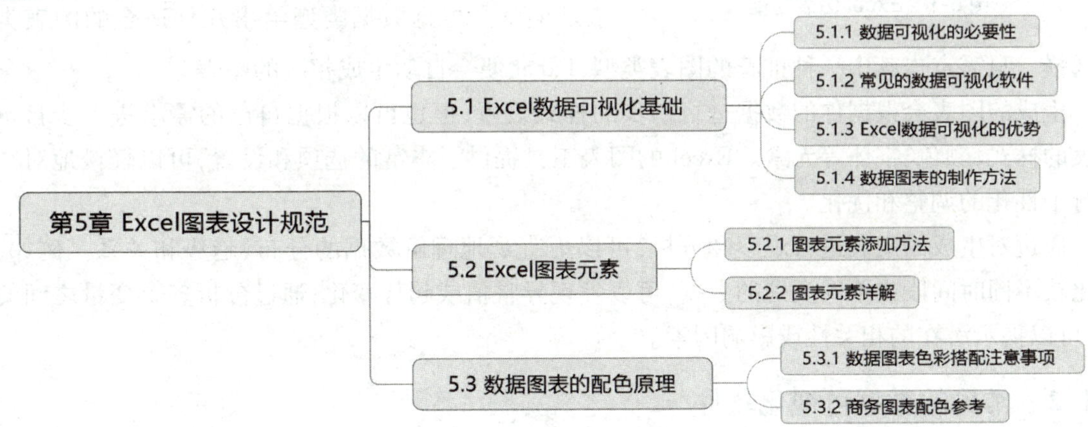

Excel 不仅功能强大,易于上手,而且在图表设计方面提供了一整套丰富且实用的规范。这些规范能够确保我们在制作 Excel 图表时既能准确地表达数据,又能使图表具有高度的可读性和美观性。在接下来的章节中,我们将重点介绍 Excel 图表设计的核心规范,帮助大家掌握如何在 Excel 中制作出专业、高效的图表,从而进一步提升数据可视化的应用水平。

5.1 Excel 数据可视化基础

数据可视化关键在于利用图表对任意一组数据进行图形化展示,使数据更易于理解和分析。图表在 Excel 中扮演着至关重要的角色,Excel 为使用者提供了丰富多样的图表类型,涵盖了柱形图、折线图、饼图、散点图等多种常见图表,以满足不同类型数据的可视化需求。

5.1.1 数据可视化的必要性

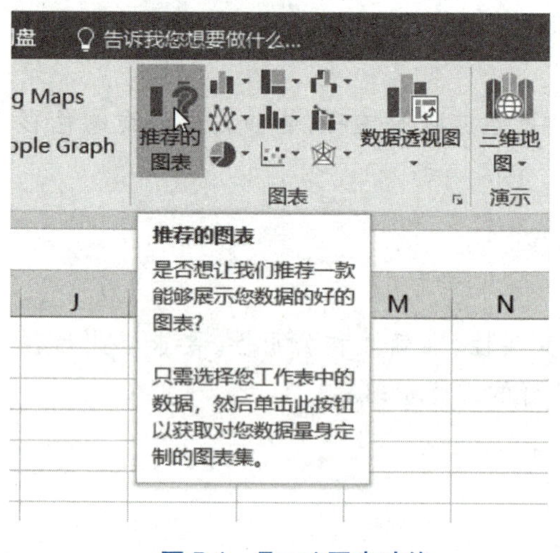

图 5-1　Excel 图表功能

使用者可以根据自己的数据类型和分析目的选择合适的图表类型。例如,如果数据是一系列的时间序列数据,折线图将是一个很好的选择,因为它可以清晰地展示数据随时间的变化趋势;如果数据是不同类别的占比情况,饼图则能够更好地展示各个部分的占比关系。如图 5-1 所示,如果对哪种图表类型最适合数据不太确定,Excel 也提供了推荐图表选项来帮助你做出选择。

要创建图表,首先需要选中想要进行可视化表示的数据。在 Excel 中,可以通过简单的鼠标拖拽来选择需要的数据范围。一旦数据选中,Excel 的推荐图表功能就会根据数据类型给出几种适合的图表类型供选择。只需点击其中一种推荐的图表类型,Excel 便会自动生成相应的图表。

生成的图表会根据你的数据进行初步的样式设置,但也可以根据自己的需求进一步自定义图表的样式、颜色、字体等元素。Excel 的图表工具提供了丰富的选项和设置,可以轻松地对图表进行个性化的调整和优化。

通过对生成的图表进行观察和分析,可以更直观地理解数据的分布、趋势和关系。例如,通过比较不同时间段或不同类别的数据,可以发现异常值或趋势变化;通过分析多个变量之间的关系,可以揭示潜在的相关性或影响因素。

5.1.2 常见的数据可视化软件

数据可视化软件有很多,常见的包括 Excel、Tableau、Smartbi、Echarts 等,这些软件各有优缺点。例如,Tableau 是一款功能强大的数据可视化软件,具有出色的数据分析和可视化功能,可以帮助用户快速创建各种图表和报告。Tableau 的操作界面直观易用,用户可以轻松上手。此外,Tableau 还支持多种数据源和数据格式,可以与各种数据库和软件系统进行良好的兼容和交互。

但是 Tableau 的价格相对较高，对于个人用户和小型企业来说可能是一笔较大的开销。此外，Tableau 在处理大规模数据集时可能会受到一些限制。

Smartbi 是一款智能化的商业智能工具，可以快速完成数据分析和报表的制作。Smartbi 提供了丰富的数据可视化选项，用户可以通过简单的拖拽和配置来创建各种图表和报告。此外，Smartbi 还支持自然语言处理和机器学习等功能，可以帮助用户更深入地挖掘和分析数据。但是 Smartbi 的界面和操作方式可能对于初学者来说有一定的学习难度。此外，Smartbi 在处理复杂数据分析任务时可能需要更多的计算资源和时间。

Echarts 是一款开源的数据可视化库，可以轻松地与各种 Web 应用程序集成。Echarts 提供了丰富的图表类型和交互功能，可以帮助用户创建高度个性化的数据可视化作品。此外，Echarts 还支持大规模数据集的高效渲染和处理。但是 Echarts 的配置和使用可能对于初学者来说有一定的难度。此外，由于 Echarts 是一款开源软件，其功能和性能可能无法与一些商业化的数据可视化软件相媲美。

5.1.3 Excel 数据可视化的优势

Excel 数据可视化与其他软件相比，具有一些独特的优势，使其在数据分析和可视化领域占据重要地位。例如，一家电商企业需要分析销售数据以制定营销策略。使用 Excel，他们可以快速导入销售数据表，利用数据透视表功能对销售额进行汇总和分析，然后创建各种图表（如柱形图、折线图等）来展示销售额的变化趋势和不同产品类别的销售占比。通过这些可视化图表，企业可以直观地了解销售情况并据此调整产品定价、推广策略等。在这个过程中，Excel 的数据处理和可视化功能紧密结合，能提高分析效率并降低成本。

使用 Excel 制作数据可视化图表主要有以下优势：

1. 普及度高

Excel 作为一款广泛使用的办公软件，普及度非常高。大部分职场人士，无论他们的专业背景是文科、商科，还是其他领域，都能熟悉 Excel 的基本操作和功能，这使得 Excel 数据可视化成为一种普遍接受和易于理解的分析方式。

2. 功能强大且灵活

Excel 提供了丰富的数据分析和可视化工具，例如图表、分析工具库、数据透视表等。这些工具可以帮助用户快速创建各种图表和报告，对数据进行深入分析和可视化。同时，Excel 也支持自定义函数和宏，可以根据特定需求进行灵活的数据处理和计算。

首先，Excel 的图表功能十分出色，用户可以根据数据类型和分析目的选择合适的图表类型，如条形图、折线图、散点图等。通过直观的图表展示，数据变得更加易于理解和分析。例如，在市场调研领域，研究人员可以利用 Excel 的图表功能将问卷调查结果可视化，以便更直观地了解消费者的偏好和市场趋势。

其次，Excel 的分析工具库为用户提供了一系列统计和数据分析工具，可以帮助用户进行假设检验、回归分析、聚类分析等复杂的数据分析任务。这使得 Excel 不仅仅是一个简单的电子表格软件，而是一个功能强大的数据分析工具。比如，在财务分析领域，财务分析师可以利用分析工具库中的回归分析工具，预测公司未来的股票价格走势，为投资决策提供参考。

此外，Excel 的数据透视表功能也非常强大。数据透视表可以帮助用户对大量数据进行汇总、过滤和分析，通过拖拽字段、分组数据等方式，用户可以轻松地从不同的维度查看数据，揭示隐藏在数据中的关联和规律。这对于业务分析和决策非常有帮助。以销售分析为例，销售经理可以利用数据透视表功能分析各区域的销售数据，识别畅销产品和潜在市场，以制定更精准的销售策略。

同时，Excel 还支持自定义函数和宏的使用，这为特定需求下的数据处理和计算提供了更大的灵活性。用户可以利用 VBA（Visual Basic for Applications）编写自定义函数和宏，实现复杂的数据处理逻辑和自动化操作。比如，在生产管理领域，生产经理可以编写一个自定义函数来计算产品的标准成本和实际成本之间的差异，以便更有效地控制生产成本和提高生产效率。

3. 与数据处理紧密结合

Excel 不仅是一个可视化工具，还是一个强大的数据处理和分析工具。用户可以在 Excel 中进行数据清洗、整理、计算等操作，然后将结果直接用于可视化。这一特性使得用户可以在一个统一的平台内完成从原始数据处理到最终可视化展示的全部流程，无需在不同软件之间进行繁琐的数据导入导出。

具体来说，Excel 为用户提供了数据清洗和整理的系列功能。例如，面对一个充满缺失值、异常值或格式不一的数据集，用户可以利用 Excel 的筛选、排序、查找替换等功能进行快速的数据清洗，确保数据的质量和准确性。同时，Excel 的函数库也十分丰富，可以满足各种数据处理需求，如文本处理、日期计算、统计计算等。

完成数据清洗和整理后，用户可以直接在 Excel 内进行各种数据分析操作。无论是基本的求和、平均计算，还是复杂的回归分析、数据透视，Excel 都能轻松应对。这也意味着用户无需为数据分析而切换到其他专门的分析软件，从而能大大提高工作效率。

当数据分析完成，Excel 强大的可视化功能便可以派上用场。用户可以根据分析结果选择合适的图表类型进行可视化展示，使得数据分析结果更加直观易懂。这种从数据处理到可视化分析的紧密结合，不仅简化了整个数据分析流程，也降低了在不同软件间转换时可能出现的数据丢失或格式错乱的风险。

4. 高度集成与兼容性

Excel 的高度集成与兼容性是其成为广泛使用的办公软件的重要原因之一。作为 Microsoft Office 套件的核心组件，Excel 与其他 Office 应用程序如 Word、PowerPoint 等在设计和功能上高度集成。这种集成性使得在不同应用程序之间进行数据共享和传递变得轻松便捷。

例如，在一个常见的办公场景中，用户可能需要在 Word 文档中插入来自 Excel 的图表或数据表格。由于 Excel 与 Word 的高度集成，用户只需简单的复制粘贴操作，就可以将 Excel 中的图表或数据直接插入到 Word 文档中，而无需进行复杂的格式调整或重新制作。

同时，Excel 也与 PowerPoint 紧密集成，为制作数据驱动的演示文稿提供了便利。用户可以将 Excel 中的数据直接导入到 PowerPoint 中，并创建各种动态图表和图形，使演示更加生动和具有说服力。

除了与 Office 套件内的应用程序集成外，Excel 还展示了出色的兼容性。它支持多种常见的数据格式，如 CSV（逗号分隔值）和 TXT（纯文本）等，这使得 Excel 可以轻松地与其他软件和系统进行数据交换。无论用户是从其他数据库、统计软件还是网页上获取数据，都可以方便地导入到Excel中进行进一步的处理和分析。

此外，Excel也支持将数据导出为多种格式，以满足不同需求。用户可以将分析结果导出为PDF、HTML或XML等格式，方便与他人分享或在其他平台上使用。这种兼容性使得Excel成为一个灵活的数据处理和分析工具，可以与其他工具和系统无缝对接。

5. 成本效益高

在数据可视化领域，成本效益是一个不可忽视的考量因素。相较于市场上的专业数据可视化软件，Excel在成本方面展现出明显的优势。首先，就购买成本而言，很多企业和个人在购买Microsoft Office套件时，已经包含了Excel的使用权限，无需额外花费。这使得Excel成为一个已经普及并广泛使用的工具，无需企业或个人再次投资购买专门的数据可视化软件。

其次，除了购买成本，维护成本也是一个重要的考量因素。对于专业数据可视化软件，往往需要支付高昂的许可费、更新费和技术支持费用。而对于Excel，由于其作为Office套件的一部分，其维护和更新成本已经被包含在了Office套件的维护和更新中。这意味着用户可以相对较低的成本保持Excel的最新版本，并享受持续的技术支持和更新服务。

此外，Excel的广泛使用也降低了培训成本。由于大部分企业和个人都已经熟悉Excel的基本操作和功能，利用Excel进行数据可视化分析无需额外的培训和学习成本。用户可以直接应用已有的Excel技能进行数据清洗、整理、分析和可视化操作，提高工作效率和便捷性。

6. 学习曲线平缓

Excel的友好界面和直观设计确实让其学习曲线显得平缓，这一点无论是对于数据分析的新手，还是经验尚浅的用户，都极具吸引力。它的这种特性意味着，只要经过基础的培训和实践，用户就能轻松掌握数据可视化的基本操作与技能。

Excel的整体界面设计得既简洁又实用，所有的功能键和选项都按照逻辑和常用的工作流程进行了排列。工具栏上的每一个图标都代表一个具体的功能，而其图标设计又非常形象，使得用户可以很快理解其用途。例如，图表图标就是一个柱形图的样子，让人一目了然。

不仅如此，Excel还为用户提供了详尽的帮助文档和在线教程。这些资源为用户提供了从基础到高级的各种功能的使用方法，以及在实际工作中如何更好地应用这些功能的建议。这大大降低了用户自我摸索和学习的时间成本。

特别是当涉及数据可视化时，Excel的这一优势更为明显。用户无需具备任何先前的设计或技术背景，就能通过简单的点击和选择，创建出各式各样的图表和图形。更为出色的是，Excel还为用户提供了丰富的定制选项，如图表颜色、数据标签和坐标轴设置等，这都使得数据可视化变得更加简单和有趣。

除此之外，对于那些希望进一步提升数据可视化技能的用户，Excel同样提供了高级的数据处理和分析功能。这些功能虽然相对复杂一些，但通过学习和实践，用户同样可以快速掌握。

Excel普及率高、使用成本和学习成本较低，更加适合非专业计算机类的学生作为学习数据可视化的入门软件。

5.1.4 数据图表的制作方法

数据图表的制作方法主要有几下几种：

1. 方法一：插入图表命令

对于已经统计好且结构规则的数据，用户可以通过简单的操作在 Excel 中生成相应的图表。只需选中包含数据的单元格或数据区域，接着点击 Excel 界面上方的“插入”选项卡。在弹出的下拉菜单中，用户可以找到“图表”一栏，其中包含多种不同类型的图表选项，如柱形图、折线图、饼图等。用户可以根据自己的需求选择合适的图表类型，并点击相应的选项。Excel 会根据所选数据自动生成对应的图表，并插入到工作表中，如图 5-2 所示。通过这种方式，用户可以轻松地将数据可视化，更直观地展示和分析数据。

图 5-2 Excel 插入图表命令

2. 方法二：数据透视图

数据透视表是 Excel 中的一种交互式表格，它可以动态地调整数据的版面布置，让用户能够按照不同的方式对数据进行分析。这种表格工具非常灵活，用户可以根据需要重新排列字段，以便更好地组织和查看数据。如果原始数据发生更改或者用户改变了版面布置，数据透视表会自动根据新的数据和布置重新计算结果，保持数据的实时性和准确性。

数据透视图是对数据透视表中的汇总数据进行可视化处理的一种工具，通过添加图表元素，用户可以更直观地查看数据之间的比较、模式和趋势。数据透视图可以帮助用户更好地理解数据，发现隐藏在数据中的规律。

制作数据透视图有两种常用的方式。第一种方式是先根据原始数据创建数据透视表，通过筛选需要分析的数据，再选择适合的图表类型，从而生成数据透视图。这种方式可以让用户更加直观地了解数据透视的过程，对于初学者来说较为友好。第二种方式是直接选择“数据透视图”功能，Excel 会同时生成数据透视表和数据透视图，这种方式更快速高效，适合有一定经验的用户使用。根据用户的需求和习惯，可以选择适合自己的方式来制作数据透视图，以便更好地分析和可视化数据。

例 1 以某零售公司在 2022 年的销售记录为例，演示使用数据透视表对原始记录进行统计汇总，再进行可视化展示的步骤。

步骤 1▶ 数据预处理。将收集到的原始数据进行预处理操作，清洗后的数据如图 5-3 所示。

步骤 2▶ 创建数据透视表。使用“插入”选项卡“表格”功能，选择“数据透视表”来创建一

A	B	C	D	E	F	G
日期	销售地	销售部	产品名	销售数	销售单	销售额
2022/1/1	南京	A部门	碳酸饮料	3388	3	10164
2022/1/2	上海市	A部门	果汁	3062	6	18372
2022/1/3	杭州	B部门	矿泉水	5997	2	11994
2022/1/4	杭州	C部门	果茶	1524	4	6096
2022/1/5	南京	B部门	牛奶	1642	4	6568
2022/1/6	上海市	C部门	咖啡	1293	8	10344
2022/2/7	杭州	C部门	碳酸饮料	2857	3	8571
2022/2/8	南京	B部门	果汁	5238	6	31428
2022/2/9	上海市	B部门	矿泉水	2752	2	5504
2022/2/10	南京	C部门	果茶	2976	4	11904
2022/2/11	杭州	A部门	牛奶	5264	4	21056
2022/2/12	南京	A部门	咖啡	2465	8	19720
2022/3/13	上海市	B部门	碳酸饮料	6276	3	18828
2022/3/14	杭州	C部门	果汁	5227	6	31362
2022/3/15	南京	B部门	矿泉水	2921	2	5842
2022/3/16	上海市	C部门	果茶	2862	4	11448
2022/3/17	南京	A部门	牛奶	2857	4	11428

图 5-3　数据预处理

个数据透视表。在“创建数据透视表”对话框里，选择要分析的数据源，即刚导入的表的全部范围，如图 5-4 所示。接着，指定数据透视表放置的位置，通常选择当前工作表的空白区域。完成这些设置后，数据透视表便成功创建，展示在我们指定的位置，如图 5-5 所示。

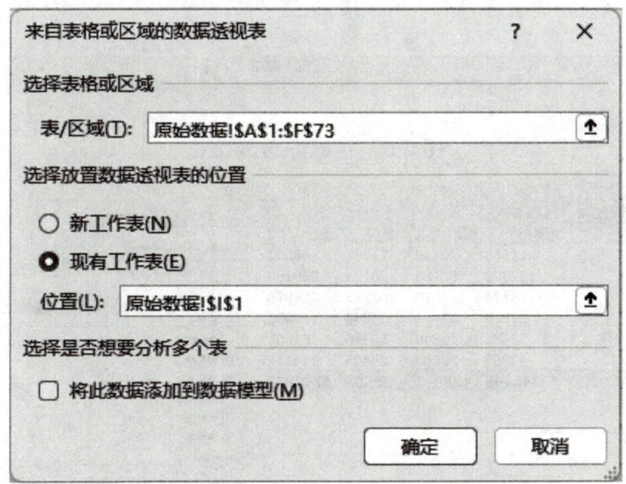

图 5-4　数据透视表中选择数据范围

步骤 3▶　设置透视表字段。对创建好的数据透视表进行设置，将“销售部门”字段拖到列区域，这样每个销售部门的数据将按列展示。将“产品名称”字段拖到行区域，使得各类产品的数据按行排列。将“销售额”字段拖到值区域，并特别设置为“求和项”，这样 Excel 会自动计算每个销售部门各类产品的销售额总和。经过这样的设置，我们可以清晰地查看不同销售部门每月的销售额具体数值，如图 5-6 所示。

步骤 4▶　创建数据透视图。点击数据透视表中的任意位置，转到“插入”选项卡，选择“数据透视图”。在弹出的“插入图表”对话框中，选择适合的图表类型来展示数据，案例数据为对比分析，可以使用柱形图进行可视化展示。做好图之后，还可以对其进行必要的美化和调整，以提升图表的可读性和视觉效果。经过这些步骤，最终的效果如图 5-7 所示，从而更便捷地观察和解读数据。

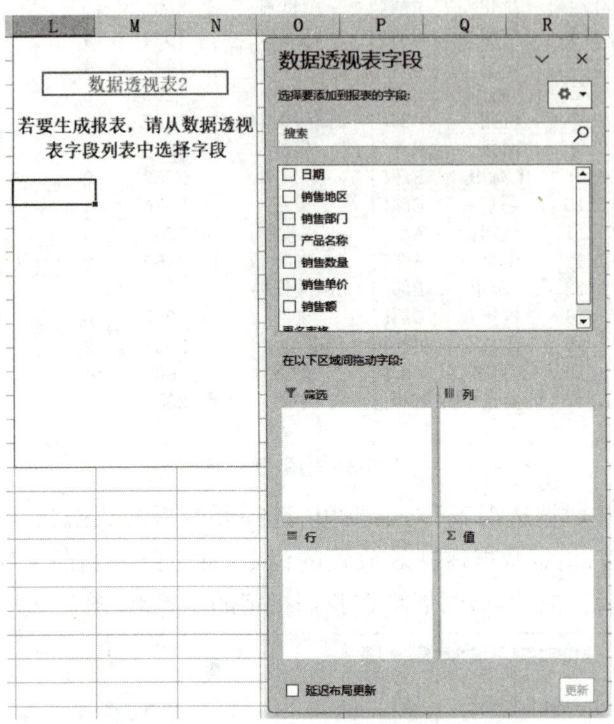

图 5-5　创建好的透视表

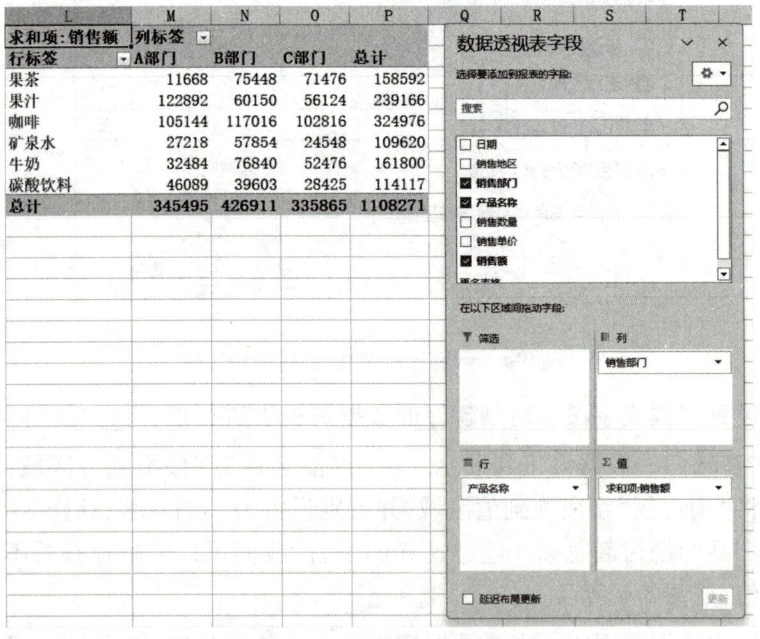

求和项:销售额	列标签			
行标签	A部门	B部门	C部门	总计
果茶	11668	75448	71476	158592
果汁	122892	60150	56124	239166
咖啡	105144	117016	102816	324976
矿泉水	27218	57854	24548	109620
牛奶	32484	76840	52476	161800
碳酸饮料	46089	39603	28425	114117
总计	345495	426911	335865	1108271

图 5-6　数据透视表字段设置

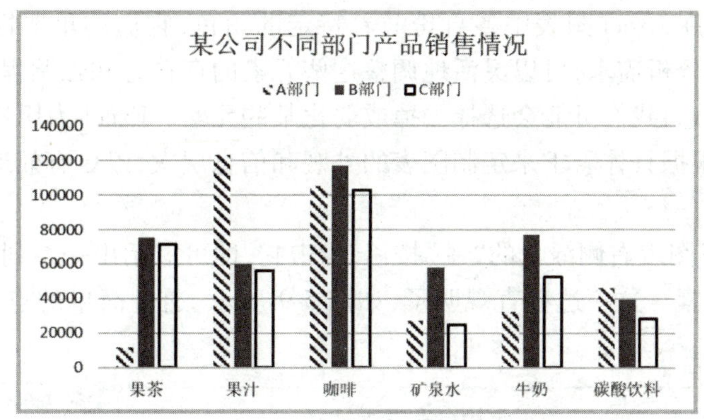

图 5-7 不同部门产品销售情况

5.2 Excel 图表元素

一个优秀的 Excel 图表并不仅仅是简单的数据呈现，它还需要通过各种图表元素来增强数据的可读性和传达效果。接下来，将深入探讨 Excel 图表中的各种元素，包括标题、图例、坐标轴、数据标签等，并学习如何恰当地运用这些元素来制作出既专业又美观的图表。通过本节的学习，你将能够更加灵活地运用 Excel 图表元素，进一步提升数据可视化的质量和效果。

5.2.1 图表元素添加方法

根据 Excel 的图表元素功能，一张完整的图表是由多个布局元素共同组成的。这些元素主要包括图表区、图表标题、坐标轴、绘图区、数据系列、数据标签、网格线和图例等。每个元素在图表中都扮演着特定的角色，共同构成了一个完整、具有信息量的数据可视化展示。图 5-8 完整地展示了各个图表元素的布局和样式，我们可以进一步提升图表的视觉效果，使其更易于理解和分析。

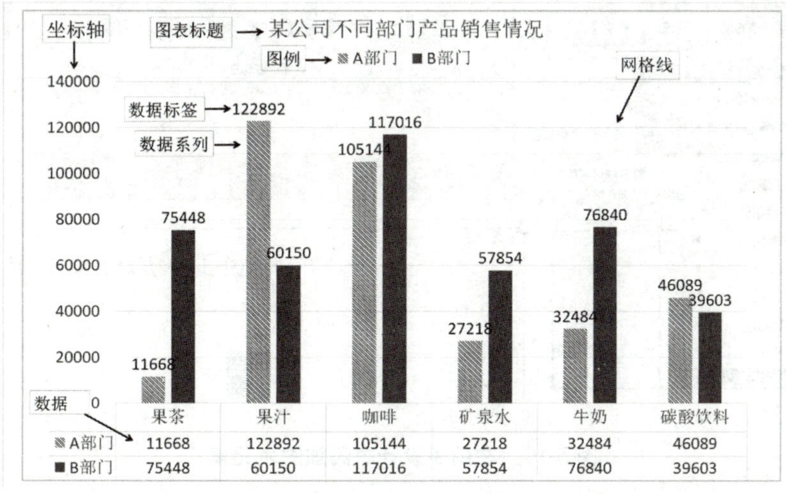

	果茶	果汁	咖啡	矿泉水	牛奶	碳酸饮料
A部门	11668	122892	105144	27218	32484	46089
B部门	75448	60150	117016	57854	76840	39603

图 5-8 图表元素

不同的布局元素在Excel图表中各自扮演着特定的角色，它们的重要性并非一概而论。根据实际的数据展示和分析需求，可以灵活地调整这些元素的存在感和强调程度。有时候，为了简化图表或突出核心信息，我们可能会选择去掉或弱化某些元素。Excel为用户提供了多种方式来添加图表元素，可以根据具体需求来定制图表的外观和信息层次，以更有效地传达数据的洞察和趋势。

方法1：找到生成图表右侧绿色的"+"按钮，点击它，即可展示出一系列的快捷选项，方便我们添加所需的图表元素。这一过程直观明了，如图5-9所示，通过简单的点击操作，可以根据实际需求调整图表元素。

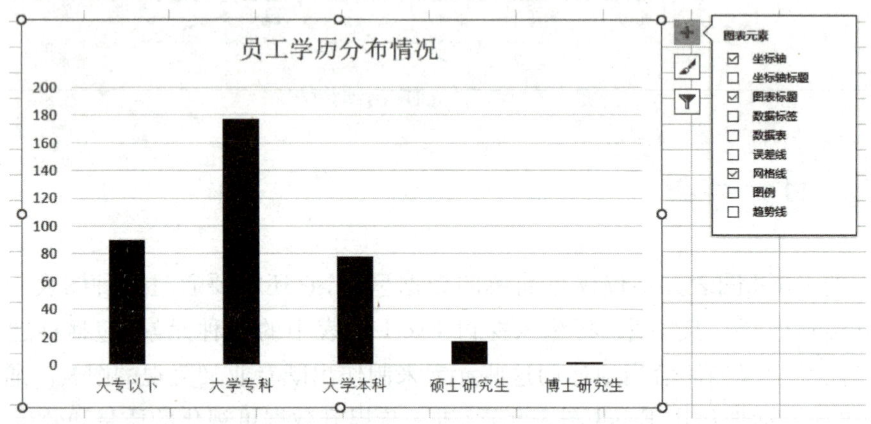

图5-9　点击"+"号添加图表元素

方法2：通过Excel图表的"图表设计"选项卡，我们可以使用"添加图表元素"的功能，如图5-10所示。需要注意的是"线条"和"涨/跌柱线"的使用场景是特定的。具体而言，"线条"元素只适用于堆积柱形图、堆积条形图和折线图，"涨/跌柱线"仅在折线图中才能发挥其作用。因此，需要确保图表类型与图表元素相匹配。

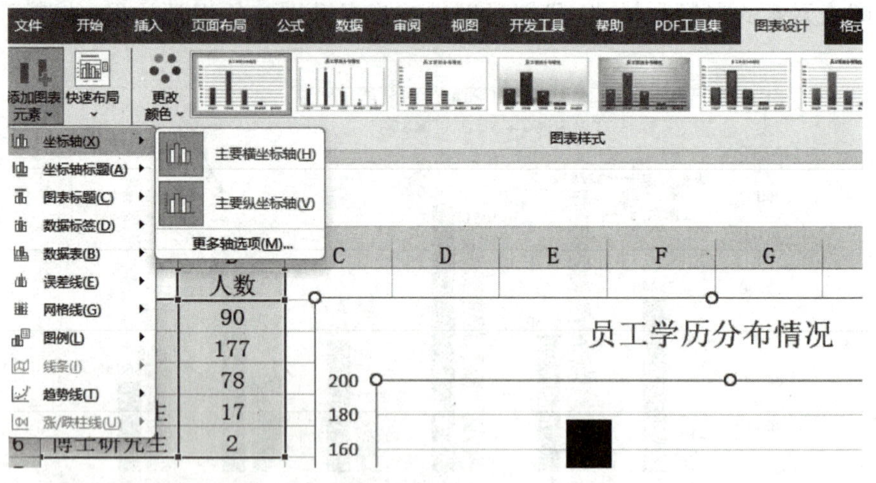

图5-10　在图表设计中添加图表元素

5.2.2 图表元素详解

1. 标题

图表的主要目的是有效地传达和强调核心观点，因此，图表的主标题起着至关重要的作用。一个恰当、明确的标题能够突出图表的核心内容，将主要信息凝练地呈现给读者。这样做不仅可以减少误解和困惑，还能使读者立即聚焦于关键信息。例如，在图5-11中，如果缺少明确的标题，读者可能需要花费更多的时间来解读和理解图表所传达的信息。因此，为了提升图表的有效性和传达效果，确保给图表添加一个能够准确反映核心观点的标题是至关重要的。

标题的撰写在Excel图表元素功能中具有关键性意义，常见的写法主要有两种。第一种写法是以主题为基础来制定标题，这种方式能够直观地反映图表的核心内容，帮助读者迅速把握图表的主旨。如图5-12所示，通过针对主题进行标题设计，例如“公司销售情况”“员工学历分布”“员工年龄分布”“各地区的产量”等，我们能够确保标题与图表内容紧密相关，提高图表的可读性和理解度。这种写法有助于使标题更加精准和具有描述性，为读者提供清晰的信息导向。

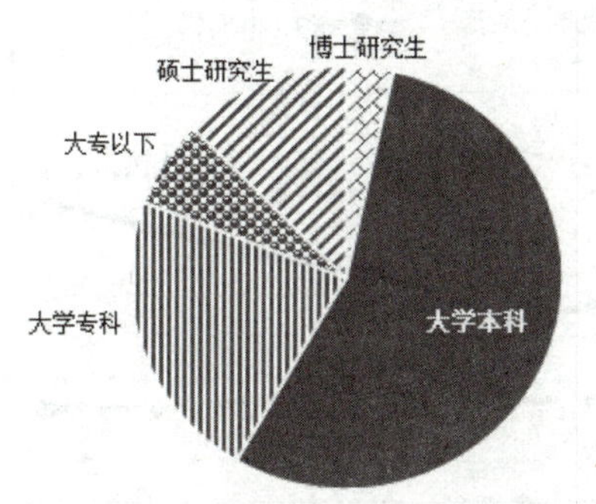

图5-11 缺少明确的标题

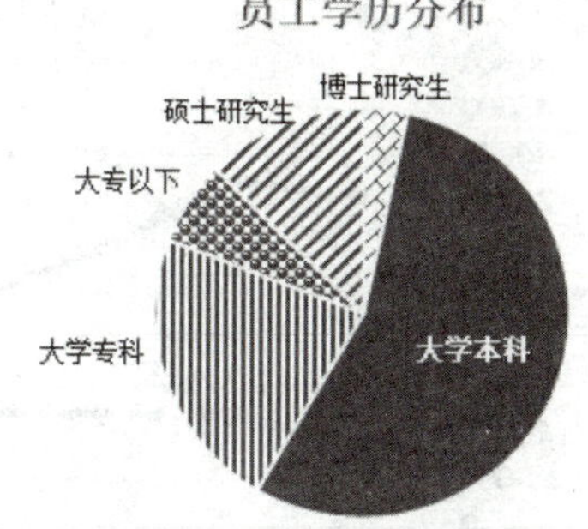

图5-12 主要信息做标题

根据Excel图表元素功能，标题的另一种常见写法是将主要信息作为标题。这种写法通过提炼图表中的关键信息，并以精炼的方式呈现，能够帮助读者更快速地了解图表的主要内容。如图5-13所示，可以将主要信息作为标题，例如“硕士学历员工占比超过10%”。这样的标题写法能够突出图表中的重点数据或核心观点，提升图表的信息传递效果，使读者能够迅速抓住图表的关键信息。

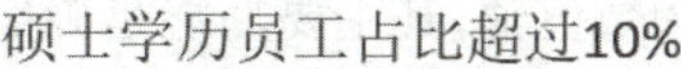

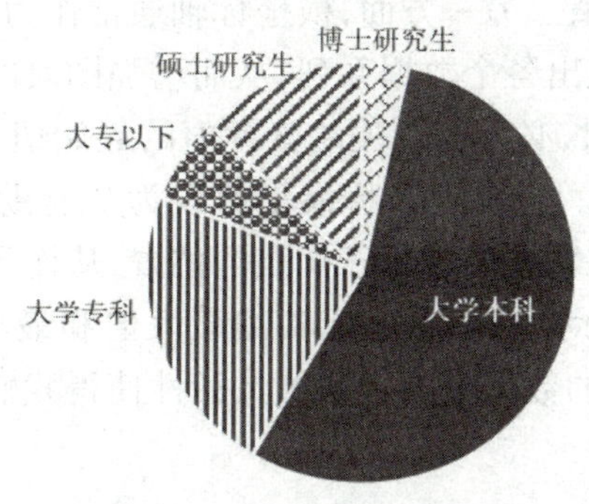

图5-13 主要信息做标题

2. 数据系列

数据系列在 Excel 图表中起着至关重要的作用,是实现数据可视化和形象化的核心元素。在数据区域中,由同一列或同一行的数值数据组成的数据集合被称为数据系列。这些数据系列形成了图表中相关数据点的集合,并根据用户选择的图表类型以系列的形式在图表中进行可视化展示。通过数据系列的呈现,我们能够直观地观察和分析数据之间的关联、趋势和规律,从而更深入地理解数据所传达的信息。数据系列的准确性和清晰度对于图表的有效性和可读性至关重要。

当存在多组数据系列时,为了确保清晰度和易区分性,通常会采用不同的图案、颜色或符号来区分各个数据系列。如图 5-14 所示,该图表展示了不同产品的销售数据,这些数据构成了三个数据系列。为了区分这三个数据系列,它们分别以不同的线条进行展示,从而使得读者能够轻松地区分和对比不同产品的销售情况。①

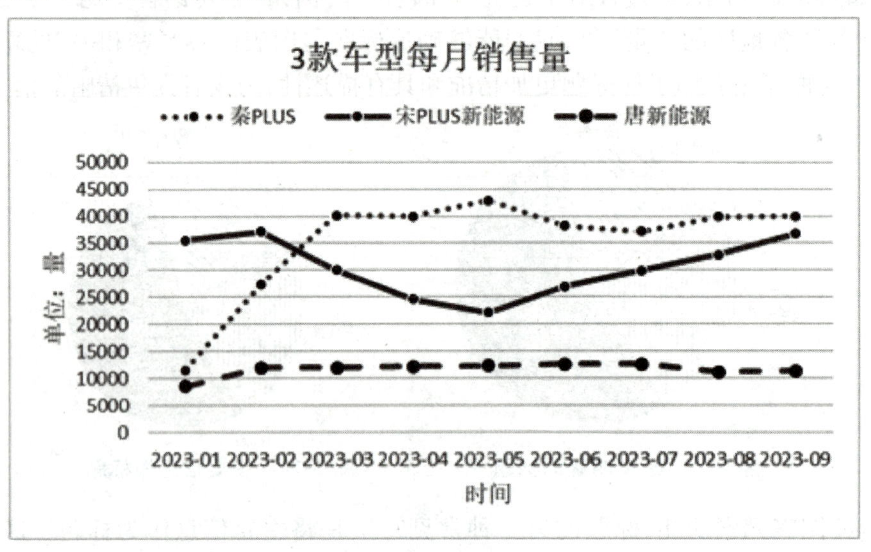

图 5-14 用不同线条表示 3 个数据系列

3. 坐标轴

在 Excel 图表中,坐标轴起着至关重要的作用,主要分为纵坐标轴(Y 轴)和横坐标轴(X 轴)两大部分。纵坐标轴,通常被称为数值轴,其主要功能是确定图表中各个数据点的大小,帮助读者直观地比较和衡量不同的数据值。另一方面,横坐标轴通常作为分类轴,其主要用途是展示文本标签,这些标签能够清晰地标识出各个数据系列,从而增强图表的信息传达效果。

在使用 Excel 图表元素功能时,必须特别关注坐标值的起始值。通常,为了确保数据的全面展现,坐标轴的最小值会被设为 0。这是因为将最小值设为 0 有助于体现数据在其整个范围内的分布情况,读者可以直观地看到数据点相对于 0 点的位置,从而更全面地理解数据。

如图 5-15 所示,可以根据实际需求调整坐标轴的最大值和最小值,因为最大值和最小值的设定直接决定了坐标轴能够衡量的数据范围。这种灵活性使得我们能够根据数据的波动情况和

---

① 数据来源:车主之家网站,https://xl.16888.com/month.html,2024 年 1 月 29 日。

实际意义来调整图表的展示效果。

对于最小值的设置，虽然一般情况下我们将其设为0，但在某些情况下，如果数据的波动范围比较小，且具有实际意义，我们可以适当地调整最小值的设定。例如，在图5-16中，我们可以看到坐标轴的最小值被调整到了一个非0的值。这样的设置能够更好地突出数据之间的微小差异，提升图表的信息传达效果。

需要注意的是，如果坐标轴不从0开始，我们必须进行明确的提示，以防止读者误读图表信息。因为如果不做说明，读者可能会误以为数据是从0开始的，从而导致对数据的误解。因此，在调整坐标轴的最小值时，我们必须谨慎操作，确保图表能够准确、清晰地传达数据的真实情况。

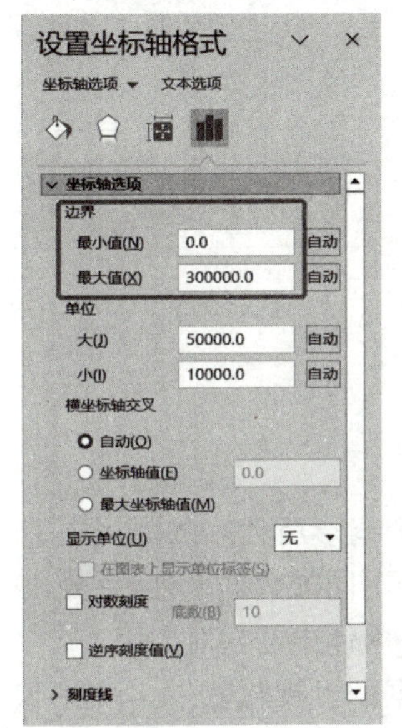

图5-15　设置坐标轴格式

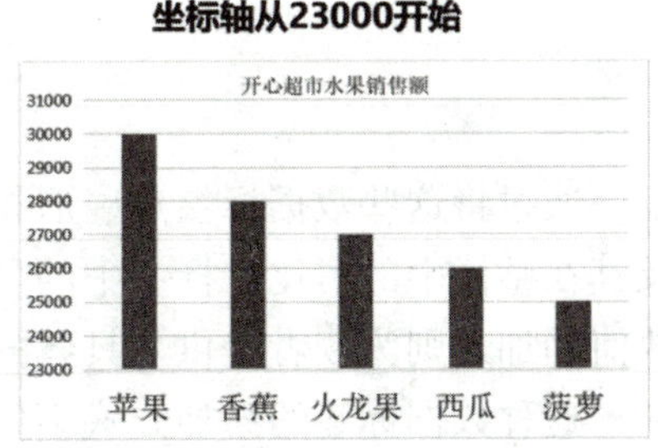

图5-16　坐标轴从0开始和从非0开始

4. 数据标签

数据标签在Excel图表中起着至关重要的作用，它们能够针对数据系列的内容、数值或名称进行标识，从而帮助读者更直观地理解和解读图表中的数据。根据所使用的图表类型的不同，我们可以选择的数值标签值和标签位置也会有所变化。

对于数据内容，标签可以清晰地展示数据系列中的具体项目或类别。例如，在一个柱形图中，数据标签可以标识每个柱形所代表的产品、地区或其他分类信息。这样的标识可以让读者能够快速地识别出不同数据系列所代表的内容，从而更好地理解图表所传达的信息。

对于数值标签，它们能够直接显示数据点或数据系列的具体数值。这在需要强调数据点之间的量化关系或对比时尤为有用。比如，在折线图中，通过添加数值标签，读者可以清晰地看到每个数据点所对应的实际数值，从而更好地分析数据的趋势和变化。

此外，标签位置的选择也是非常重要的。Excel图表元素功能允许用户根据不同的图表类型选择合适的标签位置。例如，在饼图中，标签通常被放置在每个扇区的旁边或上面，以便读者能够看到每个扇区所代表的具体数值或百分比。在条形图中，标签可能会被放置在条形的上方或下方，以便更好地展示每个条形的数值。

通过合理地使用数据标签，我们可以极大地提升图表的信息传达能力。读者可以更快地理解图表中的数据，更准确地分析数据的趋势和关系。因此，在创建 Excel 图表时，我们应该充分利用数据标签的功能，根据需要选择合适的标签类型和位置，以确保图表能够准确、清晰地传达出数据的信息。

如图 5-17 所示，饼图中的每个扇形都配备了数据标签，这些标签不仅展示了扇形的名称，还准确地标明了各自所占的百分比数值。这种详尽的标签信息极大地便利了读者，使他们能够迅速且准确地理解每个数据标签所代表的具体数据内容。

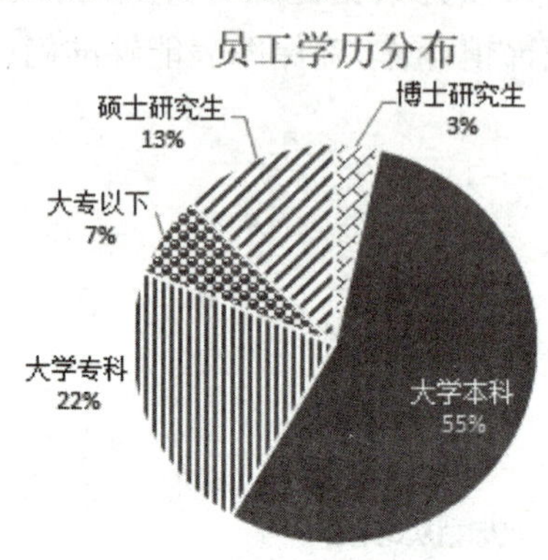

图 5-17　添加数据标签

通过将这些数据标签与扇形相关联，确保读者能够直观地看到每个扇形所代表的数据类别及其在整体中的占比。标签中的名称明确了各个扇形的名称，可以区分不同的数据系列，百分比数值的加入则为读者提供了具体的量化信息，帮助他们了解每个扇形在整体中的相对大小。

这种数据标签的添加方式不仅提高了图表的可读性，还增强了数据的可视化效果。读者不再需要费力地解读或计算图表中的数据，因为所有必要的信息都直观地呈现在标签上。这种改进使得饼图成为一种更加直观和易于理解的数据展示方式，有助于读者更快地掌握数据的要点和趋势。

5. 图例

图例是 Excel 图表中用于解释和说明图表中不同数据系列所采用的标识方式。这些标识方式可以包括颜色、形状和标记点等多种形式，用以区分和辨识不同的数据系列。图例通常会将图表中各个数据系列所采用的颜色进行列举，以帮助读者更好地理解和解读图表。

通过图例的引导，读者可以轻松地辨识出不同数据系列在图表中的表现方式。每种颜色、形状或标记点都代表着特定的数据系列，这种对应关系使得读者能够快速地识别出各个数据系列的身份和特征。图例的存在能消除读者对图表解读的困惑，提高数据传达的准确性和效率。

在图例中，颜色的选择尤为重要。不同的数据系列通常采用不同的颜色进行区分，这样可以确保它们在图表中清晰可辨。通过颜色的运用，我们可以将数据系列进行有效的分类和对比，突出它们之间的差异和联系。因此，图例往往会列举出图表中使用的各种颜色，以帮助读者更好地理解和运用这些颜色标识。

除了颜色之外，形状也是图例中常用的标识方式之一。在复杂的图表中，尤其是当多个数据系列存在时，单纯的颜色可能不足以完全区分各个数据系列。这时，我们可以利用不同的形状来

进一步增强数据系列的辨识度。图例中通常会展示这些不同形状的示例，以帮助读者更好地理解图表中的数据构成。

标记点是另一种在图例中常用的标识方式。它们主要用于强调图表中的特定数据点，如异常值、关键节点等。标记点可以采用不同的样式和大小来表示，图例中会对这些样式进行说明和展示。通过标记点的运用，我们可以将注意力集中在图表中最重要的数据上，提升数据分析的效率和准确性。

图例主要由两部分构成。首先是图例表示，它通常以不同颜色的小方块或直线形式呈现，直观地代表了各个数据系列。每一种颜色或线条样式都唯一地对应一个数据系列，确保在图表中能够清晰地区分不同的数据集。

第二部分是图例项，图例项实际上是与图例表示所对应的数据系列的名称或标签。在图表中，每一种图例表示只能与一种图例项相匹配，这样确保了数据系列与其标识之间的一一对应关系。通过图例项，我们可以轻松辨识和引用图表中的各个数据系列。图例能增强图表的可读性和易用性。

如图5-18所示，通常情况下，我们会将图例放置在图表的标题下方，以便观察者能够轻松找到并参考。然而，在某些情况下，如果图表中的数据系列已经通过其他方式，如数据标签，清晰地标注了各个数据项的身份和数值，那么可以不再添加图例。这是因为数据标签已经起到了与图例相似的作用，为数据提供了明确的说明。

此外，当图表中只有一个数据系列时，也可以考虑省略图例。在这种情况下，由于只有一个数据系列，读者可以很容易地理解图表中的数据而无需参考图例。省略图例可以使图表更加简洁明了，突出主要的数据信息。

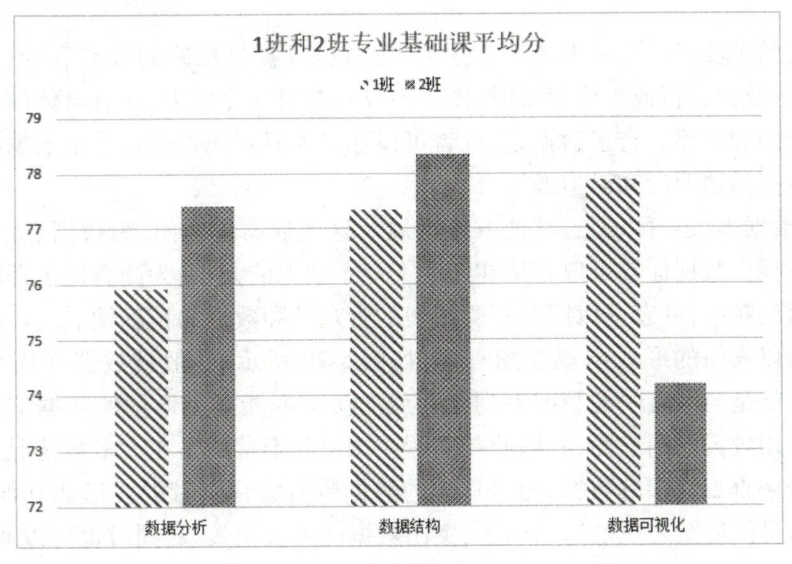

图5-18 图例放在标题下方

6. 网格线

网格线在图表中起到一个参照系的作用，特别是在查阅数据系列时。它们的主要功能是引导帮助读者更准确地定位数据点在图表中的坐标位置。网格线定位数据点所对应的横纵坐标，对其数值大小进行精确的判断和比较。

如图 5-19 所示，根据其方向，网格线可以分为垂直网格线和水平网格线两种。根据它们的主要和次要属性，可以进一步细分为主要垂直网格线、次要垂直网格线、主要水平网格线和次要水平网格线，共计四种类型。

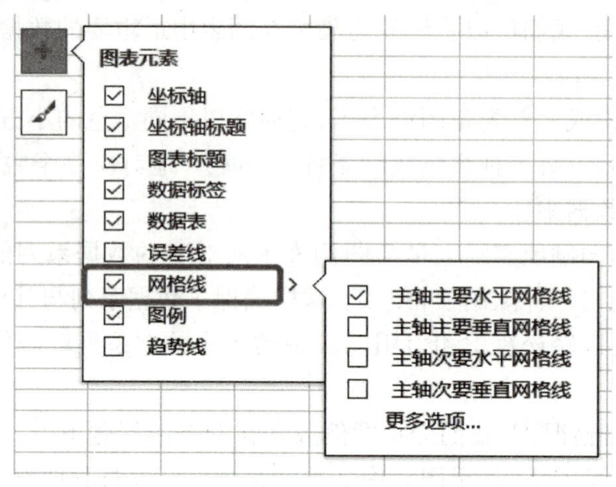

图 5-19　网格线

这些网格线不仅能增强图表的视觉效果，还能提高数据的可读性。它们将图表分割成不同的区域，更容易辨识和定位数据点。读者可以更快速地浏览图表，更准确地解读数据，从而更有效地进行数据分析和决策。

7. 数据表

添加数据表的主要目的是在 Excel 图表中为各数据项提供精确的数值展示。这样做的好处在于，当我们进行数据分析或工作汇报时，图表不仅具有可视化效果，还有具体的数据支撑，使得信息传达更加准确和可靠。有了数据表，读者可以在必要时轻松查阅每一个数据项的具体数值。数据表能增强数据的透明度和可追溯性。

当然，除了数据表，还可以通过其他方式来展示这些数据。例如，为数据点添加数据标签就是一个很好的选择。数据标签可以直接在图表上显示数据的大小，为读者提供即时的数值信息，减少查阅数据表的频率，读者可以同时享受图表的直观性和数据的精确性。

数据表通常以表格的形式出现在图表中，如图 5-20 所示，一般被放置在横坐标轴的下方。它所包含的数据都是与图表中的数据系列相对应的源数据能提供详细的数据信息。然而，由于数据表往往会占用较大的图表面积，因此在实际应用中并不常用。在大多数情况下，读者更倾向于通过图表本身来直观地理解数据，而将具体的数据数值放在附带的表格或其他文本形式中进行查阅。这样做可以使图表更加简洁明了，突出数据的可视化效果，同时也可以通过数据标签来提供必要的数据信息。

5.3　数据图表的配色原理

在 Excel 2016 中，为了满足用户在工作和学习中的各种需求，软件内置了大量丰富的自带配

色方案。这些预设的配色方案涵盖各种场合和风格，从简约的黑白灰，到鲜艳的彩色系，应有尽有。无论用户是进行日常的数据分析、制作报告，还是用于教学演示、制作课件，基本上都可以在这些自带配色中找到满意的解决方案。

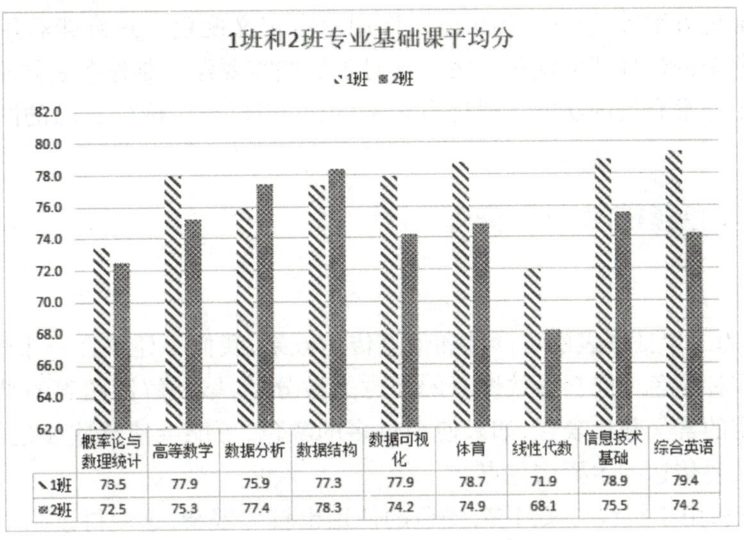

图 5-20　数据表

如图 5-21 所示，Excel 2016 的操作界面非常直观和友好。当用户选中一个图表后，会看到一个“设计”选项卡出现在菜单栏上。在这个选项卡中，用户可以轻松地对图表的各种属性进行修改和调整。其中，“更改颜色”是一个非常实用的功能，它允许用户快速改变图表的配色方案。

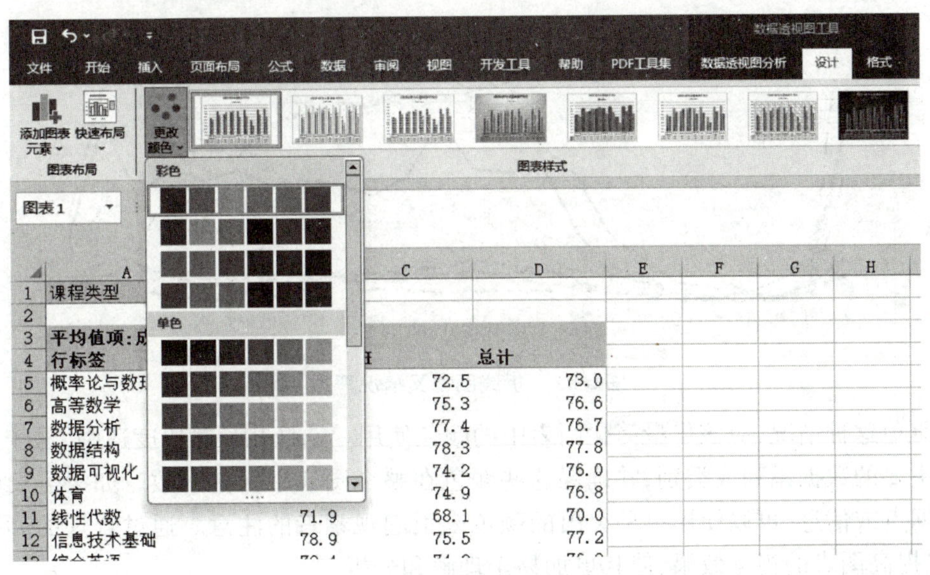

图 5-21　更改配色方案

点击“更改颜色”按钮后，Excel 会展示出一系列预设的配色方案供用户选择。这些配色方案都是经过专业设计师精心调配的，旨在提供最佳的视觉效果和数据传达效果。用户可以根据自己的喜好和数据的特点来选择合适的配色方案。例如,如果数据涉及多个类别或系列,用户可以选择一个色彩鲜明、对比度高的配色方案来突出不同数据之间的差异;如果数据比较单一或需要强调整体趋势,用户可以选择一个色彩柔和、过渡自然的配色方案来营造一种和谐统一的视觉效果。

除了预设的配色方案外,Excel 2016 还允许用户自定义配色。这意味着用户可以根据自己的需求和品牌形象来创建独特的配色方案。这对于那些需要经常制作图表并希望保持统一风格的用户来说是一个非常有用的功能。通过自定义配色,用户可以确保自己的图表在视觉上保持一致性和专业性。

5.3.1 数据图表色彩搭配注意事项

1. 颜色数量

通常情况下,为了保证图表的可读性和信息传达效果,我们不建议在一张图表中使用超过 6 种颜色。使用过多种颜色可能会导致读者的注意力被分散,增加解读图表的难度。每种颜色在图表中都具有特定的含义和代表性,如果使用过多的颜色,可能会使这些颜色的意义变得模糊,进而会混淆图表想要传达的主要信息点。

以图 5-22 为例,由于折线交叉过多,颜色的使用也较为繁杂,这使得读图变得较为困难。过多的颜色和交叉点使得读者难以分辨不同数据系列之间的关系和趋势。每个颜色和线条都在争夺读者的注意力,从而会削弱图表整体的信息传达效果。

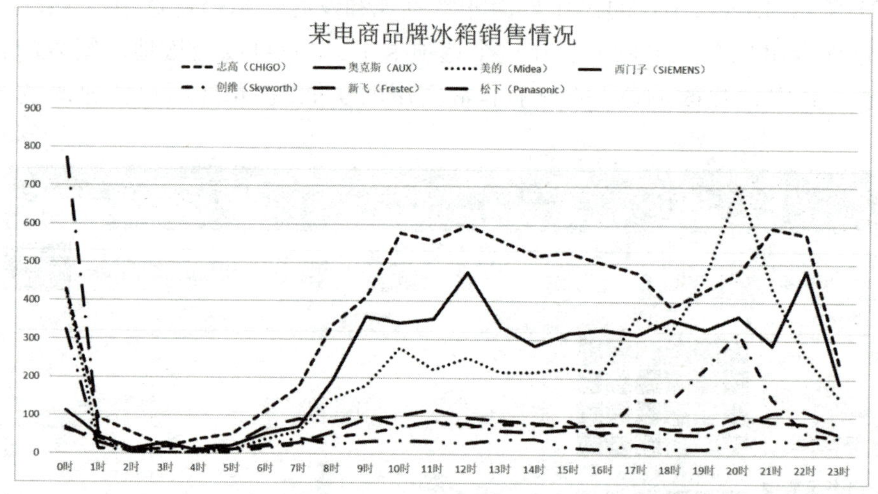

图 5-22　折线图交叉情况严重

为了避免这种情况,应该尽量简化图表中的颜色使用。选择几种对比度适中、易于辨识的颜色来代表主要的数据系列或类别,并确保这些颜色在整个图表中保持一致。如果需要强调某个特定的数据点或信息,可以使用一种突出的颜色来引起观察者的注意。通过合理的颜色选择和运用,可以提高图表的视觉效果,使其更加易于理解和分析。

2. 避免使用鲜艳的颜色

在 Excel 图表配色中,选择适当的颜色是非常重要的,因为它直接影响图表的可读性和观众的视觉体验。商务数据的展示尤其需要注意这一点。过于鲜艳、花哨的颜色不仅可能导致视觉

疲劳,而且在商务场合中可能显得不够专业或正式。

冷色调,如蓝色,通常被视为一种比较稳重和值得信赖的颜色。它给人一种平静、专业的感觉,有助于提升图表和报告的整体质感。此外,色彩饱和度不太高的颜色也是一个比较适宜的选择,因为它们相对柔和,不会过于刺眼,同时仍然能够提供足够的对比度来区分不同的数据系列或类别。

使用这样的颜色配色方案可以为商务数据报告增添一种严肃认真的氛围,使读者更加容易接受和信任所展示的数据。毕竟,在商务环境中,建立信任和展示专业度是非常关键的。通过选择适当的颜色并运用它们来传达信息,可以有效地增强数据的可视化效果,提升报告的影响力。

3. 统一颜色风格

在创建报告中的 Excel 图表时,确保所有图表具有一致的颜色风格是至关重要的。不断地变换颜色风格不仅缺乏明确的设计目的,而且可能会导致读者在浏览报告时感到视觉上的混乱和不适。每次颜色的改变都可能使读者需要重新调整视觉焦点和理解图表的内容,这无疑会增加阅读的难度和时间成本。

为了避免这种情况,应该在一开始就确定一个统一的颜色风格,并在整份报告中始终如一地应用这个风格。这样做的好处是多方面的。首先,统一的颜色风格可以增强报告的整体一致性和专业性,使读者更容易进入报告的语境和理解其内容。其次,一致的颜色运用可以帮助读者更快速地识别和区分不同的数据系列或类别,从而提高数据读取和分析的效率。

选择颜色风格时应考虑报告的主题、目的以及目标读者的喜好和文化背景。冷色调如蓝色或灰色通常用于传达严肃、专业的氛围,暖色调如橙色或黄色可能更适合用于强调某些特定的数据点或信息。无论选择哪种颜色风格,都应确保它在整个报告中得到统一和一致的应用,以提高图表和报告的整体视觉效果和信息传递效果。

5.3.2 商务图表配色参考

在自主设计配色方案之外,还可以从一些商业杂志上的图表中汲取灵感,学习它们的经典配色方法。这些杂志往往有专业的设计师团队,他们精心选择的颜色搭配能够提升图表的美观度和信息传递效果。

以《经济学人》为例,如图 5-23 所示,他们的图表基本上只使用了深青色、孔雀蓝等深浅明暗的蓝色。这种单一色系的运用可能会让图表看起来相对单调,但它同时也凸显了一种沉稳和专业的氛围。深青色和孔雀蓝都属于冷色调,给人一种平静、理智的感觉,非常适合用来展示经济数据或商业分析。

此外,《经济学人》的图表还巧妙地运用了深浅变化的配色来凸显数据的变化趋势。通过在同一色系内使用不同明暗程度的蓝色,成功地突出了数据之间的差异和动态。这种微妙的颜色变化不仅增加了图表的层次感,还使得数据更易于理解和分析。

如图 5-24 所示,《商业周刊》在其图表设计中经常使用对比强烈的配色组合,这一选择使得整张图表具有很强的视觉冲击力。例如蓝色和红色是互补色,它们在色轮上位于相对的位置,因此当它们一起使用时,会产生一种鲜明的对比效果。

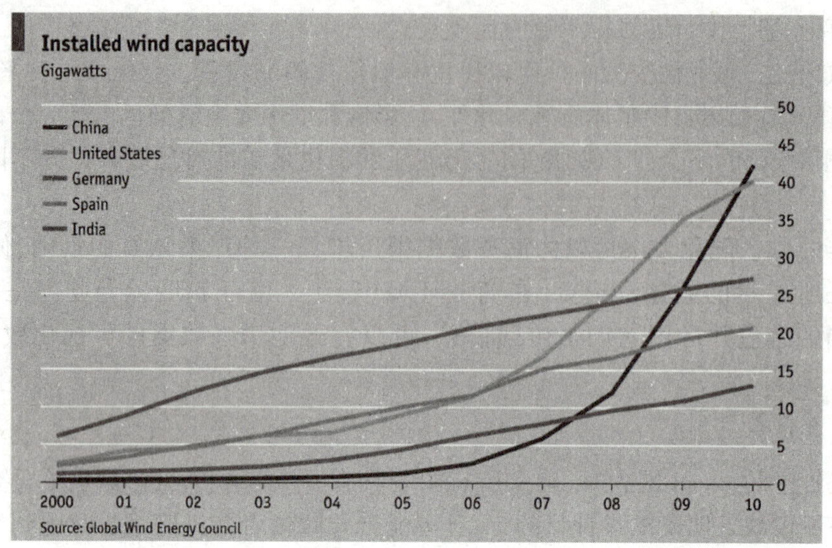

图 5-23 《经济学人》配色

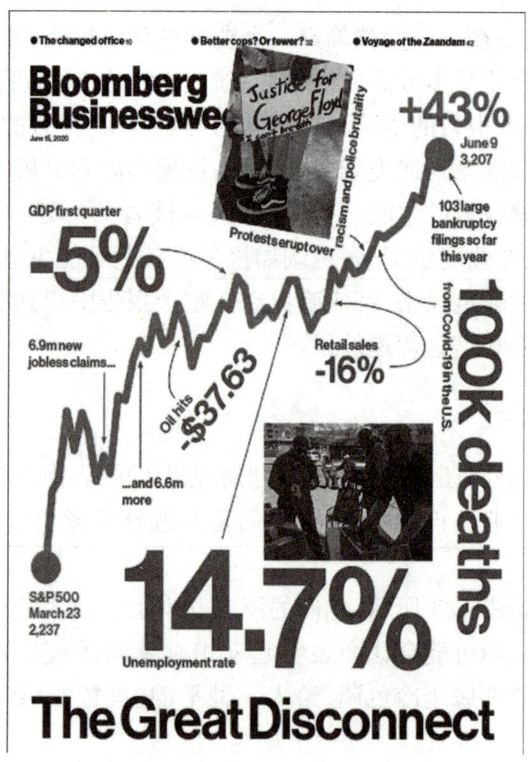

图 5-24 《商业周刊》配色

采用这种鲜明的补色搭配，能够使读者轻松地区分不同的数据序列。在图表中，不同的数据系列通常需要用不同的颜色来表示，以便读者能够快速地识别和比较它们。通过选择互补色作为数据系列的配色，可以确保它们在图表中产生明显的视觉分离，从而提高数据的可读性和辨识度。

此外，对比强烈的配色组合还具有一种引人注目的效果，能够吸引读者的眼球并引导他们关注图表中的关键信息。这种鲜明的颜色搭配可以激发读者的兴趣，并使他们更愿意花时间去仔细分析和理解图表中的数据。

需要注意的是，在使用补色配色方案时要谨慎控制颜色的饱和度和明度。过于鲜艳或刺眼的颜色可能会导致视觉疲劳或干扰数据的解读，因此适当调整颜色的亮度和对比度是很重要的。

《华尔街日报》的图表配色方案采用了互补色的组合，如图 5-25 所示，从色彩学的角度来看，这种选择使得图表呈现出较强的对比效果。互补色是指在色轮上相对位置的颜色，它们相互对立，当它们并置时，会产生一种鲜明的视觉对比。

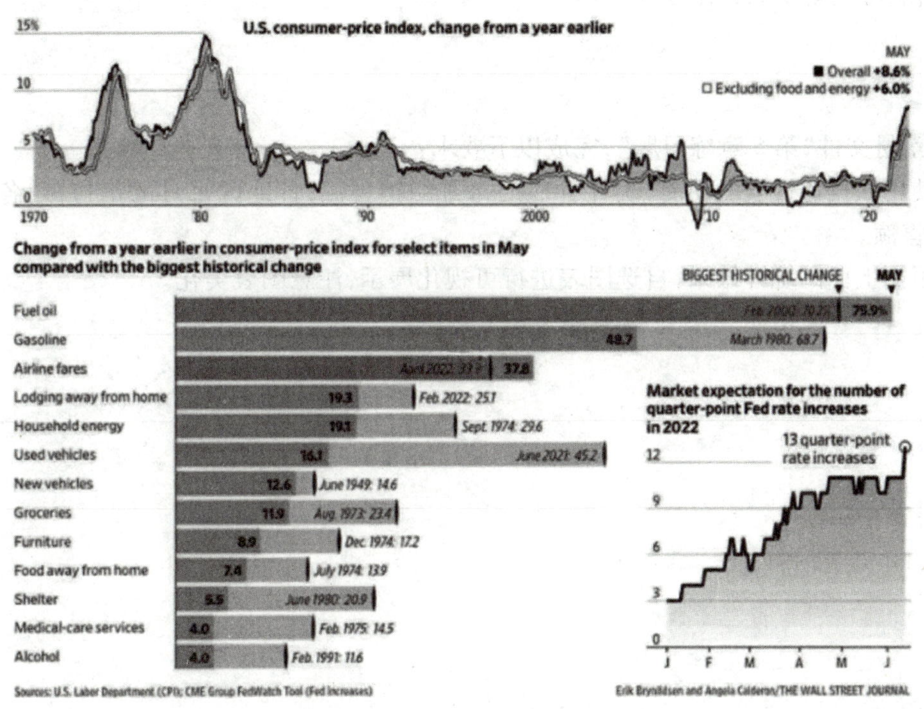

图 5-25 《华尔街日报》配色

由于《华尔街日报》是一份报纸，它经常使用黑白灰的色彩组合。这种选择反映了报纸的传统和严肃性。黑白灰的色彩组合具有一种经典、简约的特点，能够凸显出数据和信息的重要性。这种配色方案也符合报纸的印刷要求，确保图表在各种印刷条件下都能保持清晰和易读。

在《华尔街日报》的图表中，通过使用互补色和黑白灰的色彩组合，成功地实现了一种既鲜明又沉稳的视觉效果。这种配色方案既能够吸引读者的注意力，又能传达出数据的准确性和权威性。同时，它也展示出了报纸对于图表设计的专业性和独特风格。

需要注意的是，在使用互补色和黑白灰的色彩组合时，要注意控制颜色的运用和搭配。过于强烈的对比可能会导致视觉上的冲突和混乱，而过于相似的颜色则可能会使图表显得单调乏味。因此，在设计图表时，要根据数据的特点和传达的信息来选择适当的配色方案，以确保图表在视觉上具有吸引力和清晰度。

本章小结

本章系统介绍了 Excel 做图的关键步骤、数据透视表的高效使用方法、图表元素的细致运用,以及配色原理在图表设计中的重要性。这些内容共同构成了 Excel 图表设计的核心知识体系。

通过本章的学习,需要掌握从数据准备到图表创建与编辑的完整流程,学会如何利用数据透视表快速整理和分析数据,深入理解标题、图例、坐标轴、数据标签等图表元素在提升图表可读性方面的作用。此外,通过对配色原理的学习,读者也应该能够在图表设计中运用恰当的色彩搭配,增强图表的视觉效果和传达力。

打开素材文件“第 5 章练习题”,完成以下要求:

(1)使用数据透视表的功能,统计各部门每月的销售额;各地区每月的销售额;各地区不同产品的销售额。

(2)根据上面的统计结果,自选图表进行可视化展示,注意图表美化。

第6章　对比分析与可视化

学习目标

(1)深入了解对比分析的应用场景。理解在何种情况下需要进行对比分析,以及对比分析的意义和价值;

(2)掌握常用的图表绘制方法,包括柱形图、条形图、堆积图、漏斗图和雷达图等。学会如何根据数据类型和分析目的选择合适的图表类型,并绘制出清晰、易读的图表;

(3)掌握使用数据透视表对原始数据进行统计和汇总的方法。学会如何利用数据透视表对数据进行分组、筛选和计算,从而得到需要的对比结果。

思政目标

通过对比分析不同图表类型在数据可视化中的应用,引导学生理解数据背后的逻辑和规律,培养学生基于数据进行科学决策的能力。

学习导图

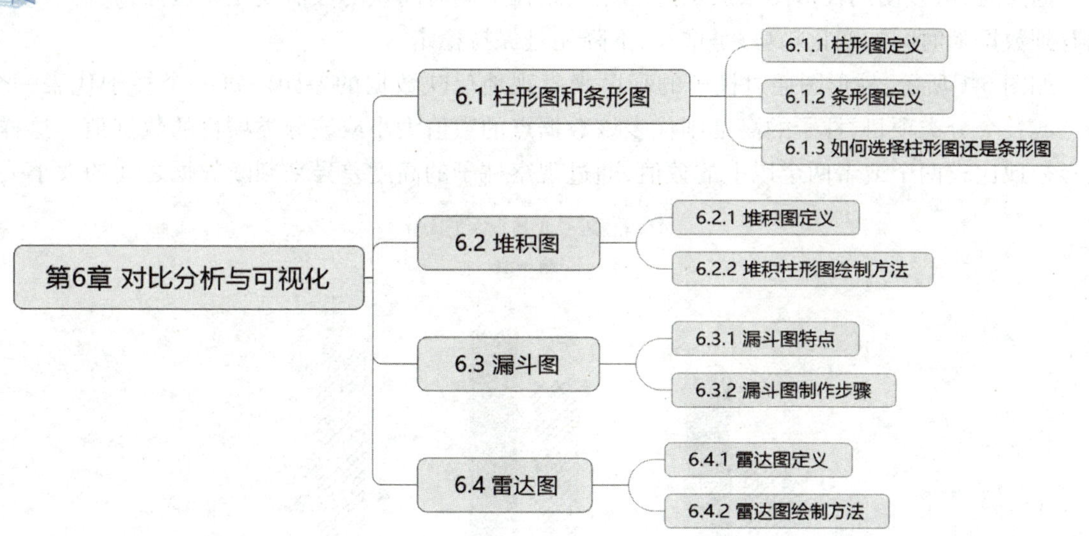

在日常数据分析工作中，经常会遇到大量的需要对比的数据。只有通过对比，才能更清楚地了解当前的情况和趋势。

为了更好地进行对比分析，我们可以利用 Excel 提供的各种功能和工具。其中，柱形图、条形图、堆积图、漏斗图和雷达图等是常用的图表类型，这些图表可以帮助我们直观地展示和比较数据。掌握这些图表的绘制方法，对于数据分析工作非常有帮助。

同时，数据透视表是一种强大的数据汇总和分析工具，可以帮助我们对原始数据进行统计和汇总，从而更好地进行对比分析，得到我们需要的对比结果。

6.1 柱形图和条形图

在需要对比不同类别数据时，柱形图和条形图无疑是两种最为常见且实用的图表类型。它们能够直观地展示各类别数据之间的差异和关系，帮助我们迅速抓住数据的核心特征。

6.1.1 柱形图定义

在数据分析中经常需要对大量的数据进行对比分析，柱形图是使用频率最高的一种图表类型之一。

柱形图主要被用来揭示分类项目之间的比较，这些分类项目可以是不同的产品、部门、地区或其他任何可以分类的数据。通过柱形图，可以直观地看到各个分类项目之间的数据差异，从而快速识别出哪些项目表现较好，哪些需要改进。

除了用于分类项目的对比，柱形图也可以用来反映时间趋势。当数据集包含了一段时间内的数据点时，可以使用柱形图来展示这些数据点在不同时间点的数值变化。这样，我们可以清晰地看到数据随时间的变化趋势，是增长、下降还是保持稳定。

如图 6-1 所示，柱形图通过柱子的高度来直观地反映数据的差距。每一个柱子代表一个数据点或一个分类项目，柱子的高度则代表该数据点的数值大小或该分类项目的数据值。这样，可以轻松地比较两个或者两个以上的数值，通过观察柱子的高度差异来判断数据之间的大小关系。

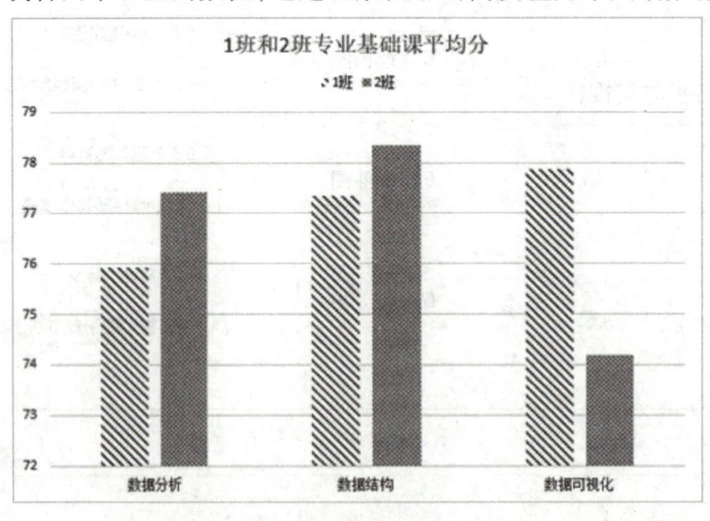

图 6-1 柱形图案例

6.1.2 条形图定义

与柱形图类似的还有条形图。虽然两者在表现形式上有所不同，但它们的核心目的是相同的，都是为了进行对比分析。

柱形图和条形图在数据展示的方向上有所区别。具体来说，柱形图是在水平方向上依次展示数据，而条形图则是在纵向方向上依次展示数据。这种方向上的差异使得条形图在某些情况下可能更适合展示大量项目之间的数据对比，尤其是当项目名称过长或者数量过多时，使用条形图可以更有效地利用图表空间，避免数据标签之间的重叠。

如图6-2所示，通过纵向排列的条形，我们可以直观地看到各项目之间数据的差异，从而更好地进行数据对比分析。

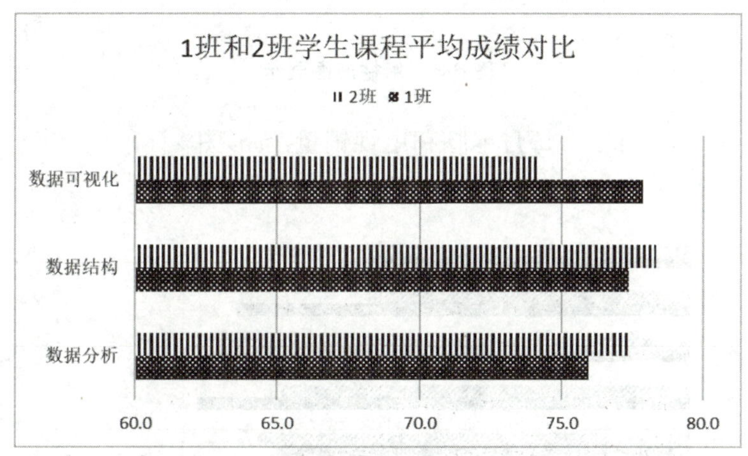

图6-2 条形图案例

6.1.3 如何选择柱形图还是条形图

1. 如基于时间数据进行对比，选择柱形图

如果需要基于时间数据进行对比分析，柱形图是一个合适的选择。柱形图将数据按照时间顺序从左到右进行排列，用户可以清晰地看到数据随时间的变化趋势。如图6-3所示，通过柱形图，数据呈现出一种自然的流动感，用户可以轻松观察到数据在不同时间点上的数值变化，从而更好地理解数据的演变过程。

相比之下，如果使用条形图来展示相同的数据，时间趋势可能不够明显。如图6-4所示，虽然条形图也能够展示各个数据点之间的数值差异，但由于其垂直方向的排列方式，用户可能难以直观地感受到数据随时间的变化。因此，需要对时间数据进行对比分析时，柱形图通常更为有效，能够帮助用户更好地洞察数据的动态变化。

2. 如表示分类项目比较，当类别名称较长时，使用条形图

当需要对比的类别不是时间，并且类别名称比较长时，采用柱形图可能会导致名称显示拥挤，甚至会出现坐标轴标签重叠或倾斜的情况，这会给读者带来阅读上的困难，如图6-5所示。为了解决这个问题，我们可以考虑使用条形图来表示分类项目的比较。

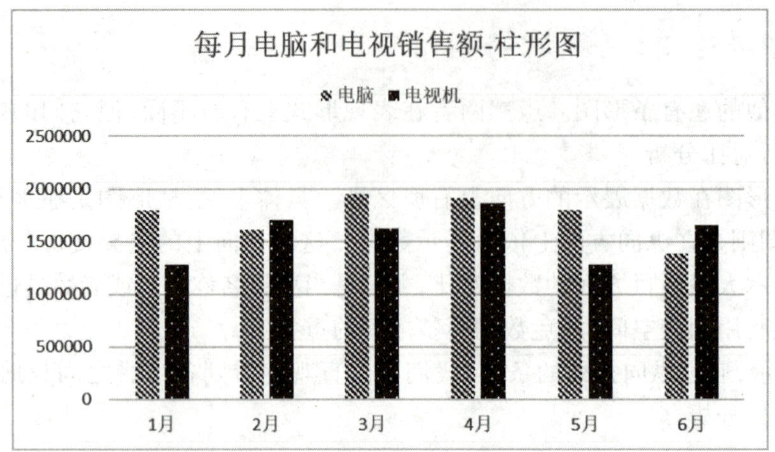

图 6-3　用柱形图展示

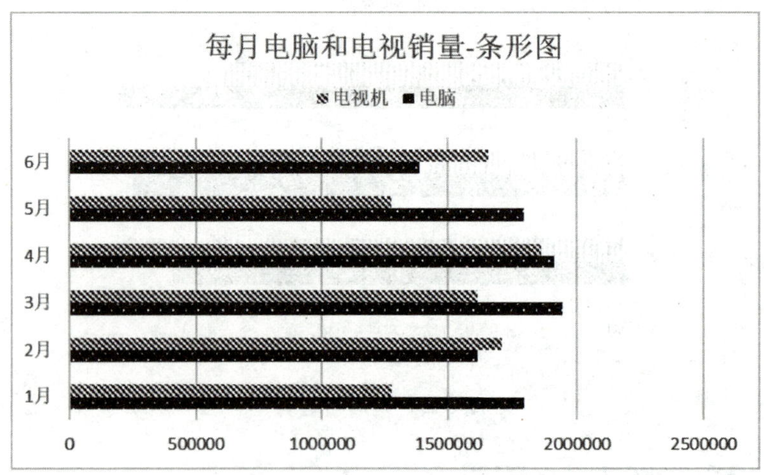

图 6-4　使用条形图展示

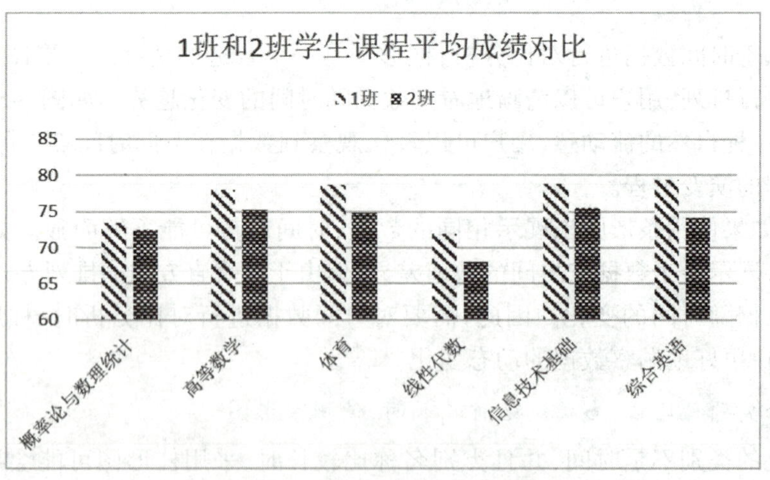

图 6-5　类别名称显示过长

条形图是一种适合展示分类项目之间数据差异的可视化工具。与柱形图相比,条形图在展示分类项目的数据时,可以更有效地利用图表空间,避免标签之间的重叠。尤其当类别名称较长时,使用条形图可以确保标签的清晰可读,提高图表的可读性和可理解性。

这种情况就应该将柱形图转换为条形图,如图 6-6 所示,这样类别名称即使再长也能够正常显示,这是柱形图与条形图的一大区别。

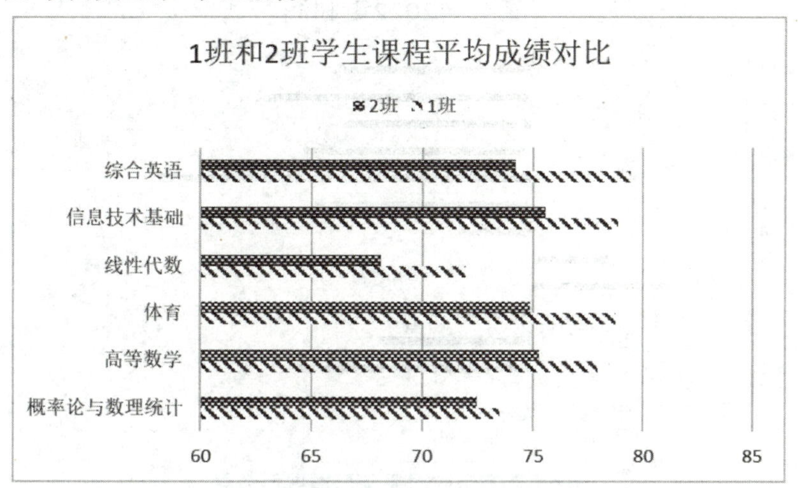

图 6-6 类别名称较长时以条形图展示

3. 当有负数数据时,使用柱形图

如果数据集中包含负数数据,那么选择柱形图进行数据可视化是较为合适的选择。柱形图通过以 X 轴为基准,将正数数据展示在 X 轴上方,而将负数数据展示在 X 轴下方的方式,能够很自然地表达负数数据的存在。这种展示方式使读者可以直观地感受数据的正负属性,并且便于进行数值大小的比较。如图 6-7 所示,柱形图清晰地展示了正负数据之间的关系,从而有助于更深入地进行数据分析和解读。因此,在面临包含负数数据的数据分析任务时,我们可以优先考虑使用柱形图来进行可视化展示。

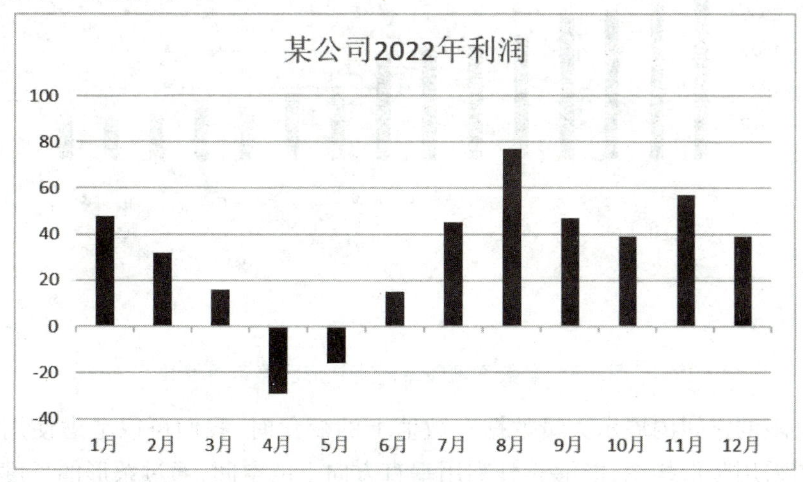

图 6-7 有负数时用柱形图展示

条形图在展示负数数据时，通常会将负数显示在左侧。然而，如果不特别进行标注说明，很难直观地意识到这些数据是负数。如图6-8所示，尽管条形图也能够展示正负数据的差异，但在对负数进行可视化时可能不如柱形图那样直观和自然。因此，当数据集中包含负数时，在选择可视化工具时需要充分考虑展示效果和数据分析需求，以确保能够有效地传达数据中的关键信息。

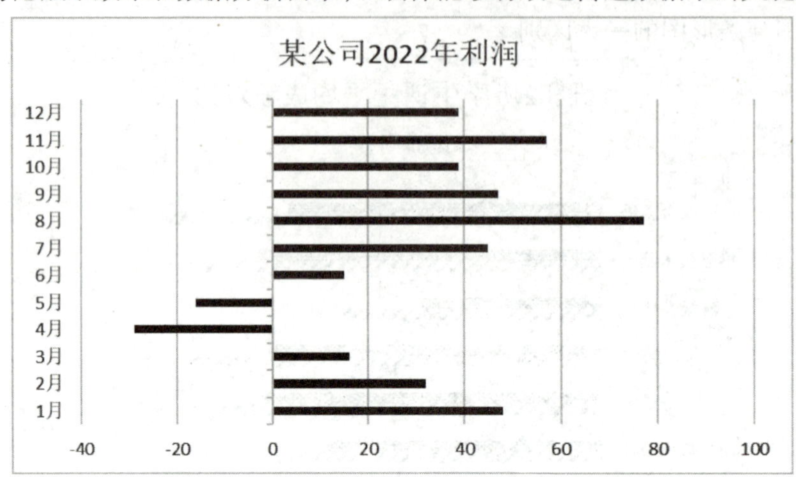

图6-8　有负数时用条形图展示效果

4. 当数据项较多时，使用条形图

柱形图通常通过水平方向组织类别，垂直方向组织数值的方式，利用柱子的高度来直观地展示数据之间的差异。由于人类肉眼对高度差异较为敏感，柱形图在数据项较少时具有很好的辨识效果，易于解读。然而，当数据项较多时，使用柱形图可能会导致展示过于拥挤，不易于观察和分析，如图6-9所示。

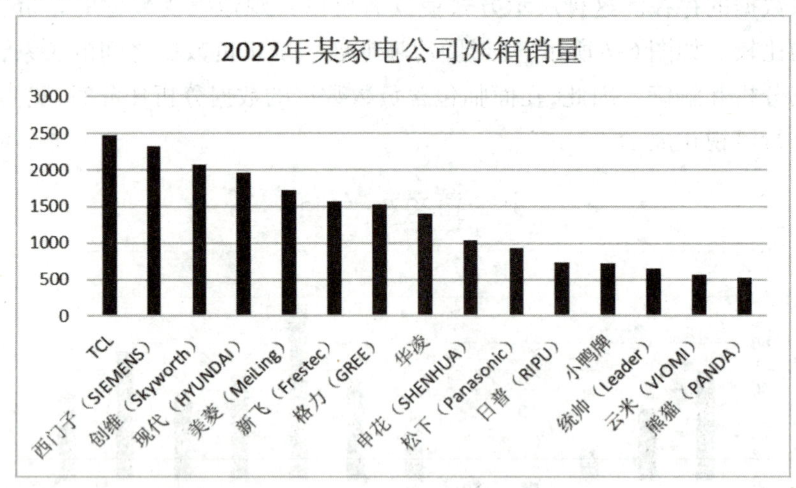

图6-9　当数据项较多时用柱形图展示效果

当需要在有限的空间内展示大量数据在数值上的变化时，我们可以考虑使用条形图来进行可视化。条形图采用竖形构图，能够充分利用垂直方向上的空间，通过条形的长度来展示数据的差异。这种构图方式可以有效地减轻图表的空间局促感，使得大量数据能够在有限的空间内得

到清晰的展示。如图 6-10 所示，通过条形图，我们可以直观地看到每个数据项在数值上的变化情况，从而更好地理解和分析数据。

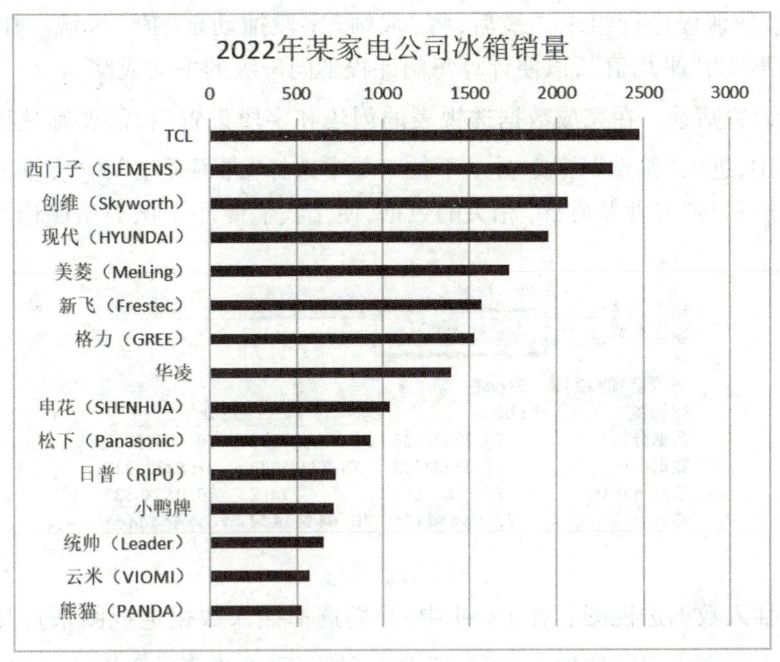

图 6-10　当数据项较多时用条形图展示效果

例 1　比较两个班级的平均分差异。

步骤 1▶　创建数据透视表。以学生成绩表为数据源，打开素材文件“第 6 章 – 学生成绩表”，创建一个透视表，如图 6-11 所示，然后设置透视表字段。

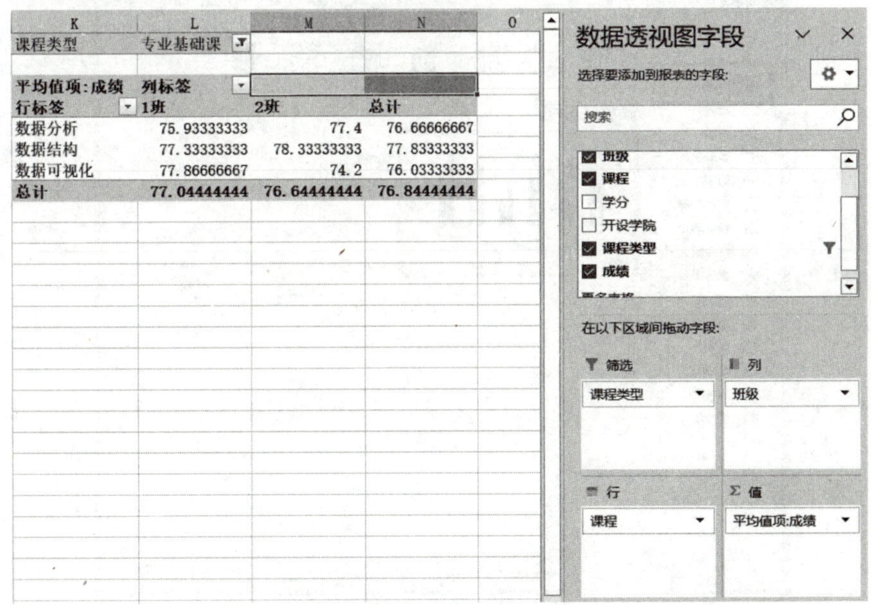

K	L	M	N
课程类型	专业基础课		
平均值项:成绩	列标签		
行标签	1班	2班	总计
数据分析	75.93333333	77.4	76.66666667
数据结构	77.33333333	78.33333333	77.83333333
数据可视化	77.86666667	74.2	76.03333333
总计	77.04444444	76.64444444	76.84444444

图 6-11　创建数据透视表

将“课程类型”字段拖动至“筛选”区域，这样可以根据需要选择特定的课程类型进行数据分析。将“班级”字段放置在“列”区域，以便在图表中展示不同班级的数据。将“课程”字段放置在“行”区域，数据按照课程进行组织。最后，将“成绩”字段拖动至“值”区域。在“值字段设置”中，选择“计算类型”为“平均值”，以便计算每门课程不同班级的平均成绩。

步骤2▶ 设置筛选。在完成数据透视表的创建和字段设置后，需要筛选课程类型。在图6-12所示的界面中，进入“筛选”区域，并从下拉菜单中选择“课程类型”为“专业基础课”。这样，数据透视表将仅展示与“专业基础课”相关的数据，便于我们专注于该类型课程的数据分析和可视化。

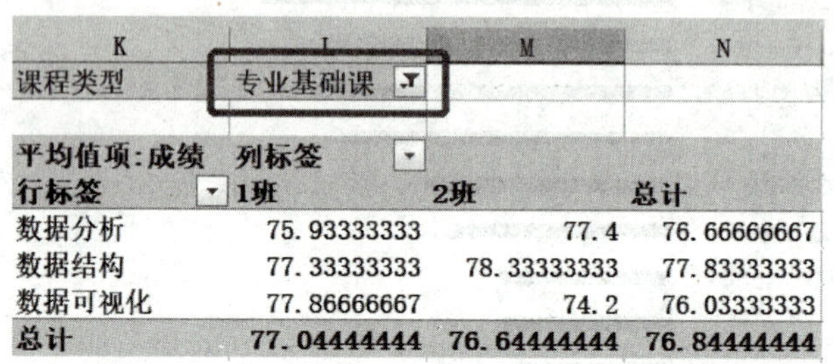

K	L	M	N
课程类型	专业基础课		
平均值项:成绩	列标签		
行标签	1班	2班	总计
数据分析	75.93333333	77.4	76.66666667
数据结构	77.33333333	78.33333333	77.83333333
数据可视化	77.86666667	74.2	76.03333333
总计	77.04444444	76.64444444	76.84444444

图6-12 筛选

步骤3▶ 插入数据透视图。在Excel中，我们选择插入数据透视图来直观地展示数据透视表中的数据。通过点击相应选项，在图6-13所示的界面中，选择柱形图作为图表类型。

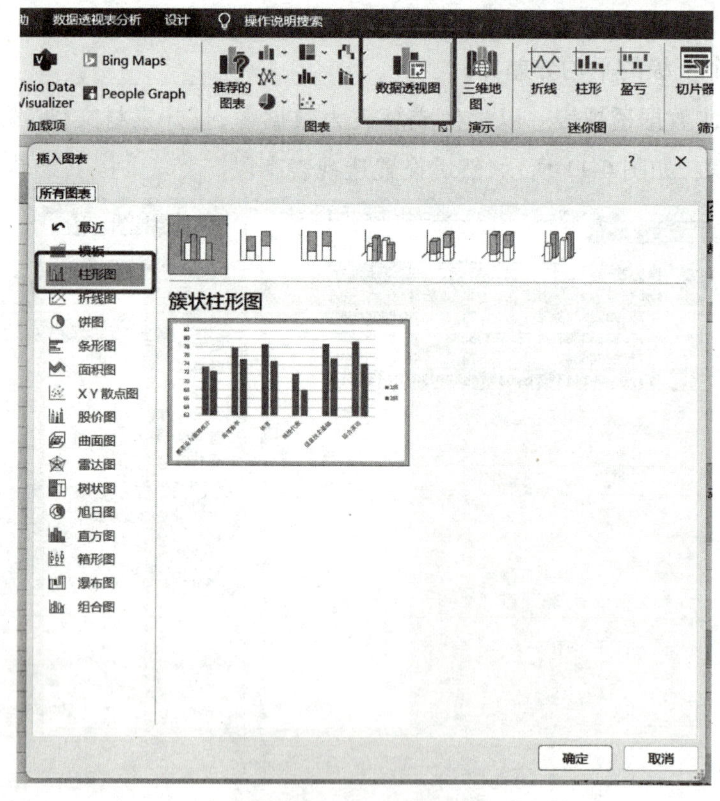

图6-13 选择图表类型

根据所选数据和图表类型,Excel 自动生成了初始的数据透视图,如图 6-14 所示。这个原始图表呈现了数据的基本分布和趋势,可能还需要进一步的调整和优化,以适应特定的数据分析需求。

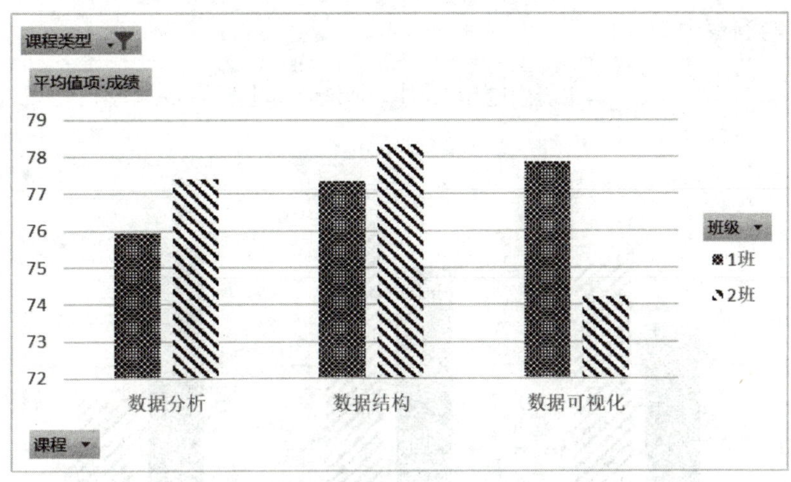

图 6-14 生成的原始图表

步骤 4▶ 进行图表美化。在进行 Excel 数据分析和数据可视化时,图表的美化是一个不可忽视的环节。通过适当地调整和优化,我们可以使图表更加清晰、美观,从而更有效地传递信息。以下是三个常用的图表美化操作:

(1)设置标题:为图表添加一个明确的标题是至关重要的。标题应该简洁明了地描述图表的主要内容或目的。通过点击图表工具栏中的"布局"或"设计"选项,可以轻松地为图表添加标题。要确保标题位于图表的顶部或底部中央位置,使用醒目的字体和适当的字号,以便读者能够迅速注意并理解图表的主题。

(2)调整图例位置到顶部:图例在图表中起着解释和标识数据系列的作用。默认情况下,图例可能出现在图表的右侧或底部,但有时这可能会遮挡部分数据或使图表显得拥挤。为了改善图表的视觉效果和信息清晰度,建议将图例位置调整到顶部。这样,图例不会干扰数据的展示,同时仍然方便读者参考。

(3)隐藏暂时不需要的按钮:Excel 图表工具栏中包含大量的功能和选项,但并不是每次创建图表时都需要,过多的按钮和选项可能会使工具栏显得杂乱无章,增加用户操作的复杂度。为了简化界面并提高工作效率,可以选择隐藏暂时不需要的按钮。通过右键点击工具栏,选择"自定义工具栏",在弹出的窗口中可以勾选或取消勾选相应的按钮,可以根据个人或特定任务的需要来调整工具栏的显示内容。

如图 6-15 所示。这样的图表不仅易于理解,还能有效地传达数据分析的结果。

6.2 堆积图

当需要展示同一类别下不同子项数据的占比或累积效果时,堆积图便成为了一个不可或缺的工具。堆积图通过将各个子项的数据堆叠在一起,形成直观的柱状或条状结构,帮助读者一眼洞悉数据的分布和累积趋势。接下来,我们将深入探索堆积图的使用方法和技巧,解锁它在复杂数据对比分析中的强大潜力。通过本节的学习,将能够更加灵活地运用堆积图,为数据可视化分析增添更多层次的洞察力。

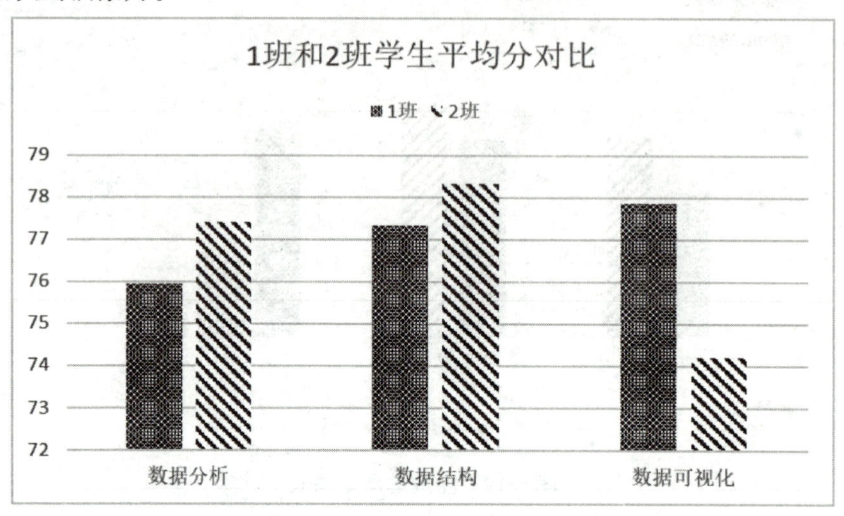

图 6-15　美化后的图表

6.2.1　堆积图定义

堆积图是一种在数据分析和可视化中广泛应用的图表类型,尤其适用于对同一组数据内部的不同组成部分进行对比分析。通过将各数据系列按照其数量进行堆积汇总,堆积图提供了一种直观的方式来展示数据点之间不同成分的数量差异。堆积图不仅可以进行数据总量的对比,还能够揭示数据内部结构的不同成分的数量差异。

在堆积图中,每个数据系列都根据自身的数值大小进行堆积,从而形成一个汇总的柱形图或条形图。这种堆积的方式使得读者可以轻松地对比不同数据系列之间的总量差异。通过观察柱形或条形的高低或长短,可以直观地辨识出哪个数据系列在总量上占据主导地位,以及哪些系列相对较少。

此外,堆积图还具有展示每个柱形或条形上不同成分数据量大小的优势。由于各数据系列是按照数量进行堆积的,可以通过观察每个柱形或条形内部不同颜色的分段来了解不同成分的具体数值。这种分段的展示方式让我们能够深入到数据的细节层面,对不同成分在整体中的占比进行分析。

以图 6-16 所示的柱形图为例,可以将其修改为如图 6-17 所示的堆积柱形图,以进一步深入分析和可视化数据。通过采用堆积柱形图,我们可以在单一的图表中同时展示整体变化和各个部分所占比重及其变化趋势。

在图 6-17 的堆积柱形图中,每个柱形由多个分段组成,每个分段代表不同的数据系列或组成部分。通过对比不同柱形的高度,我们可以直观地看出整体数据的变化趋势,即哪些柱形较高,哪些较低,从而了解不同数据点之间的总量差异。

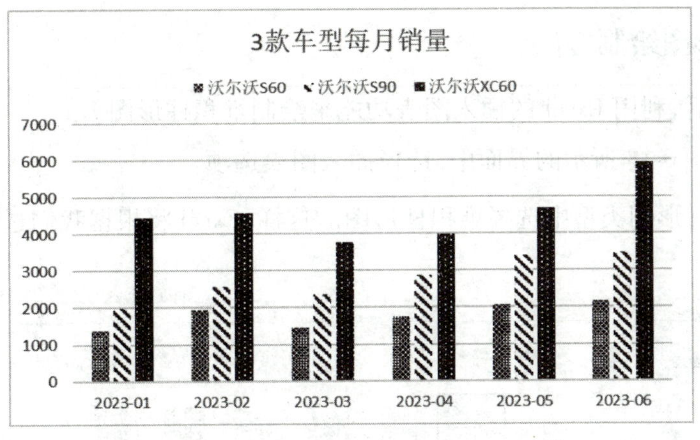

图 6-16　普通柱形图

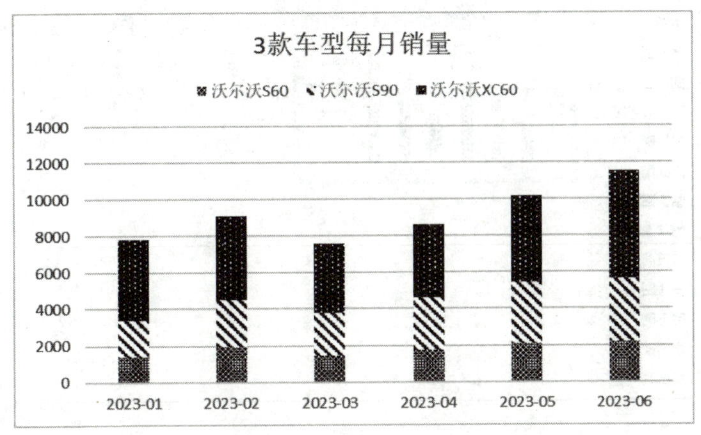

图 6-17　堆积柱形图

此外,堆积柱形图还允许我们观察每个柱形内部不同部分的数据量大小。通过柱形内部的分段,可以清晰地看到每个部分在整体中的占比情况。这种分段的展示方式使我们能够更深入地了解数据的内部结构,发现可能存在的模式和关系。

然而,需要注意的是,当分类数量过多时,堆积图表可能会变得拥挤和复杂。柱形或条形内的分段过多会导致图表难以辨识,甚至可能引起视觉上的混乱。每个分类所占的空间会变小,使得数据展示受到限制。这可能会导致一些重要的数据细节被掩盖或忽略,从而影响到对数据的准确解读。在这种情况下,堆积图表可能无法有效地传达数据的全部信息,会降低图表的易读性和分析效果。

在使用堆积图表进行数据可视化时,需要注意分类的数量。如果分类过多,可以考虑采用其他可视化方法,以适应不同的数据特点和分析需求。此外,对于大量分类的数据,还可以考虑使用交互式的可视化工具,使用户能够通过缩放、过滤或交互操作来更好地探索和理解数据。

简而言之,堆积图表是一种用于多组数据比较的可视化工具,其独特之处在于能够更加强调一组数据中部分与整体之间的关系。通过堆积的方式展示数据,读者可以直观地看到不同部分在整体中的占比和分布情况,从而更好地理解数据的构成和结构。

6.2.2 堆积柱形图绘制方法

数据汇总完成后，利用 Excel 的插入图表功能来绘制堆积柱形图。

步骤 1▶ 在图 6-18 所示的界面中，选择插入图表选项。

步骤 2▶ 在柱形图类型中选择堆积柱形图。这样，Excel 将根据我们选择的数据自动创建一个堆积柱形图。

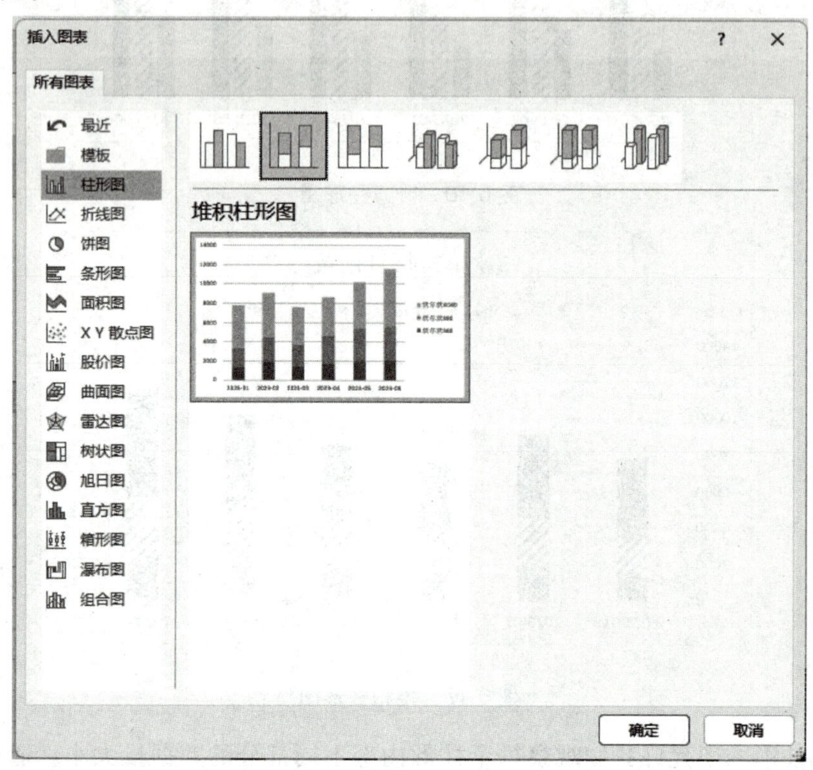

图 6-18 堆积柱形图绘制方法

6.3 漏斗图

当需要追踪一系列流程中的数据变化，特别是关注各环节之间的转化效率时，漏斗图便成为了一个非常直观且有效的选择。漏斗图以其独特的形状和视觉布局，能够清晰地揭示数据在流程中的逐步减少或筛选情况，为业务决策提供有力的支持。

6.3.1 漏斗图特点

漏斗图是一种在数据分析中常用的可视化工具，其主要特点是对各业务流程中各个环节的数据进行对比分析。它特别适用于业务流程相对规范、周期较长、环节较多，并且流程数据有明显变化且具有对比分析意义的场景。常见的应用场景包括销售分析、互联网运营流量转化跟踪等。

漏斗图通过直观地展示各个业务环节的数据，使用户能够迅速发现和说明问题所在。在业务分析中，漏斗图通常被用于进行转化率的比较。它不仅可以展示从最初流程到最终流程的整体转化率，还能够展示各个流程之间的转化率，帮助分析人员找出转化率低下的环节，从而进行优化和改进。

漏斗图的形状类似于一个漏斗，宽口表示最初的业务流程，窄口表示最终的转化结果。通过观察漏斗图中不同环节的宽度变化，可以直观地看出在整个业务流程中哪些环节存在数据瓶颈或流失较多的情况。这对于企业而言非常有价值，因为它可以帮助企业识别并解决业务流程中的问题，提高工作效率和转化效果。

漏斗图还具有易于理解和解读的优势。由于其直观的视觉效果，漏斗图能够清晰地传达数据分析的结果，使非专业人士也能够快速理解业务流程中的数据变化情况。因此，漏斗图在业务分析和决策中扮演着重要的角色，能帮助企业更好地理解业务流程，优化运营策略并做出数据驱动的决策。

漏斗图最常见的分析场景主要包括电商网站、营销推广和CRM(客户关系管理)。在电商网站中，漏斗图被广泛用于通过转化率比较来充分展示用户从进入网站到最终实现购买的整个过程中的转化率。通过追踪用户在浏览、加入购物车、结算和支付等各个环节的行为，漏斗图能够清晰地揭示出哪些环节存在瓶颈或流失，从而帮助电商网站优化用户体验，提高购买转化率，增加销售额。

在营销推广领域，漏斗图主要用于反映搜索营销的各个环节的转化情况。从广告的展现量、点击量、访问量、咨询量，直到最终生成订单的过程中，漏斗图能够清晰地展示各个环节之间的转化率和客户数量的变化情况。这有助于营销团队识别出广告效果不佳的环节，调整投放策略，提高广告效果和ROI(投资回报率)。

在CRM系统中，客户销售漏斗图被用来展示各个阶段客户的转化情况。从潜在客户、意向客户、商机阶段到最终成交客户的各个阶段，漏斗图能够直观地揭示客户在不同阶段的转化率和流失情况。这有助于销售团队更好地了解客户需求和购买行为，制定针对性的销售策略，提高客户满意度和成交率。

6.3.2 漏斗图制作步骤

漏斗图属于堆积条形图的一种变形，如图6-19所示，它沿用了堆积条形图的基本结构，但对其进行了有针对性的改进。通过将堆积条形图中第一个部分(通常代表最初的流程或环节)的颜色设为透明，后续的环节数据得以呈现，形成了一个上宽下窄的漏斗形状。这种设计不仅使得从最初流程到最终流程的数据变化情况一目了然，同时也强调了各流程之间的转化率，使得数据分析更加直观和深入。

例2 制作招聘各环节转化率漏斗图。

步骤1▶ 计算占位数。打开素材文件“第6章–招聘环节数据”，在原来数据的基础上增加新的一列，命名为占位数。如图6-20所示，占位数的主要作用是为了在堆积条形图中创建一个视觉上的“填充”效果，确保图表的形状更接近于传统的漏斗。从数据结构的角度来看，占位数需要被放置在“人数”列的左侧。

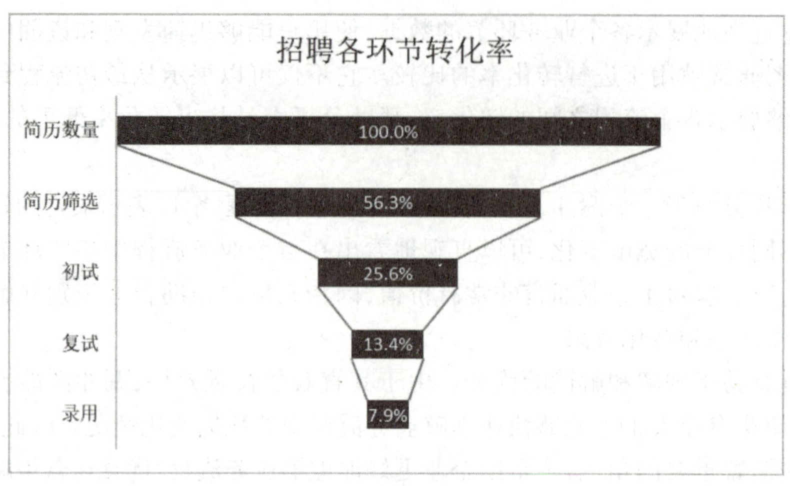

图 6-19　漏斗图

计算占位数的公式为:占位数 =(初始值 - 当前环节数量)/ 2。以图 6-20 为例,如果在招聘环节收到了 254 份简历,则初始值为 254。在简历筛选环节的数量减少到了 143,那么该环节的占位数就是(254 - 143)/2 = 55.5。

步骤 2▶ 计算转化率。为了更直观地展示数据在业务流程中的转化效率,需要引入一个新的指标,即“转化率”。这个指标可以帮助我们清晰地看到业务流程从开始到结束,数据是如何逐步减少或转化的。

在实际操作中,只需在 Excel 的原始数据表旁边增加一个新的列,命名为“转化率”,转化率的计算方式相对直接:转化率 = 当前环节数量/初始值。

以图 6-21 为例,如果在招聘环节收到了 254 份简历,到了复试环节,这一数量减少到了 34,那么这一环节的转化率就是 34/254 = 13.4% 。

B2　=(254-C2)/2

	A	B	C	D
1	招聘流程	占位数	人数	转化率
2	简历数量	0	254	100.0%
3	简历筛选	55.5	143	56.3%
4	初试	94.5	65	25.6%
5	复试	110	34	13.4%
6	录用	117	20	7.9%

图 6-20　增加辅助列“占位数”

D2　=C2/254

	A	B	C	D
1	招聘流程	占位数	人数	转化率
2	简历数量	0	254	100.0%
3	简历筛选	55.5	143	56.3%
4	初试	94.5	65	25.6%
5	复试	110	34	13.4%
6	录用	117	20	7.9%

图 6-21　增加辅助列“转化率”

步骤 3▶ 插入堆积条形图。有了之前步骤中计算得到的“占位数”和“转化率”,以及原始的“人数”数据,现在可以进行图表的实际制作了。

如图 6-22 所示,在 Excel 的数据表中选中“招聘流程”、“占位数”和“人数”这三列数据。这些数据将作为漏斗图的基础数据。其中“招聘流程”列包含不同流程或阶段的标识,“占位数”和“人数”列则分别表示每个阶段对应的占位数据和实际人数。

在选中这些数据后,转向 Excel 的“插入”菜单,在其中选择“堆积条形图”作为图表的类型。插入堆积条形图后,会看到“招聘流程”的每个阶段都对应了一个由两部分组成的条形:一部分代表“占位数”，另一部分代表“人数”。这样的图表已经初具漏斗图的雏形了。

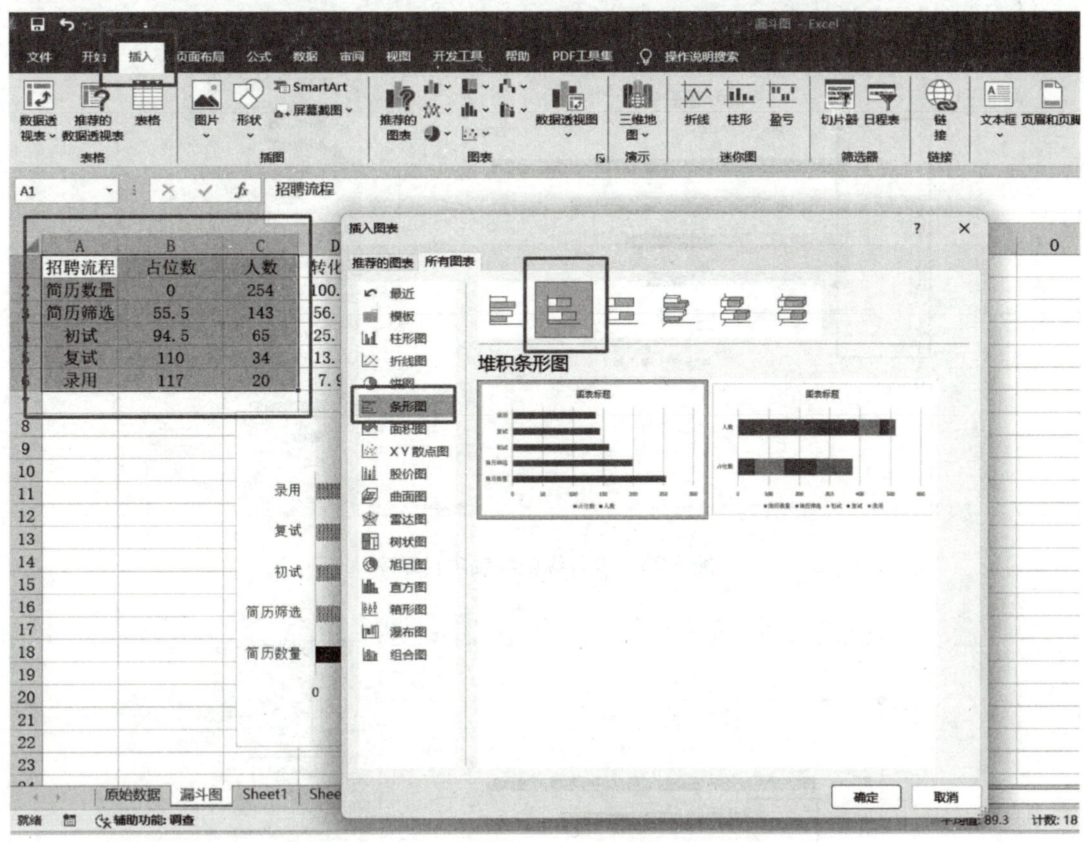

图 6-22　插入堆积条形图

步骤 4▶　设置纵坐标轴项目顺序。如图 6-23 所示，插入堆积条形图后可以发现，漏斗的方向是反的，不符合常规的漏斗图从上到下逐渐减小的形态。为了解决这个问题，需要对纵坐标轴进行调整。

选中纵坐标轴。在 Excel 中，可以通过点击图表中的纵坐标轴来实现选中。选中后，会看到 Excel 的功能区中出现了一个“设置坐标轴格式”的任务窗格。

在这个任务窗格中，有一个“坐标轴选项”组，其中包含多个复选框和设置选项，用于对坐标轴进行各种自定义设置。为了调整纵坐标轴的顺序，我们需要在“坐标轴选项”组中找到并勾选“逆序类别”复选框。

当勾选“逆序类别”复选框后，Excel 会自动将纵坐标轴上的类别（即漏斗图的各个阶段）进行逆序排列。这样，原本在底部的阶段会被移到顶部，而原本在顶部的阶段则会移到底部，从而使得漏斗图的方向恢复正常，符合从上到下逐渐减小的常规形态。

步骤 5▶　设置“占位数”系列格式。为了使漏斗图呈现出更加清晰、简洁的视觉效果，需要将占位系列的填充设置为“无填充”，如图 6-24 所示，鼠标点击图表中的“占位数”数据系列后，Excel 的功能区呈现出“设置数据系列格式”的任务窗格，在“填充”选项卡中将填充设置为“无填充”。完成这一设置后，占位系列将转变为透明状态，会让实际数据系列得以更为突出的展现。

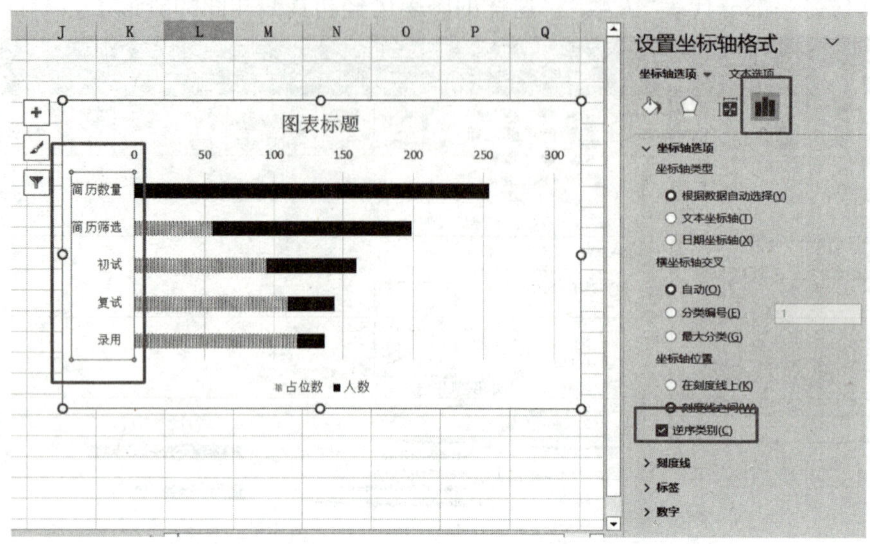

图 6-23　设置纵坐标轴项目顺序

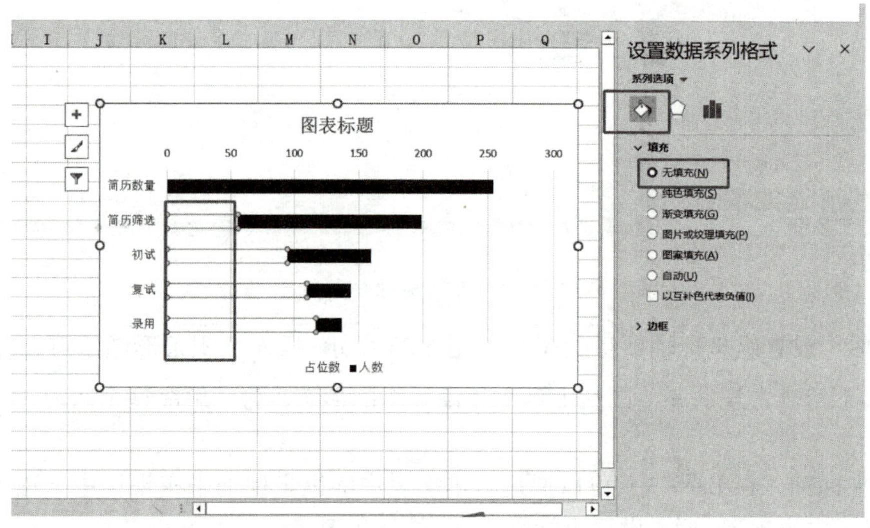

图 6-24　设置占位数系列格式

步骤 6▶　美化图表。当完成了漏斗图的基本构建后，为了使图表更加简洁、专业，并凸显数据的核心信息，需要对其进行一系列的元素调整和优化。

如图 6-25 所示，这一步骤涉及多个操作。首先是删除坐标轴、图例和网格线。这些元素在某些情境下可能是必要的，但在漏斗图中，它们的存在可能会干扰到数据的解读。通过点击“图表设计”菜单中的“添加图表元素”，可以找到相应的选项来移除这些不必要的元素。

接下来是添加系列线。系列线能够很好地分隔不同的数据系列，提高数据的辨识度。同样，在“图表设计”菜单的“添加图表元素”中，可以找到并勾选“系列线”选项，为漏斗图增加这一重要的视觉分隔元素。

最后是对图表标题的编辑。一个简洁明了的标题不仅能够概括图表的核心内容，还能够为

读者提供一个阅读的方向。在“图表设计”菜单中,找到“图表标题”选项,点击后选择合适的标题样式并进行相应的编辑。

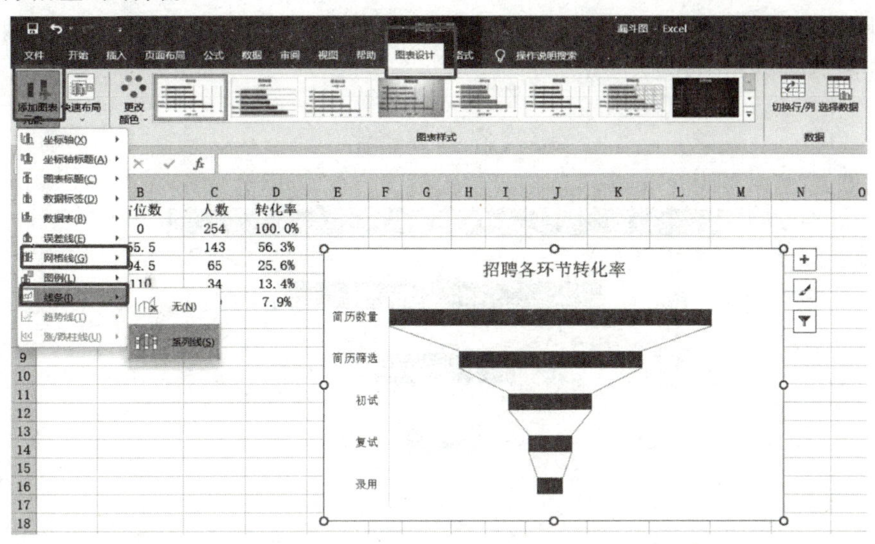

图 6-25 美化图表

步骤 7▶ 添加数据标签。如图 6-26 所示,首先选中表示实际人数所在的数据系列,接下来在 Excel 的功能区中找到并点击“添加数据标签”的选项,数据标签便会自动出现在数据系列的上方。

默认的数据标签只显示基本的数值,为了将转化率放在漏斗图柱子上,需要对其进行进一步的设置。打开“设置数据标签格式”任务窗格,找到“标签选项”组“单元格中的值”复选框,勾选这个复选框后,点击其右侧“选择范围”按钮,会弹出“数据标签区域”对话框。

回到工作表界面,选中包含转化率数据的区域,这一操作可以通过鼠标拖动进行选择,确保已选中正确的数据区域后,点击“确定”按钮。

完成上述操作后,返回到漏斗图的编辑界面。这时,数据标签已经更新为我们选中的转化率数据。这样,每一个阶段的转化率都直观地显示在对应的数据标签中,为数据的解读和分析提供了极大的便利。

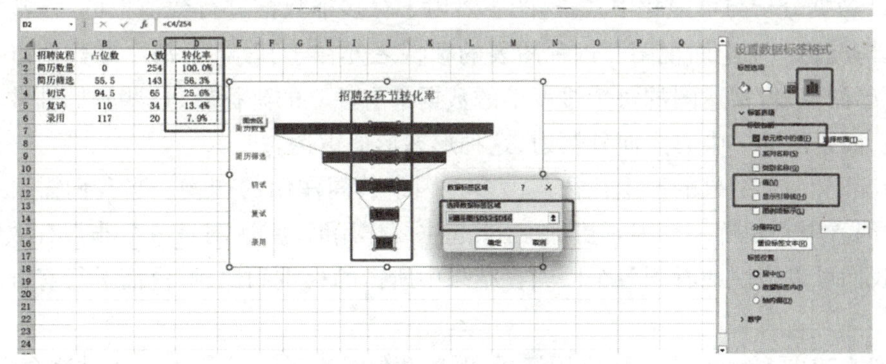

图 6-26 添加数据标签

步骤 8▶ 调整数据标签字体颜色。默认的字体颜色可能与图表的整体风格不够协调,因此需要对其进行调整。点击图表并选中数据标签,在格式设置选项中,点击字体颜色控件,会弹出一个颜色选择器,可以选择适合图表风格和数据标签阅读的颜色。为了获得最佳的视觉效果,建议选择与图表背景形成对比的颜色,以确保数据标签在图表中清晰可见。本案例将字体颜色设置为白色,最终效果如图 6-27 所示。

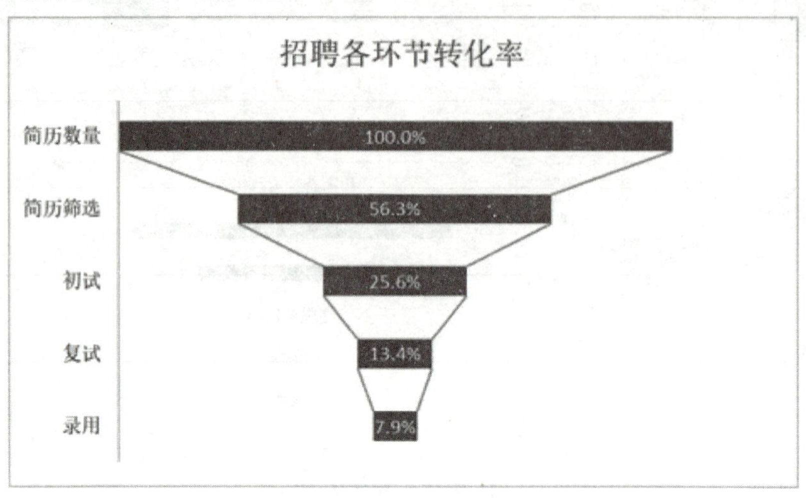

图 6-27　漏斗图最终效果

6.4　雷达图

当需要同时比较多个定量变量的场景时,雷达图能提供一个全新的视角。雷达图,又称为蜘蛛网图,以其辐射状的轴线布局和闭合的多边形形状,能够同时展示多个变量的数据情况。接下来,将详细介绍雷达图的构建方法、解读技巧以及适用场景,进一步拓展数据可视化的工具箱。通过本节的学习,你将能够更加灵活地运用雷达图,为复杂数据的对比分析增添新的维度。

6.4.1　雷达图定义

在 Excel 数据分析与可视化中,雷达图主要用于对多维数据进行数值上的直观对比,它能够提供对整体情况的一个全面视图。这种图表的独特之处在于其结构:每一个数据点在雷达图上都能找到自己的位置,雷达图的每个维度上的数据都有独立的坐标轴,这些坐标轴并不是常见的直角坐标系,而是从同一中心点向外辐射,这种形态形似雷达。

通常情况下,一个结果的产生往往是由多种因素共同作用的产物。当我们需要在造成某个结果的多种因素中判断哪一个因素更加突出、起主要作用时,雷达图是一个非常有效的工具。通过雷达图,我们可以直观地看到各个因素在结果中所占的权重和比例,进而进行有针对性的分析和优化。

例如,图 6-28 展示了一个实际应用场景:对比两位员工的不同能力。通过这个雷达图,可以迅速识别两位员工在各个能力维度上的相对强弱,员工 A 的自信心和学习力更强,员工 B 的责任心和适应力更强。这样的可视化呈现不仅使得对比更为直观,也能加速决策过程,帮助管理者

更快地识别员工的优点和需要改进的地方。

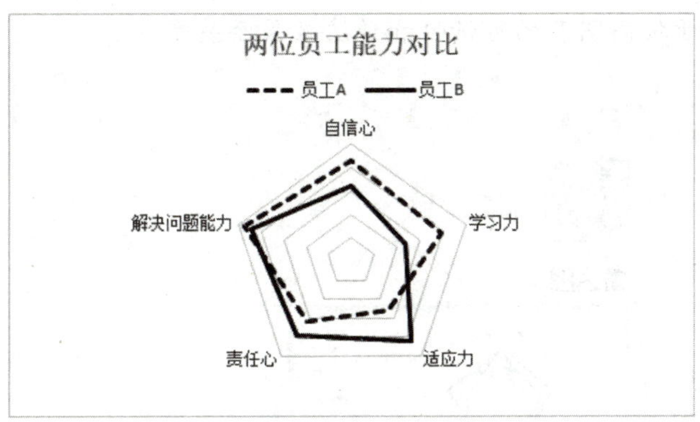

图 6-28　雷达图示意

6.4.2　雷达图绘制方法

Excel 作为一款强大的数据处理和分析工具，提供了丰富的数据可视化选项，其中包括雷达图。通过 Excel，用户可以方便地生成雷达图来直观展示多维数据。要实现这一功能，首先需要准备好原始数据。

例 3　制作招聘数据雷达图。

步骤 1▶　如图 6-29 所示，打开素材文件“第 6 章 – 招聘环节数据”，在准备原始数据时，需要确保数据以适当的格式进行排列。通常，雷达图的数据格式是一个二维表格，其中包含不同的数据维度和相应的数值。每个数据维度在表格中占据一列，而数值则按行排列。

	A	B	C
1	能力分类	员工A	员工B
2	自信心	86	65
3	学习力	79	48
4	适应力	52	85
5	责任心	63	79
6	解决问题能力	95	88

图 6-29　雷达图原始数据

图 6-29 展示了一个原始数据格式。对比两位员工在不同能力维度上的得分。表格的第一列包含了能力维度的标签，如“自信心”“学习力”等。后续的列则分别对应每位员工在各个维度上的得分。

步骤 2▶　在插入图表中选择雷达图。如图 6-30 所示，利用 Excel 的插入图表功能来生成雷达图。在 Excel 的功能区中，选择“插入”选项卡，然后点击“图表”按钮。在弹出的图表类型中，找到并点击“雷达图”选项。Excel 会根据选中的数据和图表类型自动生成雷达图。

本章小结

本章介绍了柱形图、条形图、堆积图、漏斗图和雷达图等图表类型的使用方法与注意事项。这些图表类型在 Excel 中广泛应用于数据的对比分析和可视化展示，对于揭示数据间的差异、关系和趋势具有重要意义。

通过本章的学习，读者能掌握如何根据数据特点选择合适的图表类型，并遵循相应的设计规范来制作出清晰、准确、美观的图表。同时，读者也应该理解不同图表类型在数据对比分析中的优势和局限，能够根据实际需求灵活运用。

此外，本章还强调了图表设计中的一些重要原则，如突出主要信息、保持简洁明了、避免误导性设计等，这些原则对于提高图表的可读性和传达效果至关重要。

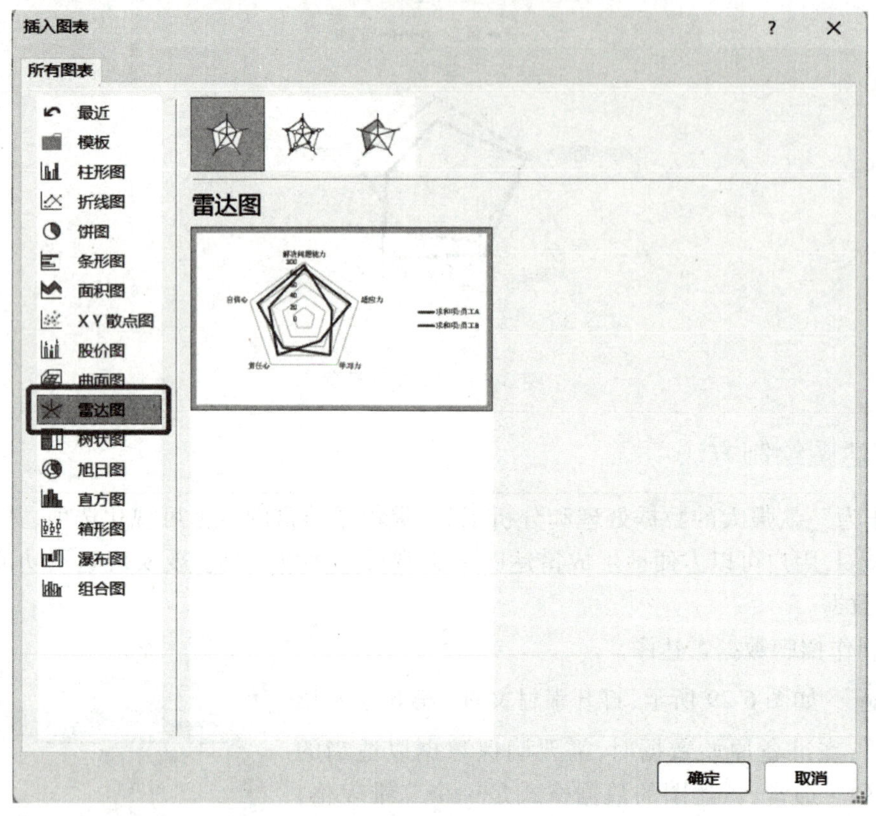

图 6-30　在插入图表中选择雷达图

1. 打开素材文件“第 6 章练习题 - 1”，根据案例数据，自定分析内容，制作柱形图、条形图、堆积图、雷达图。

2. 打开素材文件“第 6 章练习题 - 2”，根据案例数据，制作漏斗图。

第7章　趋势分析与可视化

学习目标

(1)深入了解趋势分析的应用场景。理解在何种情况下需要进行趋势分析,以及趋势分析的意义和价值;

(2)掌握常用的图表绘制方法,包括折线图、面积图、散点图、气泡图、热力图等。学会如何根据数据类型和分析目的选择合适的图表类型,并绘制出清晰、易读的图表;

(3)掌握使用数据透视表对原始数据进行统计和汇总的方法。学会如何利用数据透视表对数据进行分组、筛选和计算,从而得到需要的对比结果。

思政目标

(1)深刻理解数据背后的逻辑和规律,培养基于数据进行科学决策的能力,为未来的学习和工作打下坚实基础;

(2)始终强调数据的真实性、准确性和完整性,保持诚信态度,遵守职业操守,树立正确的价值观和职业道德观。

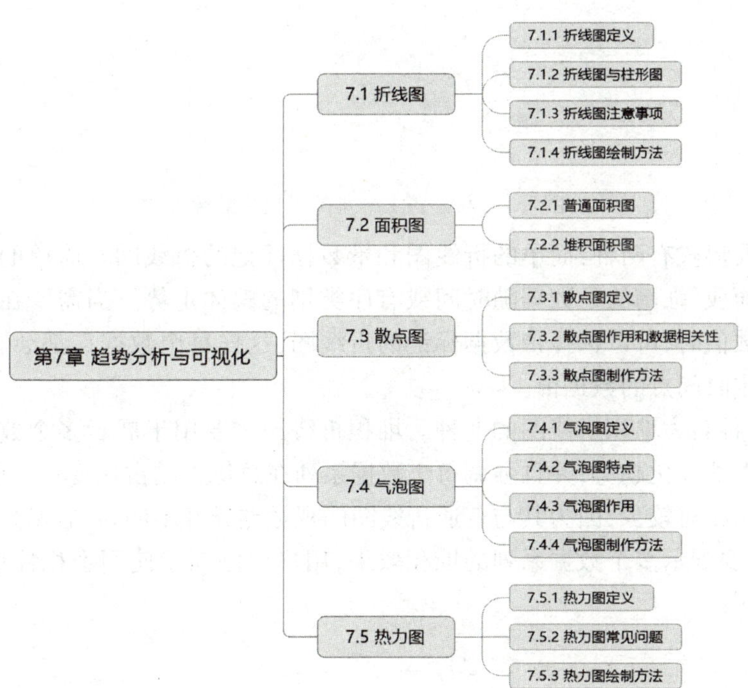

7.1 折线图

在探索数据趋势的过程中,经常会遇到需要展示数据随时间或其他连续变量变化的情况。在这其中,折线图作为一种基础且强大的可视化工具,能提供一种直观的方式来呈现数据的动态趋势。通过折线图,可以清晰地看到数据点之间的连接,进而理解数据的起伏、周期和潜在规律。接下来,我们将深入探讨折线图在趋势分析中的应用,包括其构建原理、关键要素以及优化技巧。通过本节的学习,你将能够更加熟练地运用折线图来揭示数据背后的故事,为决策提供有力的数据支持。

7.1.1 折线图定义

折线图在 Excel 数据分析与可视化中适用于展示数据的趋势变化情况,如图 7-1 所示,它清晰地描绘了某公司上半年每月的销售数量变动,能帮助读者直观地了解销售状况的时间序列变化。

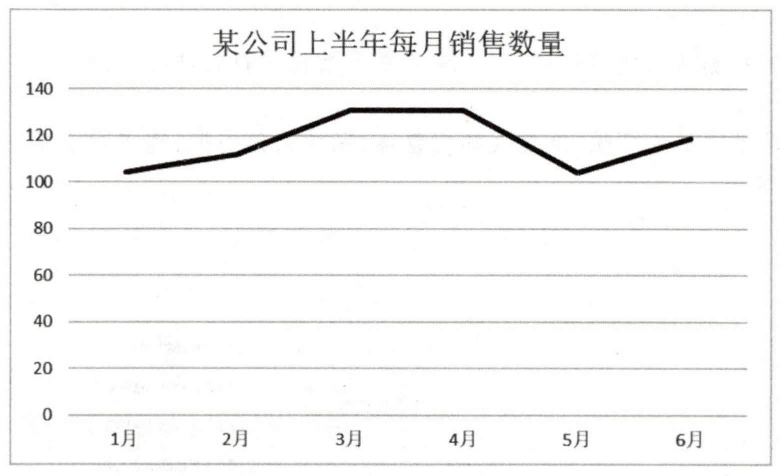

图 7-1 某公司上半年每月销售数量

折线图的主要形式有两种:简单的折线图和带数据标记的折线图。简单的折线图主要由线段连接各数据点而成,强调的是数据随时间或有序类别的整体走势。当需要在图中明确标注每个数据点的具体数值时,可以选择带数据标记的折线图,这样每个数据点都会有一个标记,方便读者直接读取特定时间点的数据值。

此外,还有一种名为堆积折线图的变种。堆积折线图主要用于展示多个数据系列在同一时间段或有序类别上的变化趋势,并且强调每个数据系列在总体中的占比变化。但是,堆积折线图在实际应用中使用相对较少,因为其与普通折线图的视觉差异并不明显,容易造成混淆。在大多数情况下,如果需要展示多个数据系列的堆积效果,用户更倾向于使用堆积柱形图,因为其视觉效果更为直观和明确。

7.1.2 折线图与柱形图

在进行 Excel 数据分析时，经常需要基于时间变化而变动的数值创建图表，以便更好地理解和呈现数据。在这个过程中，有两种主要的图表类型可供选择：即折线图和柱形图。

折线图是一种强调起伏变化趋势的图表类型，非常适合表示连续型时间序列。通过折线图，可以清晰地看到数据点之间的连接，从而更容易地识别出数据随时间变化的趋势。折线图不仅能够展示数据的变化方向，还能反映变化的幅度和速度，使读者能够更全面地了解数据的特征。

在数据点较少的情况下，也可以使用柱形图来表示时间趋势。柱形图通过将每个数据点表示为一个独立的柱子，可以更直观地展示每个数据点的大小和相对位置。此外，柱形图还便于比较不同数据点之间的差异，有助于读者更快速地识别出数据中的规律和异常值。

当数据点比较多的时候（通常超过 12 个），建议使用折线图。在这种情况下，折线图能够更有效地展示大量数据点之间的关系和趋势。通过将数据点连接成一条线，可以更清楚地看到数据的整体走向和波动情况。此外，折线图还可以通过添加趋势线、移动平均线等辅助线来进一步揭示数据的特征和规律。

在选择使用折线图或柱形图时，还需要考虑数据的性质和分析目的。对于连续性时间序列数据，折线图通常更为合适，因为它可以清晰地展示数据的变化趋势。对于离散型数据或需要比较不同类别数据的情况，柱形图可能更为有效。

如图 7-2 所示，使用柱形图表示时间序列的趋势时，主要强调的是各数据点之间的差异，更适合于表示离散型的时间序列。

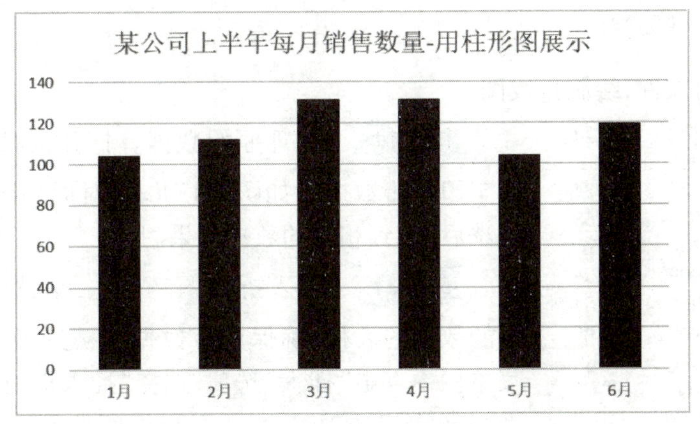

图 7-2 使用柱形图展示时间趋势

7.1.3 折线图注意事项

如果折线图使用不当，如图 7-3 所示，会导致数据呈现混乱，增加读图的难度。特别是在数据项目超过 3 项时，一条折线图中就可能出现多条趋势线，使得图表变得复杂和难以解读。

当折线图包含 5 项或更多的数据时，线条之间很容易相互交叉、纠结在一起，这不仅会影响图表的美观，更重要的是，它可能导致关键信息的丢失或混淆，从而降低图表的信息传递效果。

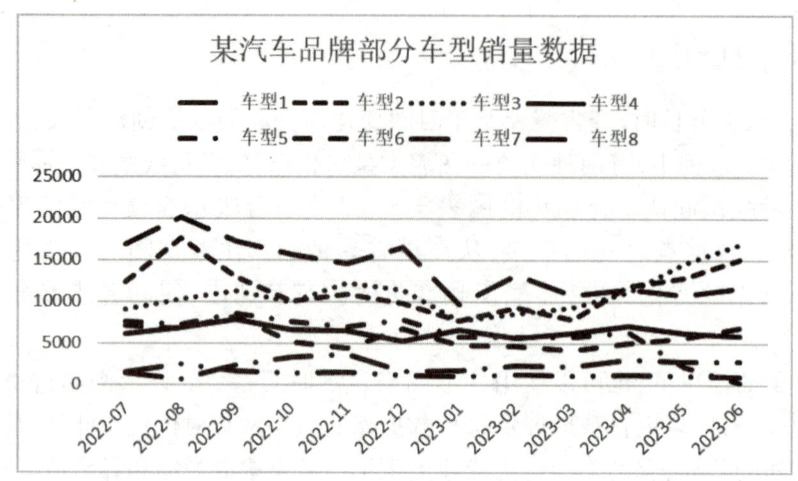

图 7-3 线条过多导致杂乱

为了解决这一问题,我们可以采取两种策略。首先,可以选择突出显示其中一项重要的数据,而对其他数据进行弱化处理。这样,重要的数据或信息量大的线条会被凸显出来,更容易被观察者注意到。这可以通过改变线条的颜色、粗细或者添加数据标记等方式实现。

另一种策略是将折线图进行拆分。当数据项目过多,或者数据之间的差异过大时,可以考虑将折线图拆分成几个子图,每个子图只展示一部分数据。这样做的好处是可以减少每条折线图中的线条数量,从而降低图表的复杂度,提高信息的可读性。同时,拆分折线图还可以更深入地分析数据的不同部分,从而得到更全面的信息。

7.1.4 折线图绘制方法

例 1 根据素材文件,绘制折线图。

时间	车型1	车型2	车型3
2022-07	16881	12310	9061
2022-08	20133	17532	10234
2022-09	17228	12928	11258
2022-10	15682	9975	9957
2022-11	14495	10909	12234
2022-12	16525	9780	11354
2023-01	9619	7649	7698
2023-02	13197	9334	8613
2023-03	10702	7877	9271
2023-04	11548	11912	11072
2023-05	10700	12778	14509
2023-06	11566	15031	16875

图 7-4 原始数据统计汇总结果

步骤 1▶ 处理原始数据。打开素材文件“第 7 章 - 广汽丰田销售数据”,如图 7-4 所示,对原始数据进行数据采集、清洗后,得到相应的数据结果。①

步骤 2▶ 插入折线图。首先,全选包含需要绘制折线图的数据的表格,确保所有数据都被选中。然后,在 Excel 的菜单栏中点击“插入”选项,选择“插入折线图或面积图”,并点击“折线图”选项。Excel 会根据所选数据自动生成一个简单的折线图,通过该图表可以直观地看出数据的变化趋势。

如图 7-5 所示,绘制好原始图表后要注意图表美化的问题,设置标题、调整图例位置和隐藏不需要的按钮,可以提升 Excel 图表的可读性和美观度,使数据分析的结果更加直观、易于理解。

① 数据来源:车主之家网站,https://xl.16888.com/month.html,2024 年 1 月 29 日。

图 7-5 某汽车品牌部分车型销量数据

7.2 面积图

当需要同时展示多个变量的趋势,并且关注它们之间的相对大小时,面积图便成为一个不可或缺的可视化工具。面积图通过填充折线下方的区域,形成连续的色彩块,不仅能够清晰地展示单个变量的趋势,还能够直观地比较不同变量之间的差异。接下来,我们将一同走进面积图的世界,深入探索它在趋势分析中的独特价值和应用技巧。通过本节的学习,将能够更加灵活地运用面积图来揭示复杂数据背后的趋势和关联,为数据驱动的决策提供有力支持。

7.2.1 普通面积图

面积图与折线图在数据可视化方面具有一定的相似性,尤其在展示数据随时间变化的趋势方面。直观地说,可以将面积图看作是折线图的延伸,其中添加了颜色填充。这种填充方式使得面积图在揭示数据变化趋势的同时,还能通过色彩展示数据的量值大小。

从结构上来看,面积图与折线图的主要差异在于,面积图在折线与 X 轴(通常为时间或类别轴)之间进行了颜色填充,形成了一个面积区域。这个面积区域提供了一种更直观的方式来表示数据的量值变化,能帮助读者在视觉上更好地理解数据的大小关系。

如图 7-6 所示,当仅需要展示单一度量数据的趋势时,折线图和面积图在功能上是相当的,都能提供清晰的趋势展示。

然而,当涉及更多的数据类别时,面积图在展示数据时确实存在一些问题。由于面积图是通过填充颜色来表示各个数据系列的大小,当数据类别增多时,不同系列之间的填充区域可能会发生重叠,导致数据遮挡。这种情况会使读者难以准确地分辨各个数据系列之间的差异和关系,从而降低图表的清晰度和可读性。如图 7-6 所示,在 2023 年 4 月之后,车型 2 的数据完全挡住了车型 1,从图中无法看出车型 1 的趋势。

相比之下,折线图在处理多个数据类别时更为常用。折线图通过线条连接各个数据点,能够清晰地展示数据的起伏变化趋势,而不会出现面积图中常见的遮挡问题。读者可以轻易地追踪各个数据系列的走向,准确地比较不同类别之间的差异和相似性。

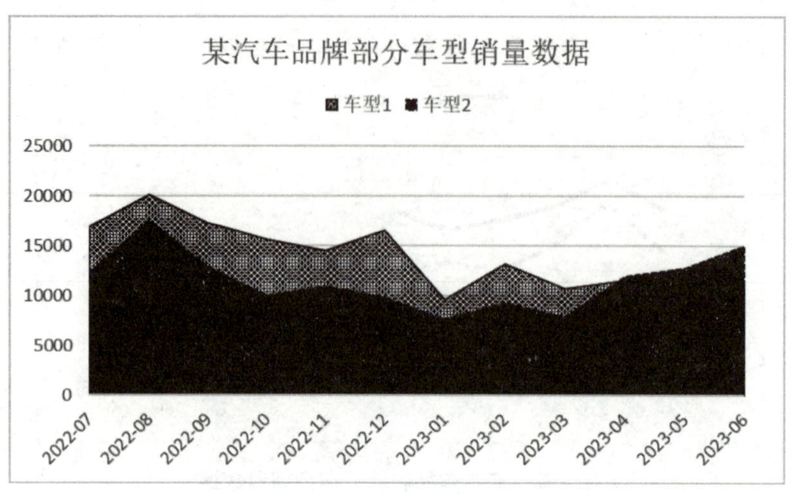

图 7-6 面积图

7.2.2 堆积面积图

堆积面积图与堆积柱形图在数据展示上具有相似之处，均能表达部分与整体之间的关系。通过将各数据项目在不同时间点上的数值进行累加，堆积面积图不仅能展示单个数据系列的变化趋势，还能呈现所有数据系列的总体变化趋势以及量的累计情况。在堆积面积图中，最大的面积代表所有数据量的总和，构成一个完整的整体，反映数据的总体规模和分布。各叠加的面积代表各个数据系列的大小，通过对比不同面积的大小和相对位置，可以看出各个数据系列在总体中的占比和贡献。

如图 7-7 所示，通过堆积面积图，可以清晰地分析出三类产品各自的销售额趋势以及整体的总销售额趋势。此外，该图还展示了在不同时间点上，这三类产品销售额的累积情况，为读者提供了一个全面的销售数据视图。与传统的普通面积图相比，堆积面积图在可视化效果上有所优化。在堆积面积图中，各数据系列的颜色是独立且分明的，不会出现色彩重叠或遮盖的情况，从而确保了数据的清晰展示。每一种颜色所形成的阴影都代表一个特定的数据序列，使读者能够轻松辨识和比较不同数据系列的变化和关系。

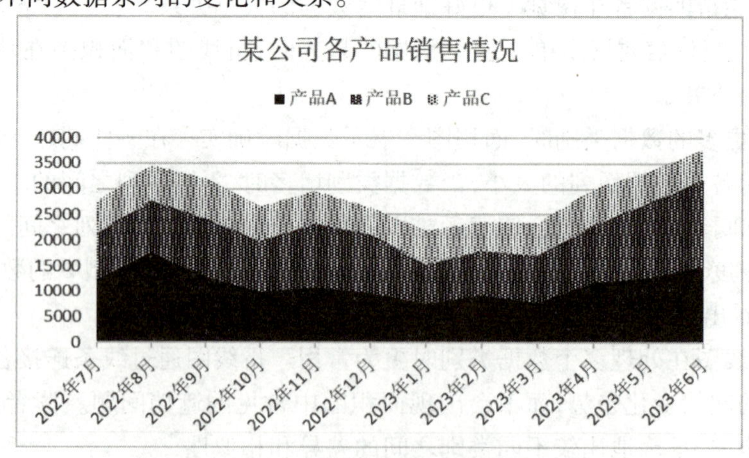

图 7-7 某公司产品销售情况－堆积面积图

虽然堆积面积图在理论上可以表达多个数据系列之间的关系以及它们的变化趋势，但是在实际应用中，由于其与多系列的普通面积图在视觉上难以区分，加上当多个数据系列进行比较时，除了最下方的数据系列可以较清晰地看出趋势外，其他数据系列由于缺乏固定的底座，辨识变化趋势变得困难。因此，堆积面积图在实际使用中受到一定限制。

7.3 散点图

当面对的数据集包含大量的离散点时，散点图便成为了一种非常有效的可视化工具。散点图能够直观地展示两个变量之间的关系，帮助读者识别数据的分布模式、趋势和异常值。接下来，我们将详细介绍散点图在趋势分析中的应用，包括其构建原理、解读方法以及与其他图表的结合使用。

7.3.1 散点图定义

散点图，也称为 X－Y 图，是一种在直角坐标系上展示数据点分布的可视化工具，广泛应用于科研、数据分析以及其他多个领域。在回归分析中，散点图具有特别重要的作用。

如图 7-8 所示，在散点图中，每个数据点代表一个观测值，其横坐标表示自变量的取值，纵坐标表示因变量的取值。数据点的分布情况和趋势可以为读者提供关于变量之间相互影响程度的有价值的信息。如果数据点呈现出某种规律性的分布，比如线性、非线性或者聚集在某个特定区域，就意味着变量之间可能存在某种相关性或者影响机制。通过观察这些分布模式，可以更加深入地理解变量之间的关系，并据此选择合适的函数进行数据拟合，从而得出更准确的结论。

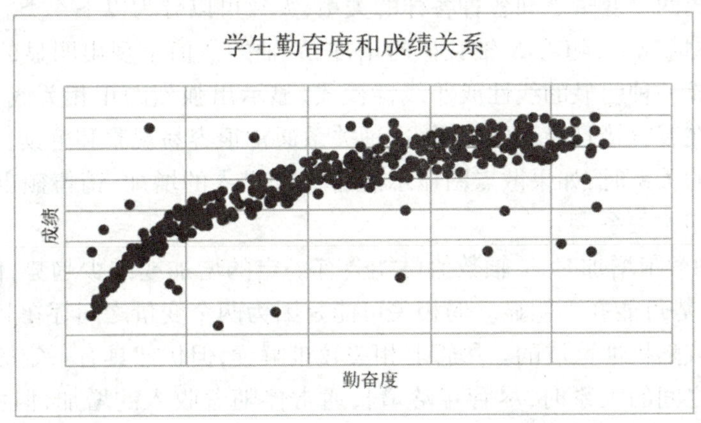

图 7-8　学生勤奋度和成绩关系的散点图

随着大数据时代的到来，散点图的应用范围也逐渐扩大。除了科研领域，其他行业也开始广泛采用散点图来探索数据中的潜在规律和价值。无论是市场调研人员分析消费者行为，还是医疗研究人员探究疾病与风险因素之间的关系，散点图都能帮助他们更加直观地理解数据，发现隐藏在其中的有用信息。

7.3.2 散点图作用和数据相关性

散点图是一种具有多种特点的数据可视化工具，尤其擅长揭示非函数关系的变量之间的联系。通过将数据以点的形式展现在二维平面上，散点图能够直观地展示数据之间的趋势和关系，帮助分析者更好地理解数据。

1. 散点图的作用

首先，散点图能够根据数据的分布情况，清晰地揭示出变量之间的关系强度。通过观察散点图的分布特征，可以判断变量之间是否存在线性或非线性关系，以及这种关系的强度。例如学生勤奋度和成绩的关系。根据经验，这些变量之间存在着比较密切的关系，但是又不能像 1 + 1 = 2 这样精确地表达出来，此时使用散点图就可以直观地表现出影响因素和预测对象之间的总体关系趋势，方便我们决定用何种数学表达方式来模拟变量之间的关系。

此外，散点图还能够显示出变量之间是正相关还是负相关，从而为进一步的数据分析提供有价值的线索。

其次，散点图不仅可以用来分析变量之间的关系，还能够揭示数据的其他重要特征。例如，通过观察散点图中的数据聚集情况，可以发现数据中可能存在的群组或分类。同时，散点图还能够突显数值间的差异，帮助我们比较不同数据点之间的相似性和差异性。此外，如果数据中存在异常值或离群点，散点图也能够将其清晰地展示出来，为我们进一步的数据清洗和处理提供指导。

2. 散点图数据相关性

散点图所显示的两个变量之间各种各样的关系，大致可以分为以下 4 类。

强相关：在这种情况下，随着 X 轴数值的增加，Y 轴的数值呈现出明显的增加或减少趋势。散点图中的点会形成一种明显的线性或非线性模式，显示出强烈的正相关或负相关。强相关表明两个变量之间存在着直接且显著的关系，这种关系通常很容易观察和解读。例如，在研究广告投入与销售额之间的关系时，如果散点图显示随着广告投入的增加，销售额也显著增加，这就表明两者之间存在强相关关系。

弱相关：当 X 轴数值增加时，Y 轴数值可能会有一定的增加或减少趋势，但由于两者间的相关程度较弱，这种趋势可能并不明显。弱相关可能是因为两个变量之间存在其他影响因素，或者是由于数据的噪音或随机性造成的。尽管弱相关较难解读，但仍然具有一定的分析价值。例如，在研究年龄与收入之间的关系时，尽管年龄增长通常伴随着收入的增加，但由于各种其他因素（如教育背景、职业等）的影响，这种关系可能只是弱相关。

不相关：如果变量 Y 随着 X 的变化而杂乱无章地变化，且点的分布没有明显的模式或趋势，这表明两个变量之间没有明显的关系。在这种情况下，散点图上的点会呈现出随机的、无序的分布，无法观察到任何规律或趋势。不相关可能是因为两个变量之间确实没有关联，或者是由于数据量太少、噪音过多或其他干扰因素导致的。例如，在研究一个人的身高与其喜欢的音乐类型之间的关系时，由于两者之间没有直接的关联，散点图很可能会显示出一种随机的、不相关的分布。

非线性相关：有时，变量 Y 随 X 的变化会呈现出明显的非线性趋势。这意味着两个变量之

间的关系不是简单的直线关系，而是呈现出某种曲线或复杂模式。非线性相关可能是因为两个变量之间存在某种复杂的、非直接的关系，或者是因为其中一个或两个变量受到了其他因素的影响。在散点图上，非线性相关的点通常会形成一种曲线或其他不规则形状的模式。例如，在研究温度与酶活性之间的关系时，散点图可能会显示出一个钟形曲线：在一定范围内，随着温度的升高，酶活性增加；但如果温度持续升高超过临界值，酶活性反而会下降。这种非线性关系表明了变量之间的复杂相互作用。

7.3.3 散点图制作方法

例 2 利用散点图制作学生勤奋度和成绩的关系图。

步骤 1▶ 处理原始数据。打开素材文件“第 7 章－学生勤奋度和成绩的关系”，如图 7-9 所示，散点图需要 Excel 表格中有两列数据，这两列数据分别代表 X 轴和 Y 轴上的值。通常，第一列是 X 轴的数据，第二列是 Y 轴的数据。

A	B
学习勤奋度	成绩
2.1689	0.812086395
2.2248	1.829068894
2.705	0.919955895
2.5324	0.995642926
2.5947	1.033975096
2.562	1.068744955
3.0595	0.993375118

图 7-9 散点图原始数据

步骤 2▶ 插入散点图。在选中单元格区域后，点击“插入”选项卡，然后单击图标栏右下角的按钮，得到各种可选的图标样式，同时右侧可看到预览图，选择 XY 散点图，如图 7-10 所示。

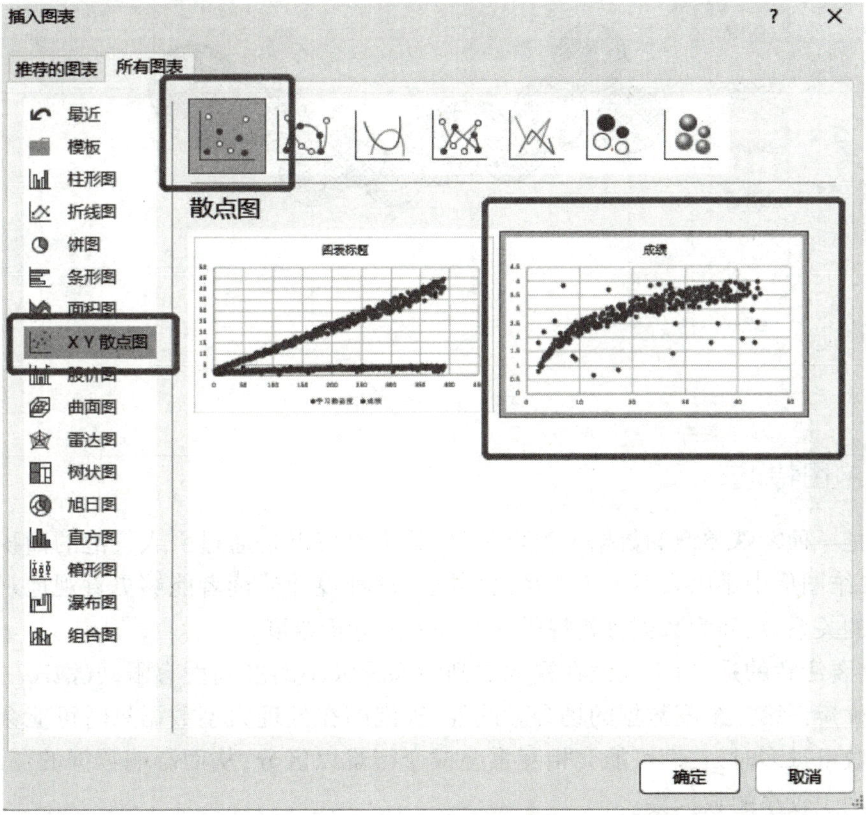

图 7-10 散点图绘制方法

7.4 气泡图

有时需要进一步在图中引入第三个维度,以便全面地揭示数据的内在规律。这时,气泡图便闪亮登场了。气泡图在散点图的基础上,通过改变气泡的大小来表示第三个变量的值,从而为读者提供了一个在二维平面上展示三维数据的有效方式。接下来,我们将一同探索气泡图的构建原理、解读技巧以及它在实际分析中的应用。

7.4.1 气泡图定义

散点图主要是用于探究和分析二维数据之间的关系,它通过将数据以点的形式展现在坐标系上,帮助读者直观地理解数据分布和趋势。然而,当需要处理和分析三维数据时,散点图就显得有些力不从心。这时,我们可以使用气泡图来进行更深入的分析。

如图 7-11 所示,气泡图是在散点图的基础上发展而来的一种数据可视化工具,它不仅继承了散点图展示 X、Y 两个变量关系的能力,还通过引入第三个维度——气泡的大小,来展示第三个变量的信息。这样,我们就可以同时观察三个变量之间的关系,从而更好地理解数据。

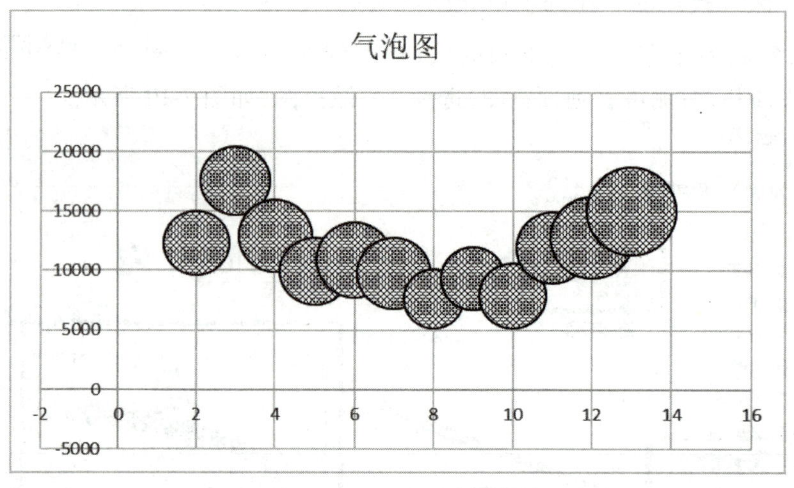

图 7-11　气泡图

7.4.2 气泡图特点

气泡图是一种特殊类型的数据可视化工具,其主要特点是通过引入气泡的面积大小这一维度,解决在二维图形中难以表达三维关系的问题。这种设计使读者能够更直观地观察和分析三个变量之间的关系,从而为数据分析提供一个额外的分析维度。

然而,需要注意的是,由于人们在视觉上判断面积大小的准确性有限,气泡图主要适用于那些不需要精确辨识第三维度数据的场合。此外,气泡图在处理大型数据集时可能会遇到一些挑战。当气泡数量过多时,它们可能会相互重叠或变得难以区分,从而影响数据的可读性。因此,气泡图更适用于较小的数据集。

7.4.3 气泡图作用

如图 7-12 所示，以某网店商品数据为例，展示了如何使用气泡图来分析销售情况。这个数据集中包含了三个关键变量：流量、收藏和销量，这些变量分别代表了商品的受欢迎程度、用户的兴趣以及实际的销售表现。

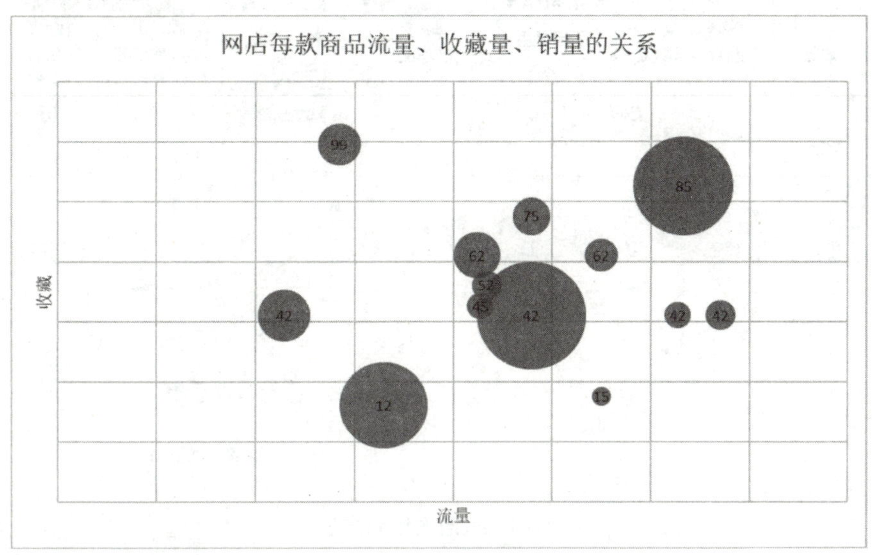

图 7-12 网店产品分析

为方便构建气泡图，通常在 Excel 表格中按照特定的格式组织数据。一般来说，第一列列出 X 轴的值（在这个例子中是流量），第二列列出 Y 轴的值（收藏），第三列列出用于显示气泡大小的 Z 值（销量）。这样的数据布局方式有助于读者更清晰地理解各变量之间的关系，并能在后续的数据可视化过程中提高效率。

通过使用气泡图，可以快速地了解商品的销售情况分布。每一个气泡在图表上代表一个独立的商品。气泡的横坐标表示商品的流量，纵坐标表示收藏量，气泡的大小代表销量，通过观察气泡图可以直观地了解不同商品在流量、收藏和销量这三个方面的表现。

例如，通过气泡图，可以迅速识别出哪些商品的流量和收藏量都很高，但销量却不尽如人意。这些商品可能是需要进一步优化的，可能存在的问题包括价格不合理、描述不够准确或图片不够吸引人等。调整这些方面可以提高这些商品的销量。

另一方面，气泡图也能帮助我们轻松找出那些流量、收藏和销量都很大的商品。这些商品通常是店铺的明星产品或者是热门商品，它们的成功可能归因于多种因素，如价格合理、描述吸引人、图片质量高等。了解这些优质商品的特点有助于我们复制它们的成功模式，并应用到其他商品上。

7.4.4 气泡图制作方法

气泡图的制作相对直观和简单，利用 Excel 的数据可视化功能，可以方便地创建这种图表。首先，需要确保 Excel 表格中有三列需要对比的数据。这三列数据将分别代表气泡图中的 X 轴、

Y 轴以及气泡的大小。数据的组织方式应该清晰明了,以便于后续的操作和分析。

如图 7-13,选中需要进行对比的三列数据,并在“插入”选项卡中选择“气泡图”选项,即可快速生成气泡图。

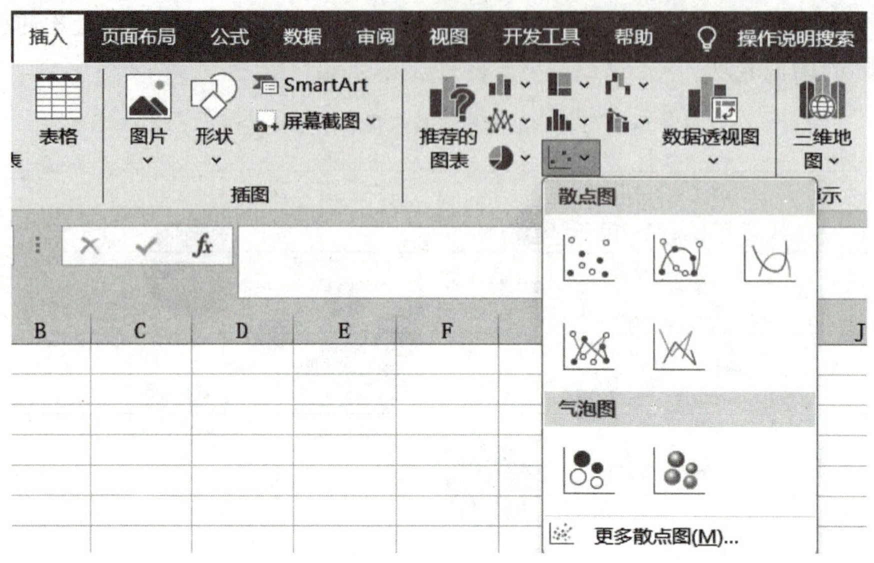

7-13 气泡图绘制方法

7.5 热力图

当面对大量数据且需要快速识别其中的热点区域或模式时,热力图便成为了一个非常有力的可视化工具。热力图通过色彩的变化来直观地展示数据的密集程度或数值大小,帮助读者发现数据中的关键信息和潜在规律。接下来,我们将详细介绍热力图在趋势分析中的应用,包括其构建原理、色彩选择以及解读技巧。

7.5.1 热力图定义

热力图是一种数据可视化工具,它通过特殊高亮的形式来展示数据中的热点区域,帮助读者直观地了解数据分布和密度情况。在网页分析中,热力图常常被用来展示访客热衷的页面区域或者访客所在的地理位置,从而揭示出用户的兴趣和行为习惯。通过对页面点击密度、触达率、停留分布等特征进行热力分析,我们可以用不同颜色的深浅、数据标注等方式来显示不同元素之间的关系,进而更好地理解用户的行为模式。同时,热力图也可以用于反映人口密度和区域人流量情况。例如在降雨信息中,通过热力图可以直观地展示降雨量的分布和强度情况,帮助人们更好地了解降雨情况。

图 7-14 展示了某公司销售部门 A ~ K11 名销售人员某年度 1 ~ 12 月份销售情况。深色部分销售最较高,浅色部分表示销售量较小。通过观察热力图,我们可以清晰地了解销售量的月份分布情况,以及人员销售情况,从而更好地制订应对措施。

	1月	2月	3月	4月	5月	6月	7月	8月	9月	10月	11月	12月
A	46	92	46	46	184	322	184	92	230	92	138	184
B	184	92	0	322	0	230	0	322	322	138	276	230
C	414	0	230	414	92	368	276	0	414	322	368	414
D	230	0	46	368	322	368	0	230	92	368	230	368
E	322	138	230	92	230	230	230	368	46	276	0	138
F	322	414	0	322	322	92	0	368	184	230	0	138
G	368	0	368	322	92	184	276	0	414	0	0	0
H	0	414	138	184	0	92	92	322	184	0	276	0
I	414	0	138	138	322	46	322	230	230	46	368	276
J	414	276	414	230	138	0	92	276	46	184	368	276
K	276	138	184	322	322	184	322	414	276	46	138	368

图 7-14　热力图

7.5.2　热力图常见问题

热力图作为一种常用的数据可视化方法，在实际应用中确实存在一些潜在的问题。以下是几个值得注意的方面：

首先，热力图的颜色编码可能引发误导。虽然颜色深浅为我们提供了一个直观的方式来观察数据的相对大小，但它并不直接代表具体的数值。这种相对性的表示方法有时可能导致读者误解或错误地解释数据。例如，在两个不同的热力图中，相同的颜色可能代表了完全不同的数据值，这就增加了误解的风险。

其次，当处理大规模或高分辨率的数据集时，热力图的显示效果可能会受到影响。由于热力图是通过颜色的变化来展示数据的，当数据点过多或过于密集时，颜色之间的细微差别就难以分辨，从而导致信息的丢失或混淆。这种情况下，可能需要采用其他更适合的可视化方法或技术对数据进行处理。

再者，热力图在表现极端值或离群点方面有其局限性。由于热力图的重点是展示数据的整体分布和集中趋势，它可能无法充分强调那些远离主体数据的极端值或离群点。这些点往往包含了重要的信息，如异常事件、特殊情况或潜在的风险，因此被忽视可能会导致决策的不完整或偏差。

除此之外，热力图的设计和实现也可能受到技术限制的影响。例如，某些工具或平台可能在处理大量数据时会出现性能问题，或者在颜色选择和区分度方面存在局限。这些技术问题可能会影响热力图的准确性和有效性，从而影响基于这些图表的决策过程。

7.5.3 热力图绘制方法

在 Excel 中进行数据可视化时,热力图是一种常用的方法,它能够直观地展示数据中的分布和密度情况。其中,使用色阶功能绘制热力图可以增强图形的视觉效果,更好地揭示数据的内在规律。

色阶功能是一种基于颜色渐变的可视化技术,在热力图中通过颜色的深浅来表示数据的大小。具体来说,可以根据数据的取值范围设定不同的颜色,使得数据点的大小与颜色的深浅相对应。这样,通过观察颜色的变化,可以快速地了解数据的分布情况。

例 3 绘制每月销售情况热力图。

步骤 1▶ 获取数据源。打开素材文件“第 7 章 - 每月销量情况”,是一个二维矩阵,其中每个单元格的值代表一个特定的数据点。确保数据的准确性和完整性是使用色阶功能的前提。如表 7-1 所示,此时所有的数据堆在一起,难以分辨具体的走势情况。

表 7-1 各产品销售情况

月	产品1	产品2	产品3	产品4	产品5	产品6
1月	1110	5561	3875	5343	555	666
2月	833	4440	3229	6583	1943	1277
3月	2775	555	3509	5028	3885	1887
4月	4440	444	3469	6316	3080	1388
5月	5550	111	3627	5639	3275	2220
6月	4995	278	3674	5239	3330	1776
7月	4995	389	3352	5921	2498	1166
8月	3885	500	3769	5991	3053	611
9月	5550	1110	3604	5218	3330	1665
10月	2220	5544	3694	6533	1776	1121
11月	1665	6105	2893	6613	611	616
12月	1110	4995	3410	6505	555	500

步骤 2▶ 选中数据范围,如图 7-15 所示。在“开始”选项卡中选择“条件格式”功能,点击“色阶”选项。

Excel 通常提供了几种预设的色阶方案,如绿 - 黄 - 红、绿 - 白等,可以根据数据的特点选择合适的方案。此外,还可以自定义色阶,通过调整颜色的深浅、透明度等属性来定义自己的颜色渐变方案。

步骤 3▶ 查看结果。如图 7-16 所示,在完成热力图的绘制之后,可以仔细查看和分析结果,通过比较不同产品之间的颜色分布和深浅程度,找到产品之间的竞争关系或互补性。

首先,可以明显看出产品 1 和产品 2 具有鲜明的季节特征。这意味着这两种产品的销售情况在不同季节之间存在显著差异。可能的原因包括季节性需求、促销活动或天气条件等。为了更深入地了解这种季节特征,可以进一步分析每个季节的销售数据,以确定哪些季节是高峰期,哪些季节是低谷期。这样的分析可以帮助我们制订更精确的市场策略,以满足不同季节的需求变化。

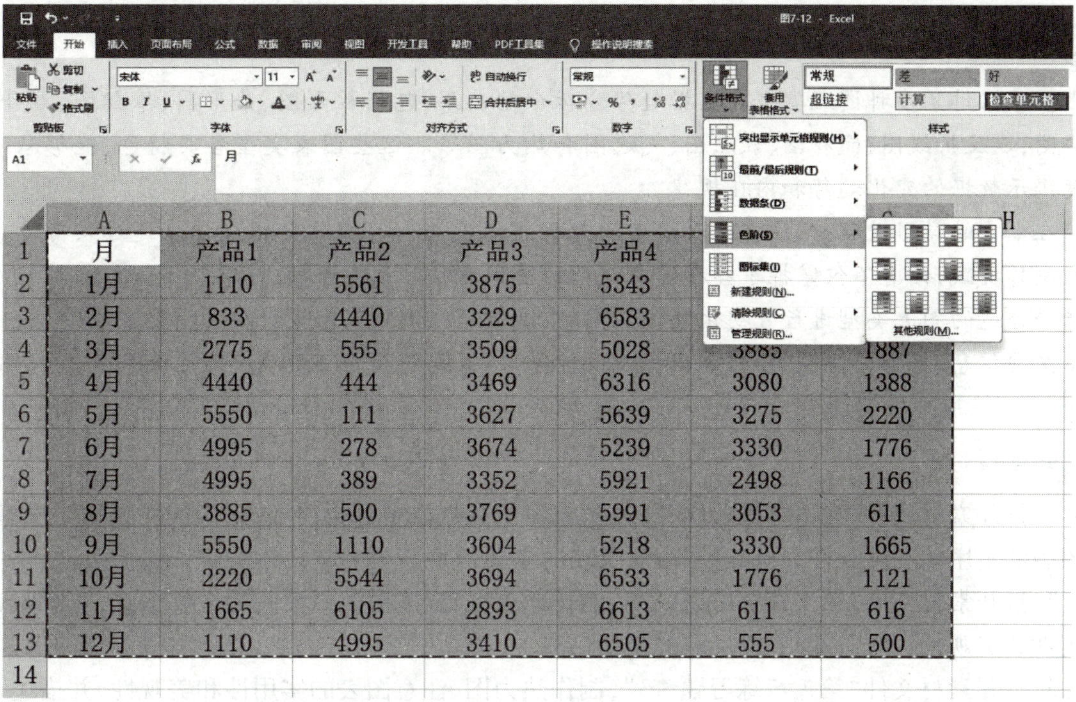

	A	B	C	D	E	F	G
1	月	产品1	产品2	产品3	产品4	[illegible]	[illegible]
2	1月	1110	5561	3875	5343	[illegible]	[illegible]
3	2月	833	4440	3229	6583	[illegible]	[illegible]
4	3月	2775	555	3509	5028	3885	1887
5	4月	4440	444	3469	6316	3080	1388
6	5月	5550	111	3627	5639	3275	2220
7	6月	4995	278	3674	5239	3330	1776
8	7月	4995	389	3352	5921	2498	1166
9	8月	3885	500	3769	5991	3053	611
10	9月	5550	1110	3604	5218	3330	1665
11	10月	2220	5544	3694	6533	1776	1121
12	11月	1665	6105	2893	6613	611	616
13	12月	1110	4995	3410	6505	555	500
14							

图 7-15 热力图绘制方法

月	产品1	产品2	产品3	产品4	产品5	产品6
1月	1110	5561	3875	5343	555	666
2月	833	4440	3229	6583	1943	1277
3月	2775	555	3509	5028	3885	1887
4月	4440	444	3469	6316	3080	1388
5月	5550	111	3627	5639	3275	2220
6月	4995	278	3674	5239	3330	1776
7月	4995	389	3352	5921	2498	1166
8月	3885	500	3769	5991	3053	611
9月	5550	1110	3604	5218	3330	1665
10月	2220	5544	3694	6533	1776	1121
11月	1665	6105	2893	[illegible]	611	616
12月	1110	4995	3410	6505	555	500

图 7-16 热力图结果

与此同时，我们还注意到产品 4 在全年范围内的销售情况相对稳定，并且销量最大。这表明产品 4 具有较为持久和广泛的市场需求，可能是一种基础型产品或日常消费品。由于销量大且稳定，我们可以将更多的精力放在产品 4 的供应链优化和库存管理上，以确保持续稳定的供应并控制成本。同时，我们也可以考虑针对产品 4 进行进一步的市场推广或品牌建设，以扩大其市场份额。

本章小结

本章探讨了多种图表类型在数据趋势分析中的应用，包括柱形图、条形图、堆积图、漏斗图、雷达图，以及折线图、面积图、散点图、气泡图和热力图等。这些图表类型各具特色，能够从不同角度揭示数据的变化趋势和内在规律。

在本章的学习过程中，注重培养读者的数据思维能力和可视化分析技能。通过实际案例和图表制作实践，读者不仅掌握了各种图表类型的使用方法和注意事项，还学会了如何根据数据特点选择合适的图表类型进行可视化展示。同时，本章还强调了图表设计中的重要原则和技巧，如突出主要信息、保持简洁明了、避免误导性设计等，以提高图表的可读性和传达效果。

实操练习

1. 打开素材文件“第7章练习题－1”，根据案例数据自定分析内容，制作折线图和面积图，注意图表的实用性和美观性，并描述图表所反映的主要信息。

2. 打开素材文件“第7章练习题－2”，制作散点图，描述图表所反映的主要信息，注意图表的实用性和美观性，并描述图表所反映的主要信息。

3. 打开素材文件“第7章练习题－3”，制作热力图，注意图表的实用性和美观性，并描述图表所反映的主要信息。

第 8 章　结构分析与可视化

学习目标

(1) 了解结构分析的应用场景;

(2) 掌握饼图、复合饼图和复合条饼图,百分比堆积和组合图的具体绘制方法;

(3) 掌握使用数据透视表对原始数据进行统计汇总的方法。

思政目标

(1) 引导学生深入理解数据构成和比例关系,培养对数据的敏感性和批判性思维能力,使学生能够基于数据进行客观、理性的分析和判断;

(2) 鼓励学生探索创新性的图表设计方法和数据可视化技术,培养学生的创新意识和审美能力,使学生能够制作出既符合数据可视化规范又具有独特美感的图表作品。

学习导图

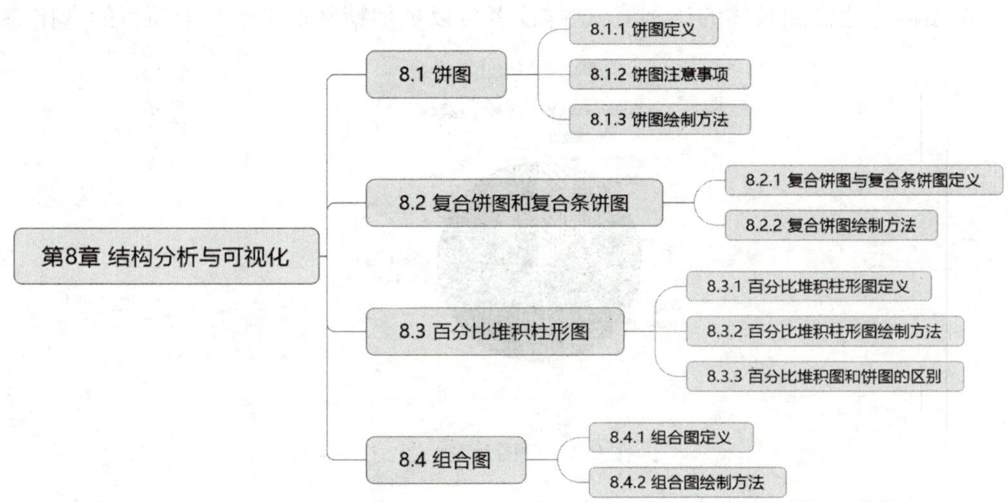

8.1 饼图

在探索数据的结构特征时,经常会遇到需要展示数据中各部分所占比例的情况。这时,饼图作为一种直观且易于理解的可视化工具,便成为首选。饼图通过将数据划分为不同的扇形区域,并利用扇形的角度和面积来表示各部分的比例关系,帮助读者清晰地看到数据中的结构分布。接下来,我们将详细介绍饼图在结构分析中的应用,包括其构建原理、解读方法以及使用时的注意事项。

8.1.1 饼图定义

饼图是一种圆形图表,通过将整个圆表示为总量或100%,并将其划分为若干个扇形区域来展示不同类别数据在总量中的占比关系。每个扇形区域的夹角和面积与其所代表的数据值成比例,因此可以直观地看出每个类别在总量中所占的比例。饼图通常用于展示数据的构成或分布情况,帮助用户快速了解各个类别之间的相对大小关系,以及每个类别对总量的贡献程度。饼图具有简单、直观、易于理解的特点,因此在数据分析、市场调研、财务管理等领域得到了广泛应用。

这种图表特别适用于展示不同项目或类别在整体中的"占比"。当我们看到饼图时,很自然地会联想到100%这个总数,这也是饼图所独有的特点。

例如,图8-1展示了使用饼图来表示各个项目在总体中的占比。在这个例子中,每个扇区代表一个项目,扇区的大小代表该项目在总体中所占的百分比。通过简单地观察扇区的大小,我们可以快速地了解哪个渠道在总体中占比较大,哪个较小。为了进一步增强饼图的信息传达能力,还可以在每个扇区旁边添加具体的比例值,这样读者可以更加精确地了解每个项目的占比情况。

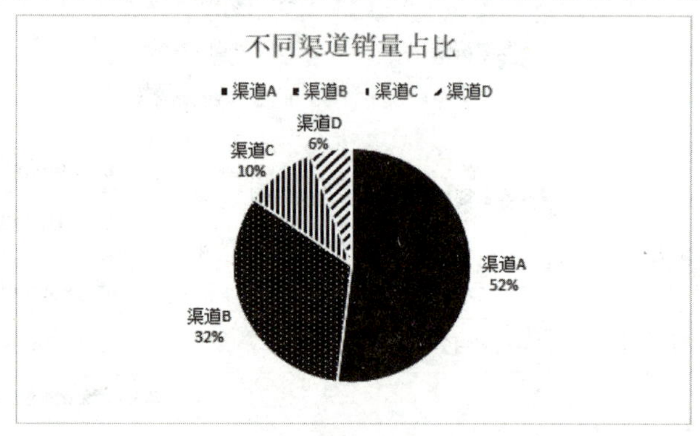

图8-1 饼图示意

8.1.2 饼图注意事项

1. 分区过多

当分类数量过多时,如图8-2所示,饼图可能会出现一些问题。由于饼图是通过扇形区域的面积和夹角来展示不同类别在总量中的占比关系的,因此当类别过多时,每个扇形区域的大小会变小,导致占比小的分类数据难以辨识。同时,过多的扇形区域也会使得饼图的分块过于复杂,

意义解释变得困难，读者可能难以理解每个扇形区域所代表的具体含义。

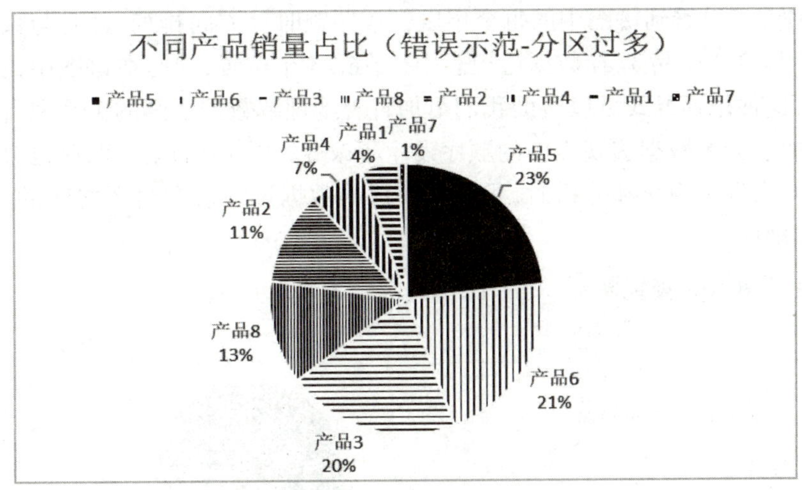

图 8-2　饼图分区过多

为了保证饼图的可读性和易用性，建议饼图的分割通常不宜超过 5 份。这意味着在一个饼图中，最好只展示 5 个以内的主要类别，以确保每个类别都有足够的空间来展示其占比关系，并且读者可以轻松地理解每个扇形区域的意义。如果数据中包含的类别超过 5 个，就需要考虑对数据进行整合，将占比小的类别归并到其他类别中，或者用复合饼图、复合条饼图来展示数据。

复合饼图和复合条饼图是两种可以展示多个层级数据的饼图变体。它们可以将主要类别和其他细分类别在一个图表中进行展示，从而更好地展示数据的结构和组成。通过使用复合饼图或复合条饼图，可以避免在单一饼图中由于类别过多而导致的信息混淆和难以读取的问题，从而更好地传达数据的含义和分析结果。

2. 数据维度超过 2 个

饼图是一种有效的数据可视化工具，它最适用于分析单一维度的数据。例如，当需要分析每款产品的销量占比或者每个渠道的销售占比时，饼图是一个很好的选择。通过将整个圆代表为总量或 100%，并将每个类别表示为扇形区域，我们可以直观地看出每个类别在总量中所占的比例。

然而，当数据的维度超过 2 个时，饼图就不再是最佳的可视化工具。例如，如果想要分析每款产品在每个渠道中的销售占比，这种情况下使用饼图会导致信息过于复杂和难以解读。相反，我们应该考虑使用百分比堆积条形图来展示这种多维度的数据。

百分比堆积条形图是一种可以展示多个类别在不同维度上的占比关系的图表类型。在百分比堆积条形图中，每个条形代表一个维度，条形中的不同颜色段表示该维度下的各个类别的占比。通过观察和比较不同颜色段的长短和比例，可以快速地了解每个类别在不同维度中的占比情况，从而更好地理解数据的结构和分布。

3. 扇区排序

在 Excel 的饼图中，每个扇区的排列顺序是根据数据透视表中数据的顺序来确定的。具体来说，数据透视表中从上到下的顺序会映射为饼图中顺时针的方向。因此，如果想要调整饼图中扇区的顺序，就需要在数据透视表中相应地调整数据的顺序。

以图 8-3 为例，可以看到饼图中的每个扇区都按照顺时针方向排列，并且与数据透视表中的顺序保持一致。其中，“产品 3”在数据透视表中排在第 3 个位置，因此在饼图中也是顺时针方向的第 3 个扇区。这种排列方式可以帮助我们更加直观地理解数据之间的关系和占比情况。

值得注意的是，如果数据透视表中的顺序发生了改变，饼图中的扇区顺序也会相应地发生变化。因此，在进行数据可视化和分析时，我们需要保持数据透视表和饼图之间的一致性，以确保分析和解释的准确性。

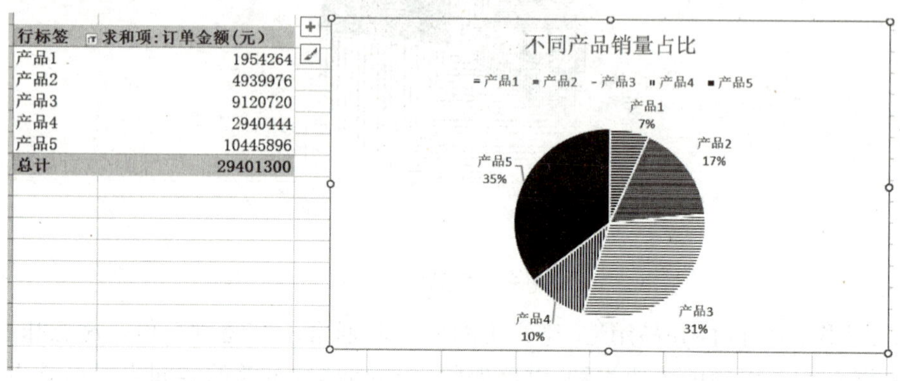

行标签	求和项:订单金额(元)
产品1	1954264
产品2	4939976
产品3	9120720
产品4	2940444
产品5	10445896
总计	29401300

图 8-3　饼图扇区排列顺序

一个常见的排序方式是将数据透视表中的“订单金额”字段按照降序排列。如图 8-4 所示，首先定位到数据透视表中包含“订单金额”字段的列，然后在该列中有数字的单元格上点击右键。在弹出的上下文菜单中，选择“排序”选项，并进一步选择“降序”选项。这样，数据透视表中的“订单金额”字段就会按照降序方式重新排序，与之相关联的饼图中的扇区也会相应地按照顺时针从大到小的顺序重新排列。

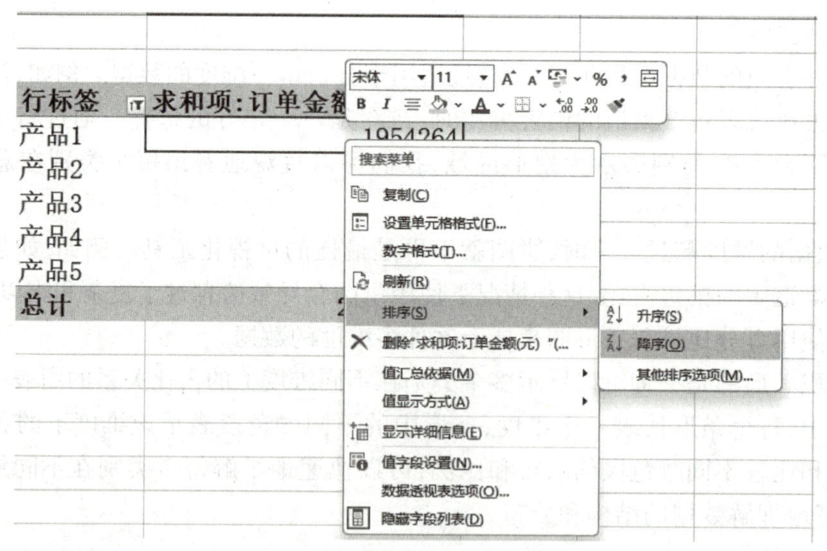

图 8-4　将订单金额进行降序排列

扇区顺序重新排列后的饼图如图 8-5 所示，最大的扇区会出现在饼图的顶部，然后依次减小。这种排列方式符合人们的阅读习惯,读者可以快速地识别出占比最大的类别,然后逐渐了解其他较小的类别。

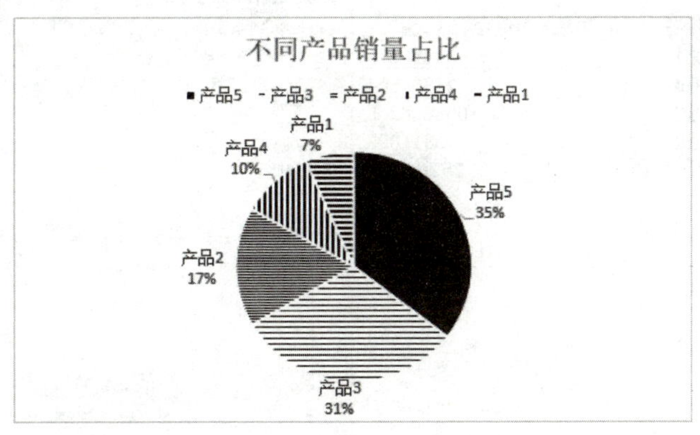

图 8-5　扇区重新排列后的饼图

8.1.3　饼图绘制方法

例 1　制作产品销售情况饼图。

步骤 1▶　打开素材文件“第 8 章 – 产品销售情况”,如图 8-6 所示,使用数据透视表进行统计汇总,分析各个渠道的销售额占比。

下单日期	产品名称	订单数量	订单金额(元)	渠道
2022/1/5	产品1	53	78,546	渠道A
2022/1/8	产品1	52	77,064	渠道D
2022/1/11	产品1	41	60,762	渠道A
2022/1/11	产品1	41	60,762	渠道A
2022/1/15	产品1	53	78,546	渠道B
2022/1/16	产品1	58	85,956	渠道C

图 8-6　产品销售数据

步骤 2▶　制作数据透视表。如图 8-7 所示,将“渠道”字段拖拽至行区域,将“订单金额”字段拖拽至值区域,注意值的计算方式被设定为“求和”,以便准确反映各渠道的订单金额总和。为了使饼图的扇区能够按照金额从大到小的顺序进行顺时针排列,我们需要对数据透视表中的“订单金额”字段进行“降序”排序。

步骤 3▶　插入饼图。点击数据透视表中的任意一个位置,确保其被激活。转到 Excel 的功能区,找到“插入”选项卡“数据透视图”选项,在弹出的下拉菜单中选择“饼图”选项,如图 8-8 所示。

步骤 4▶　图表美化。对原始图表进行初步美化,如图 8-9 所示,图表美化主要分 3 步,写标题、调整图例位置、隐藏暂时不需要的按钮。

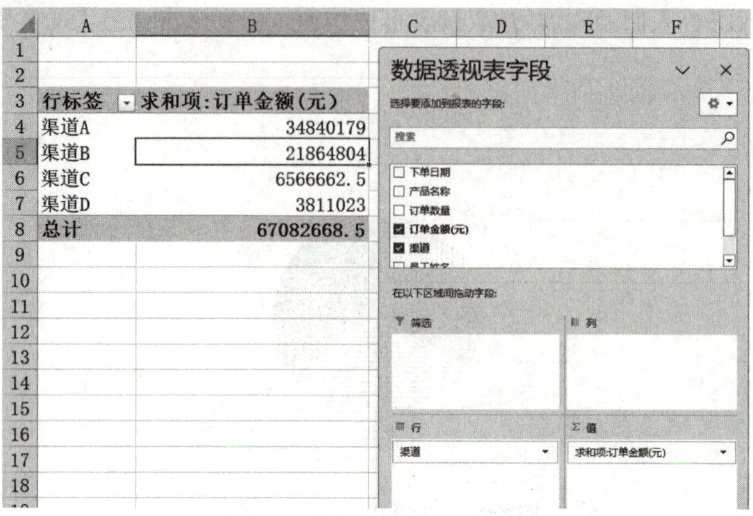

图 8-7　设置数据透视表

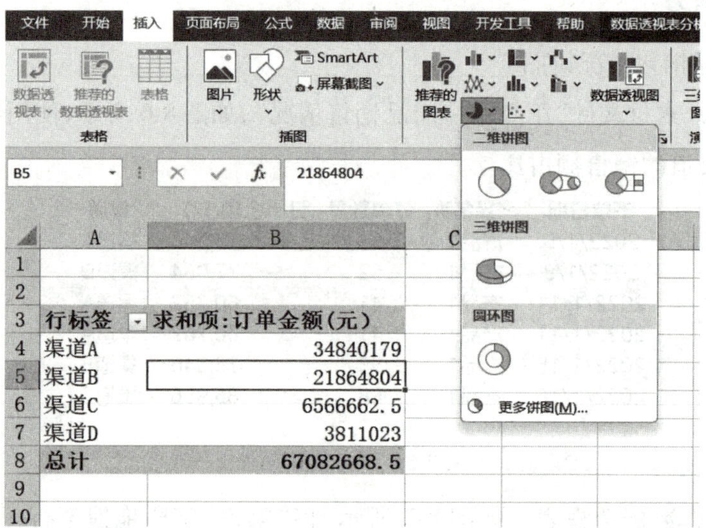

图 8-8　插入饼图

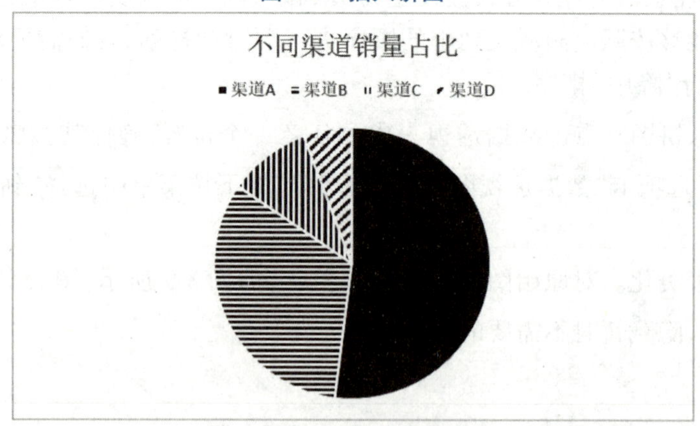

图 8-9　初步美化后的饼图

步骤5▶ 增加数据标签。有时候仅仅通过饼图的扇形分割还不够直观，读者可能需要更具体的数据信息来辅助解读。为了提高读图的效率和信息传达的准确性，我们可以在饼图上增加数据标签。

数据标签是一种可以直接在图表上显示具体数据值的文本标签，能帮助读者快速地了解每个扇形区域所代表的具体数值或百分比。这样一来，不仅可以减少读者在解读图表时的认知负担，还能避免由于视觉估计误差而导致的信息误解。如图8-10所示，鼠标移动到饼图的位置，点击右键，选择添加数据标签。

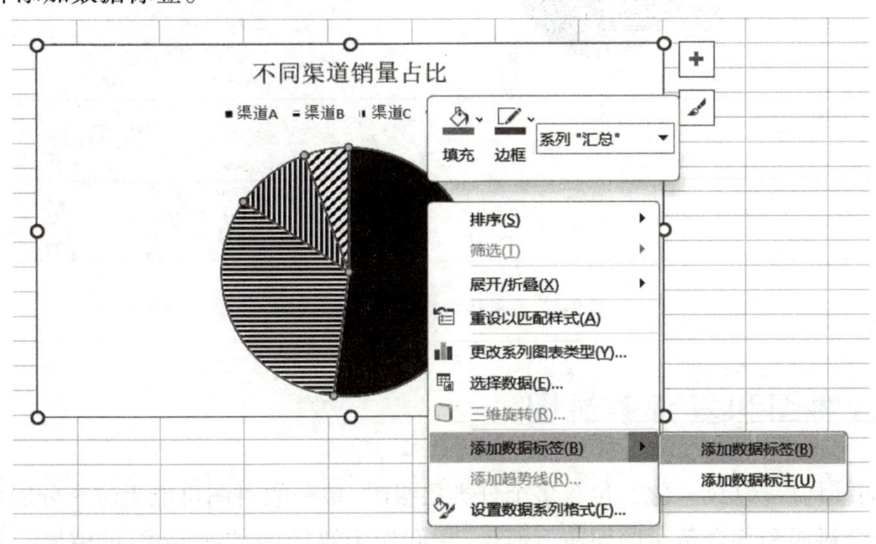

图8-10 增加数据标签

步骤6▶ 调整数据标签显示内容。在Excel的数据可视化中，饼图结合数据标签可以大大提高数据的可读性和理解性。不过，默认的数据标签可能并不总能满足我们的需求，有时我们可能希望调整它们的显示内容或格式。

要对数据标签的显示内容进行调整，可以单击饼图上任意一个已有数字标签的位置，这样会激活与该标签相关的设置选项。在屏幕的右侧，会出现一个标签选项面板（见图8-11），提供了多种自定义设置供我们选择。

在标签选项中，有几个关键的设置值得关注。首先是“类别名称”，这个选项用于是否显示每个扇形的类别名称，对于需要明确分类的情况非常有用。其次是“百分比”，数据标签将显示每个扇形所代表的百分比值，可以更直观地了解各部分的占比情况。另外，“显示引导线”可以在每个数据标签和相应的扇形之间添加一条线，使标签与其对应的数据点更加明确。最后，“标签位置”设置为“数据标签外”，可以将数据标签放置在扇形的外侧，这样可以避免标签与扇形重叠，使标签更加清晰可读。

这些设置可以灵活地调整饼图上数据标签的显示内容，使其更加符合读者需求和数据特点，不仅可以增强饼图的信息传达能力，还能提高读图的效率和准确性。

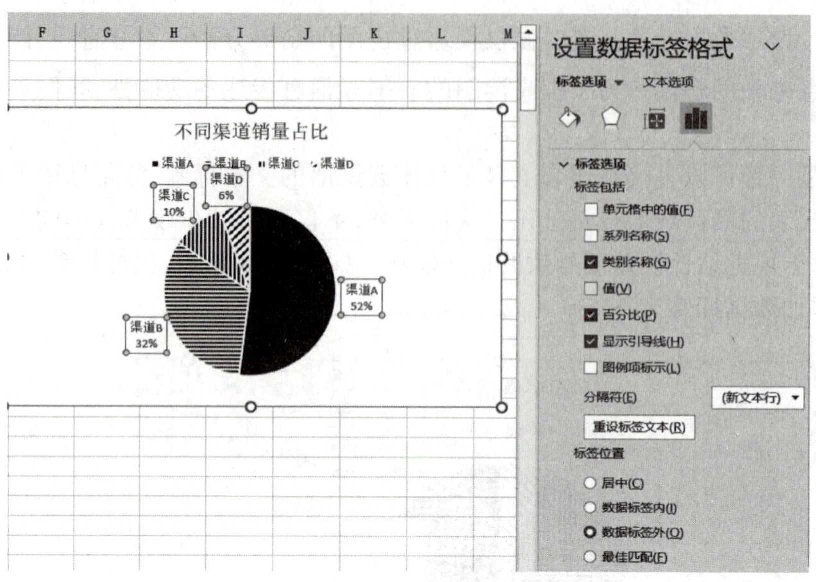

图 8-11　调整数据标签显示内容

8.2　复合饼图和复合条饼图

当数据的结构层次更加复杂,包含多个分类层级时,单一的饼图可能无法充分展示数据的全貌。这时,复合饼图和复合条饼图便应运而生,它们作为饼图的扩展形式,能够同时展示主分类和子分类的数据比例,为读者提供更深入的数据洞察。接下来,我们将一同探索复合饼图和复合条饼图的构建原理、解读技巧以及它们在复杂数据结构分析中的应用。

8.2.1　复合饼图与复合条饼图定义

在 Excel 的数据可视化中,单个饼图在某些情况下可能会存在一些缺陷。例如,如图 8-12 所示,当饼图中包含的数据类别较多,或者某些类别的占比很小时,读者可能难以清晰地辨识每个扇形代表的含义,这可能会导致视觉上的混乱和信息的误解。

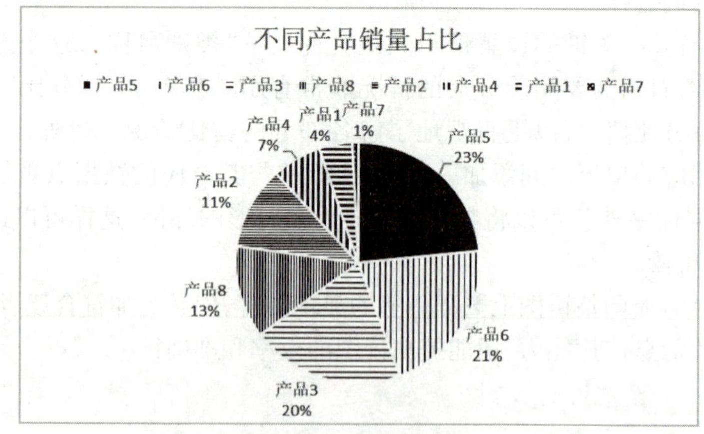

图 8-12　饼图分区过多

为了解决这个问题，可以考虑使用复合饼图（也被称为子母饼图）或复合条饼图来进行数据可视化。这两种图表类型都可以在一定程度上弥补单个饼图的不足，提供更丰富、更清晰的视觉信息。

如图8-13所示，复合饼图是一种在中心饼图的基础上，再添加一个或多个外围饼图来展示更详细数据分布的图表类型。中心饼图通常用于展示整体数据的占比关系，外围饼图可以进一步细分其中的某个或多个类别。通过字母饼图，读者不仅可以了解整体的数据分布，还能深入探究其中某个部分的具体构成，从而获得更全面的信息。

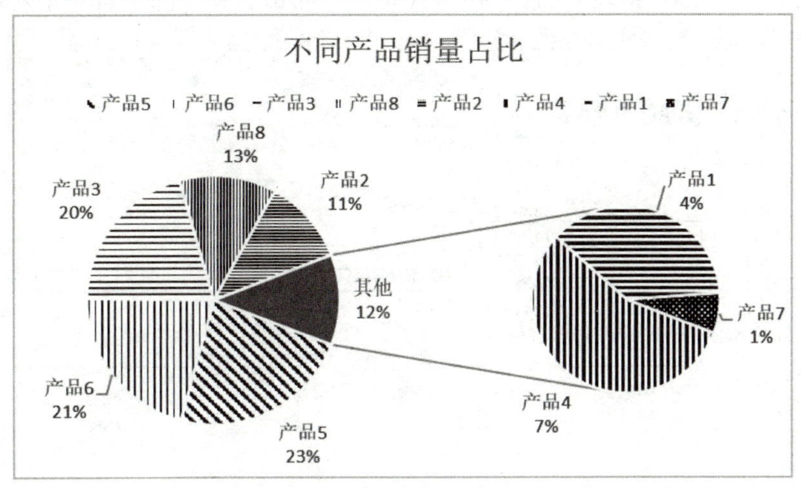

图8-13 复合饼图

如图8-14所示，复合条饼图是将饼图和条形图结合起来的一种图表类型。它通常用于展示两个或多个相关数据集之间的占比关系。在复合条饼图中，一部分数据通过饼图来展示，而另一部分数据则通过与之相连的条形图来展示。这种图表类型可以有效地突出不同数据集之间的关联和对比，帮助读者更好地理解数据的内在联系和差异。

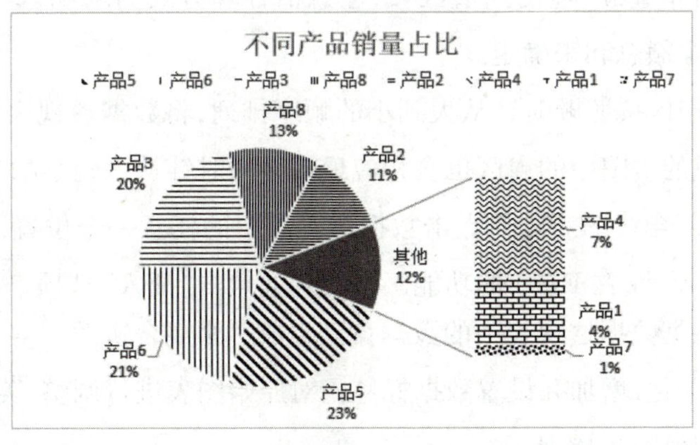

图8-14 复合条饼图

通过使用字母饼图或复合条饼图，可以克服单个饼图在展示多个小占比数据或详细数据分布时的局限性，提供更清晰、更全面的视觉信息。这对于数据分析、决策制定以及信息传达都是非常有帮助的。

8.2.2 复合饼图绘制方法

复合饼图与复合条饼图的绘制方式与注意事项相同，此处以复合饼图为例，复合条饼图可以参考复合饼图的绘制方法。

例 2 绘制产品销售情况复合饼图。

步骤 1▶ 制作数据透视表。打开素材文件“第 8 章 – 产品销售情况”，选中数据区域，如图 8-15 所示，将“产品名称”拖动到行区域，这样每个产品都会在饼图中有一个对应的扇区。

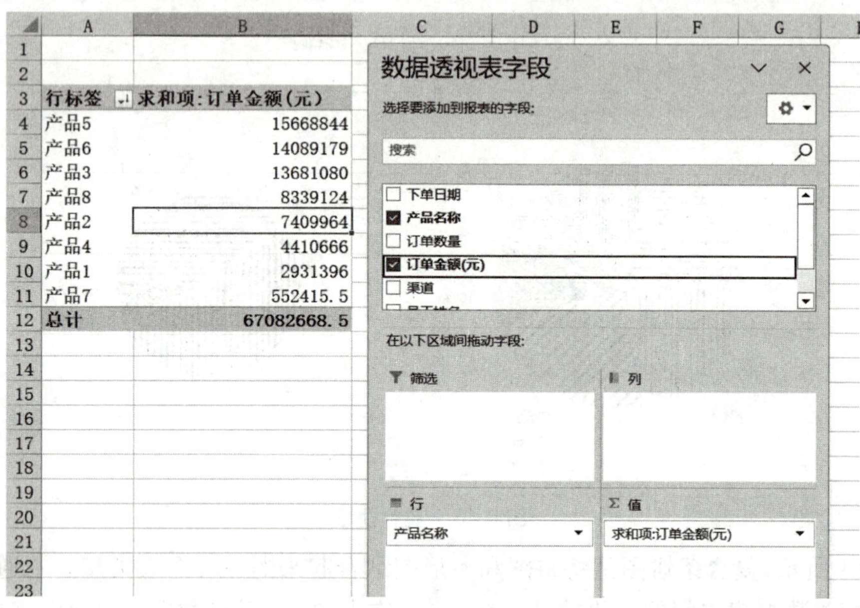

行标签	求和项:订单金额(元)
产品5	15668844
产品6	14089179
产品3	13681080
产品8	8339124
产品2	7409964
产品4	4410666
产品1	2931396
产品7	552415.5
总计	67082668.5

图 8-15 设置数据透视表字段

步骤 2▶ 将“订单金额”拖动到值区域，注意值计算方式为求和，这样每个扇区的大小将根据对应产品的订单金额总和来确定。

步骤 3▶ 为使扇区按照顺时针从大到小的顺序排列，将数据透视表中“订单金额”字段进行降序排列，与之对应的饼图中的扇区也会相应地按照顺时针从大到小的顺序重新排列。

步骤 4▶ 插入复合饼图。首先点击数据透视表中的任意一个位置，确保数据透视表处于激活状态。如图 8-16 所示，在 Excel 的功能区中找到并点击“插入”选项卡，点击“图表”组“复合饼图”选项，Excel 会根据数据透视表中的数据自动生成一个复合饼图。

步骤 5▶ 图表美化，增加并设置数据标签。对原始图表进行调整，美化图表并增加数据标签，调整后的复合饼图如图 8-17 所示。

8.3 百分比堆积柱形图

当需要对比多个类别在不同维度上的结构组成，并且希望更直观地看到每个类别的具体数值时，百分比堆积柱形图便成为了一个非常有效的选择。百分比堆积柱形图通过将每个类别的数据堆叠在一起，并转化为百分比的形式，使读者能够清晰地看到每个类别内部不同子项的占比情况。接下来，我们将详细介绍百分比堆积柱形图的构建原理、解读方法以及在实际分析中的应用。

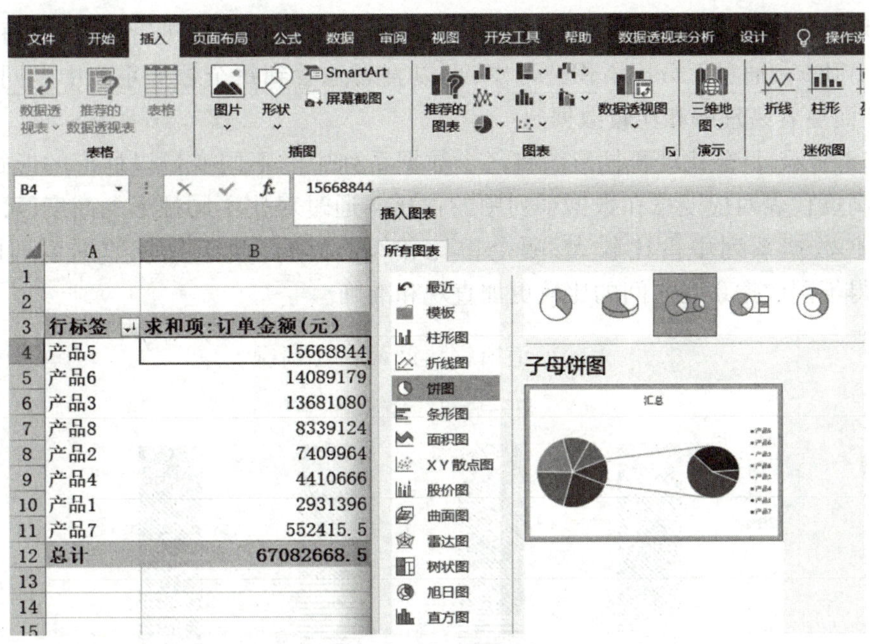

图 8-16　插入复合饼图

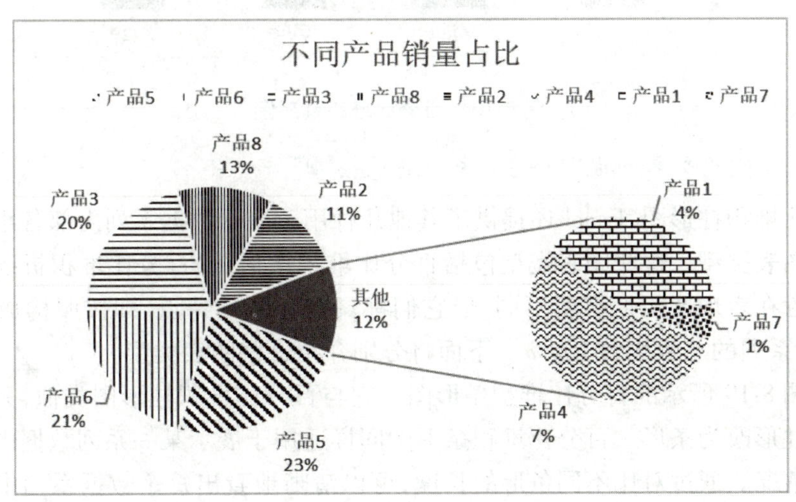

图 8-17　制作完成的复合饼图

8.3.1　百分比堆积柱形图定义

1. 百分比堆积柱形图定义和特点

百分比堆积柱形图是一种在数据可视化中常用的图表类型，特别适用于展示某一系列数据内部各组成部分的分布和对比情况。例如,百分比堆积图可以用来深入了解一个公司员工薪资组成的结构,假设某公司有三大部门:销售、技术和行政,每个部门的员工薪资由基本工资、奖金和其他福利组成。为了解每个部门薪资组成的差异,可以使用百分比堆积柱形图来直观地展示数据。

百分比堆积图的特点是,在各个数据系列内部,按照构成百分比进行汇总,使每个数据系列的总额均为100%。通过百分比堆积柱形图,可以直观地看到每个数据系列中不同组成部分的占比情况,从而更容易理解和比较数据。

如图8-18所示,百分比堆积柱形图将每个数据系列中的不同变量以柱形的形式展示出来,每个柱形的高度代表对应变量在数据系列中的占比。通过对比不同柱形的高度,可以清晰地看出哪个变量在数据系列中占比较大,哪个占比较小。同时,由于每个数据系列的总额均为100%,这使得不同数据系列之间的比较更加直观和准确。

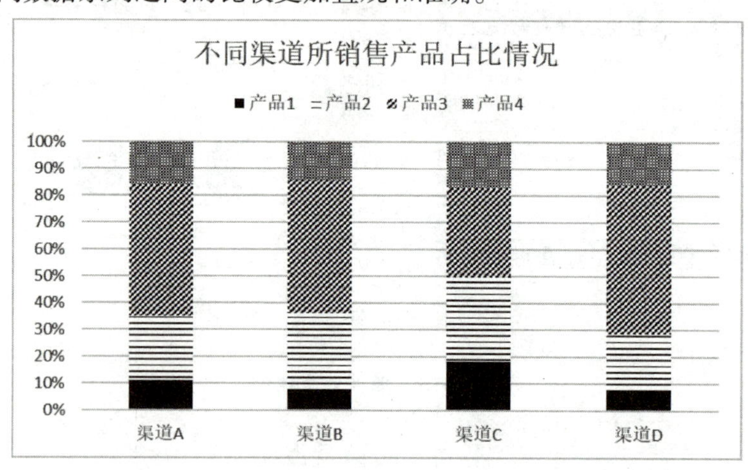

图8-18 百分比堆积柱形图

2. 其他数据系列内部各组成部分分布对比图表类型

除了百分比堆积柱形图,Excel还提供了其他几种用于展示数据系列内部各组成部分的分布和对比情况的图表类型。这些图表类型包括百分比堆积条形图、百分比堆积折线图和百分比堆积面积图。尽管在表现形式上有所不同,但它们都具有相似的特点,即按照构成百分比进行汇总,使得各数据系列的总额均为100%。下面将分别介绍这些图表类型。

首先是如图8-19所示的百分比堆积条形图。它与百分比堆积柱形图类似,只是将数据系列的表现形式从柱形改为条形。百分比堆积条形图同样适用于展示某一系列数据内部各组成部分的分布和对比情况。通过对比不同条形的长度,可以清晰地看出每个数据系列中不同组成部分的占比情况。百分比堆积条形图在非时间序列数据的情况下,可以与百分比堆积柱形图相互替代。

接下来是如图8-20所示的百分比堆积折线图。这种图表类型将数据系列的表现形式改为折线,通过连接各数据点来展示数据的变化趋势。百分比堆积折线图适合用于展示时间序列数据或连续变量数据的变化情况,并可以突出显示每个数据系列中不同组成部分的占比情况。通过观察折线的走势和起伏,读者可以更好地理解数据的动态变化和分布情况。

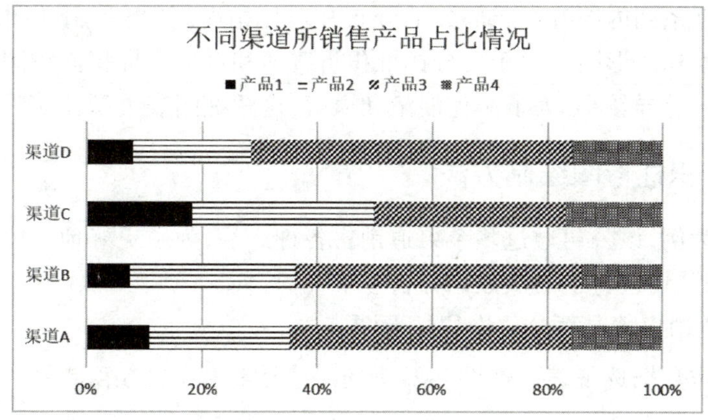

图 8-19　百分百堆积条形图

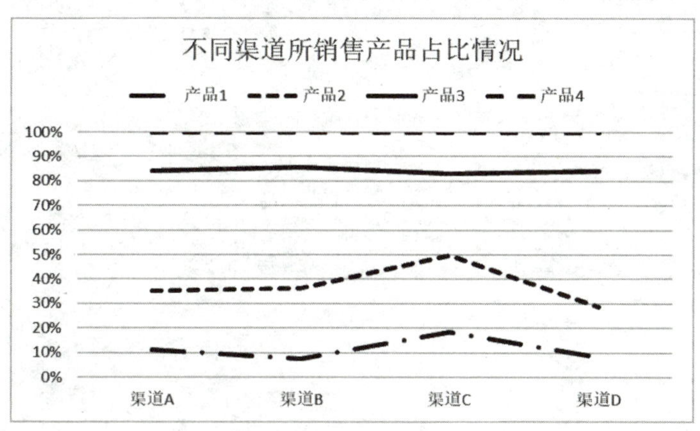

图 8-20　百分比堆积折线图

最后是如图 8-21 所示的百分比堆积面积图。这种图表类型结合了折线图和面积图的特点，通过填充折线下方的区域来展示数据系列之间的相对大小关系。百分比堆积面积图适用于展示多个数据系列之间的占比关系和变化趋势。通过观察不同颜色区域的面积大小，可以直观地看出每个数据系列在总体中的占比情况，以及它们随时间或其他变量的变化情况。

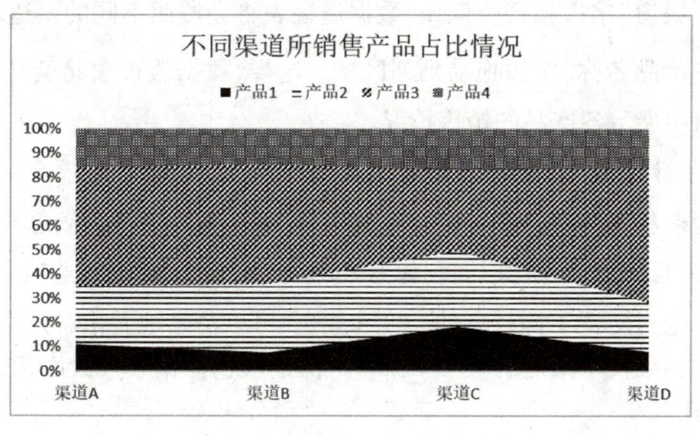

图 8-21　百分比堆积面积图

当想要展示数据系列内部各组成部分的分布和对比情况时，更常用的图表类型是百分比堆积柱形图和百分比堆积条形图。由于百分比堆积折线图和百分比堆积面积图在视觉上与普通折线图和普通面积图的差异较小，为了避免混淆和误解，这两种图表类型在实际中很少使用。

8.3.2　百分比堆积柱形图绘制方法

以某电商公司为例，该公司通过多个渠道销售各种产品，为了更好地了解不同渠道中各产品的销售占比情况，该公司进行了一次数据分析。

例 3　绘制渠道销售情况百分比堆积柱形图。

步骤 1▶　制作数据透视表。如图 8-22 所示，打开素材文件“第 8 章－渠道销售情况”，制作数据透视表。

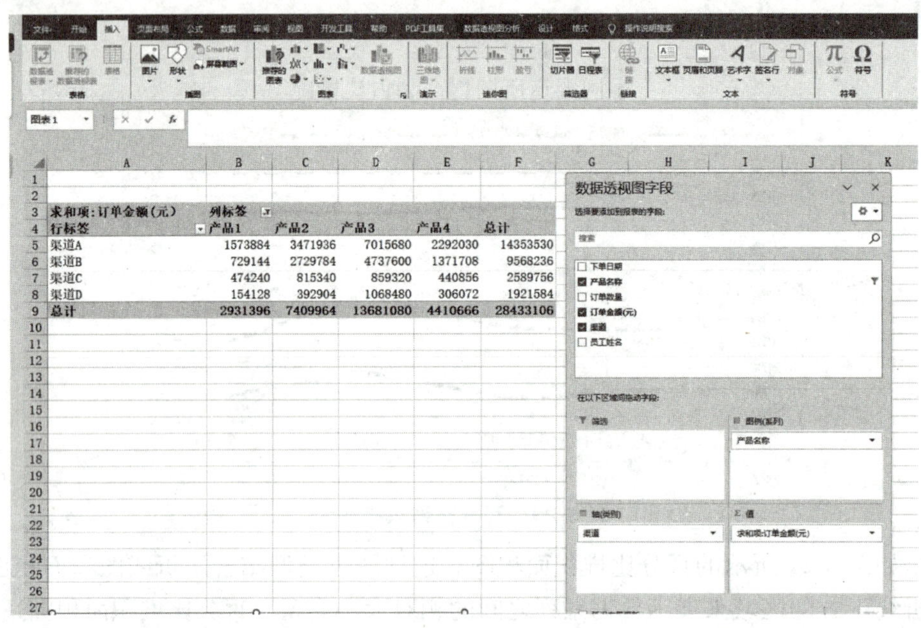

求和项:订单金额(元)	列标签				
行标签	产品1	产品2	产品3	产品4	总计
渠道A	1573884	3471936	7015680	2292030	14353530
渠道B	729144	2729784	4737600	1371708	9568236
渠道C	474240	815340	859320	440856	2589756
渠道D	154128	392904	1068480	306072	1921584
总计	2931396	7409964	13681080	4410666	28433106

图 8-22　设置数据透视表

步骤 2▶　将“渠道”字段拖到行区域，数据透视表将会按照不同的渠道进行分组。

步骤 3▶　将“产品名称”字段拖动到列区域。这样，数据透视表将会按照不同的产品进行分组，并在每个渠道中展示各产品的销售情况。

步骤 4▶　为了计算各产品在每个渠道中的销售金额，要将“订单金额”字段拖动到值区域，并设置值字段为求和，以确保数据透视表展示的是各产品的销售金额总和。

步骤 5▶　插入百分比堆积柱形图。如图 8-23 所示，点击“插入”选项卡“图表”组“百分比堆积柱形图”选项。通过对比不同柱形的高度和颜色，可以清晰地看出各产品在每个渠道中的销售占比情况。例如，如果某个渠道的柱形中某一产品的颜色占据了较大面积，这意味着该产品在该渠道中的销售占比较高。

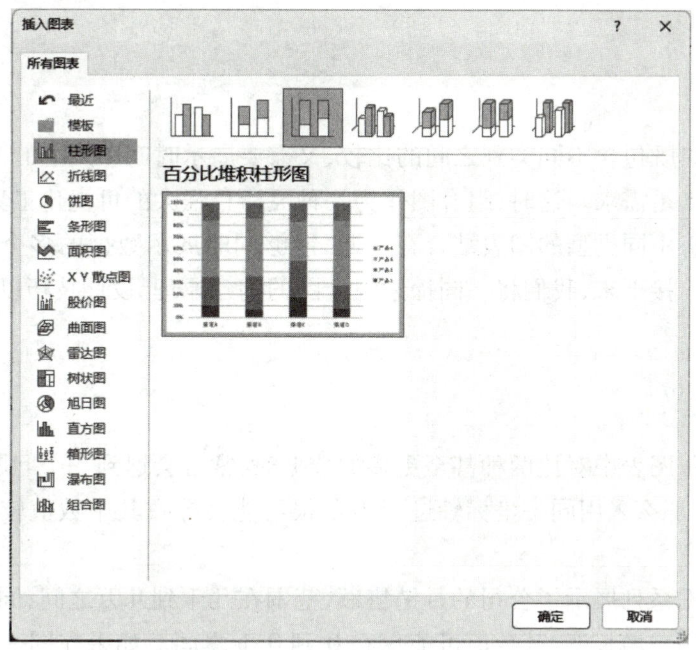

图 8-23 插入百分比堆积柱形图

8.3.3 百分比堆积图和饼图的区别

百分比堆积图和饼图都用于表示个体在整体中所占比例的可视化工具，在数据分析中常常被使用。然而，这两种图表在适用场景和功能上存在一定的差异。

饼图主要用于分析一个维度的数据。以图 8-24 为例，整个饼图代表一个整体，即超市 + 零售 + 批发市场 + 网店的销量总和。每个扇区代表不同渠道的销量占比。通过饼图，可以直观地看出各个渠道在整体销量中的占比情况。但是，饼图的局限性在于它只能展示一个维度的数据。在分析时，需要在产品和渠道之间做出选择，饼图无法同时展示两者的数据。

与饼图不同，百分比堆积图可以同时分析两个维度的数据。百分比堆积柱形图中，每个柱子代表一个不同的渠道。在每个柱子内部，根据不同产品的销售占比进行划分。这样，可以通过柱子的高度和颜色来同时展示产品和渠道的信息。这种展示方式使读者能够更全面地了解销售数据的结构，发现不同产品和渠道之间的关系。

所以在实际应用中，需要根据数据分析的需求选择合适的图表类型来确保数据的准确性和可读性。

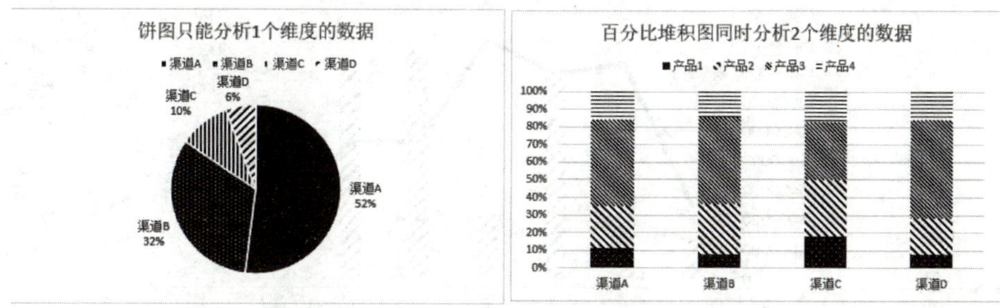

图 8-24 百分比堆积图和饼图的区别

8.4 组合图

当面对的数据集既包含不同类别之间的比较,又需要展示时间序列上的变化趋势时,单一的图表类型可能难以满足需求。这时,组合图作为一种灵活且强大的可视化工具,便走进了我们的视野。组合图通过将不同类型的图表结合在一起,能够同时展示数据的多个维度,提供更全面、更深入的数据洞察。接下来,我们将一同探索组合图的构建原理、设计技巧以及它在复杂数据结构分析中的应用。

8.4.1 组合图定义

当需要在同一张图表中对比两种甚至更多的数据时,常常会遇到一个问题:如果这些数据系列的数值差异很大,那么采用同一坐标轴进行展示很可能会导致其中数值较小的数据系列被掩盖,几乎无法辨识。

假设有一个数据系列展示了公司的月销售额,范围在几千到几万之间;同时还有另一个数据系列展示了每日的用户增长率,其数值可能仅在0到0.1之间。如果在同一坐标轴上展示这两个数据系列,用户增长率的数据就会因为数值太小而几乎看不到。

为了解决这个问题,Excel提供了次坐标轴的功能。次坐标轴是与主坐标轴独立的另一个坐标轴,它可以有自己的刻度和范围,专门用于显示数值差异较大的数据系列。通过为主坐标轴和次坐标轴分别选择合适的图表类型,可以确保每一个数据系列都能得到清晰的展示。

这种类型的图表就是组合图,是一种在单个图表中结合了两种或多种不同图表类型的可视化工具。通过组合图,可以将不同类型和来源的数据进行整合,以揭示它们之间的关系和趋势。这种图表类型在Excel数据分析与数据可视化领域中具有广泛的应用。

如图8-25所示,组合图的优势在于其能够展示多个数据系列的复杂性和多样性。通过将不同类型的图表(如折线图、柱形图、面积图等)组合在一起,可以更好地突出不同数据系列的特点和变化规律。例如,在一个组合图中,可以使用柱形图展示各个类别的销售数量,同时使用折线图展示销售金额的变化趋势。这样,我们可以通过同一个图表直观地比较不同指标之间的关系,从而得出更全面的结论。

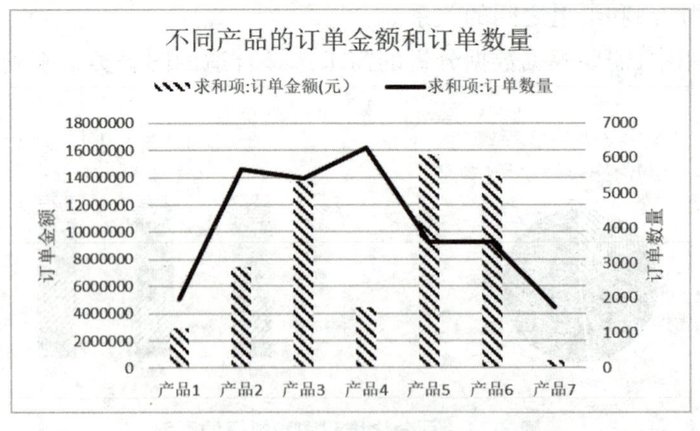

图8-25 组合图

此外，组合图还具有提高数据可读性和可理解性的作用。通过将不同类型的数据以不同的图表形式展示，可以避免在单一图表中过于拥挤和混乱的情况。每个数据系列都有独立的图表元素和颜色，这使得观众更容易区分和理解不同数据之间的关系。

8.4.2 组合图绘制方法

例 4 如图 8-26 所示，以某电商公司的销售数据为例，该公司希望分析不同产品的订单金额和订单数量，以便更好地了解产品销售情况。为了直观地展示这两个指标之间的关系，该公司决定使用组合图进行可视化展示。柱形图用于展示不同产品的订单金额，折线图用于展示订单数量的变化趋势。通过将这两种图表类型组合在一起，该公司可以同时展示两个指标的数据，从而更全面地了解产品销售情况。

	A	B	C	D	E	F	G	H
1	日期	下单月	产品	单价	订单数量	订单金额	所属市场	员工
2	2023/6/1	6	智能手表	999	81	80919	明伟路市场	振霞
3	2023/6/1	6	手机	4999	29	144971	明伟路市场	振霞
4	2023/6/1	6	笔记本电脑	7999	46	367954	明伟路市场	振霞
5	2023/6/3	6	智能手表	999	43	42957	安德路市场	志豪
6	2023/6/3	6	扫地机器人	1389	62	86118	明伟路市场	一强
7	2023/6/3	6	手机	4999	42	209958	明伟路市场	振霞
8	2023/6/3	6	笔记本电脑	7999	23	183977	明伟路市场	振霞
9	2023/6/4	6	平板电脑	1680	48	80640	明伟路市场	一强
10	2023/6/4	6	平板电脑	1680	14	23520	明伟路市场	一强
11	2023/6/4	6	降噪耳机	758	42	31836	明伟路市场	振霞
12	2023/6/5	6	降噪耳机	758	45	34110	明伟路市场	一强
13	2023/6/6	6	降噪耳机	758	48	36384	安德路市场	雅南
14	2023/6/6	6	智能手表	999	88	87912	明伟路市场	一强
15	2023/6/6	6	平板电脑	1680	47	78960	明伟路市场	一强
16	2023/6/6	6	降噪耳机	758	57	43206	明伟路市场	振霞
17	2023/6/7	6	智能手表	999	22	21978	明伟路市场	一强
18	2023/6/7	6	降噪耳机	758	81	61398	明伟路市场	一强

图 8-26 案例数据

步骤 1▶ 制作数据透视表。打开素材文件“第 8 章 – 某公司销售情况”，为了计算不同产品的销售金额和销售数量，如图 8-27 所示，在数据透视表中将“产品名称”拖动到行区域，作为分析的主要维度。这样，数据透视表会按照不同的产品进行分组，展示每个产品的相关指标。将“订单金额”和“订单数量”这两个字段拖动到值区域。在拖动过程中，需要注意值计算方式的选择。

最终制作完成的数据透视表字段设置特点为：只有行区域，没有列区域，同时有两个值字段。这种设置方式使得用户可以直接查看每个产品的销售金额和销售数量，而无需在多个列之间进行切换或对比。

步骤 2▶ 插入组合图，设置图表类型。在做好的数据透视表的任何一个位置，在“插入图表”对话框中选择“组合图”。一般将数值比较大的设置为柱形图，数值比较小的设置为折线图，并放在次坐标轴。如图 8-28 所示，选择“订单数量”的图表类型为折线图，勾选“次坐标轴”。选择“订单金额”的图表类型为簇状柱形图。

步骤 3▶ 添加次坐标轴标题并美化图表。存在两个坐标轴的情况时，为了使图表更加清晰易懂，通常需要为每个坐标轴添加标题。坐标轴标题的重要性在于它们能够帮助读者快速理解图表的内容，明确每个坐标轴所代表的数据维度。

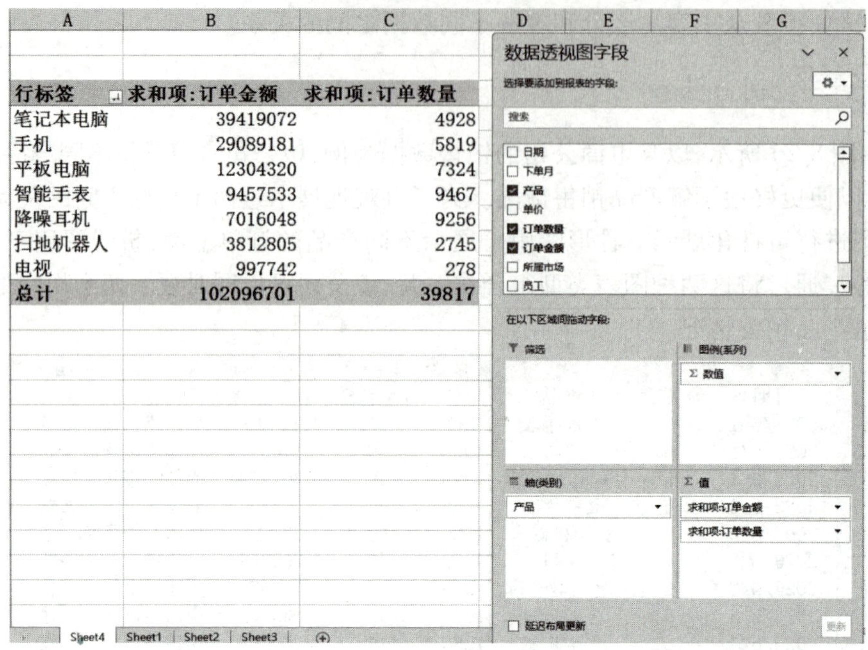

图 8-27　设置数据透视表

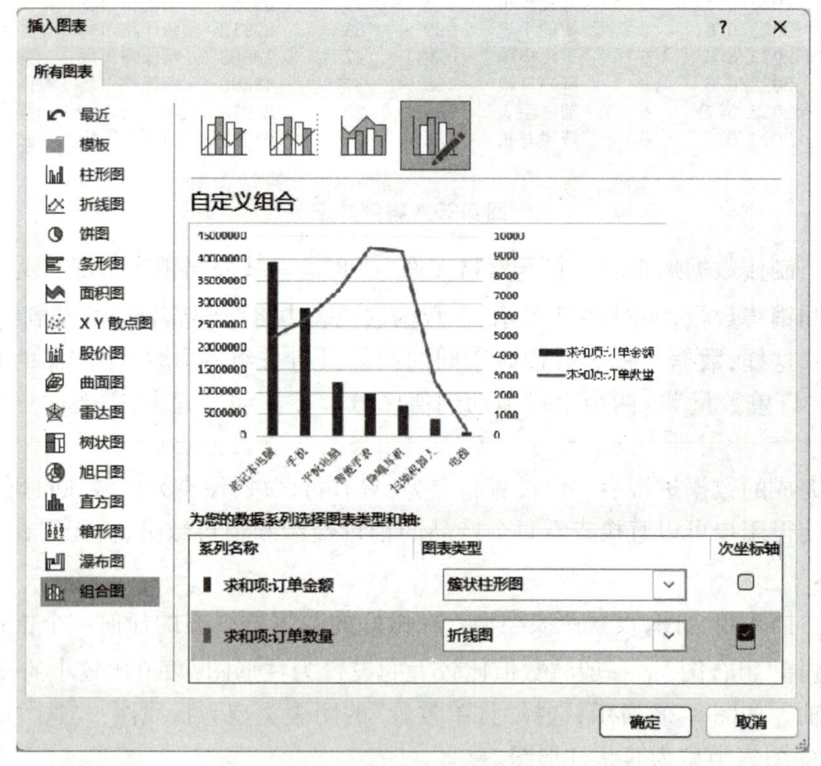

图 8-28　设置组合图参数

在 Excel 的图表元素选项中，为坐标轴添加标题。选择“坐标轴标题”，然后输入适当的描述性文字即可。例如，对于展示“订单金额”的主坐标轴，可以添加标题为“订单金额”；对于展示“订单数量”的次坐标轴，标题可以是“订单数量”。

添加坐标轴标题后，还需要对图表进行一定的美化处理，以提高其可读性和视觉吸引力。图表的美化可以分为以下三个步骤：

(1)写标题：首先，为整个图表添加一个明确的标题，概括图表的主要内容。标题应该居中放置，使用醒目的字体和颜色，以便读者一眼就能看到。

(2)调整图例到顶部：默认情况下，图例可能会出现在图表的右侧或底部。为了提高图表的整洁度，可以将图例调整到顶部，读者查看图表时，可以首先看到图例。

(3)隐藏暂时不需要的按钮：Excel 图表工具栏中有很多功能按钮，但并不是所有按钮在每次制作图表时都需要。为了简化界面，可以隐藏那些暂时不需要的按钮，使工具栏更加简洁明了。

完成上述美化步骤后，得到的组合图如图 8-29 所示。在这个图表中，主坐标轴展示了不同产品的“订单金额”次坐标轴展示了“订单数量”。通过对比两个坐标轴上的数据，我们可以更全面地了解产品的销售情况。

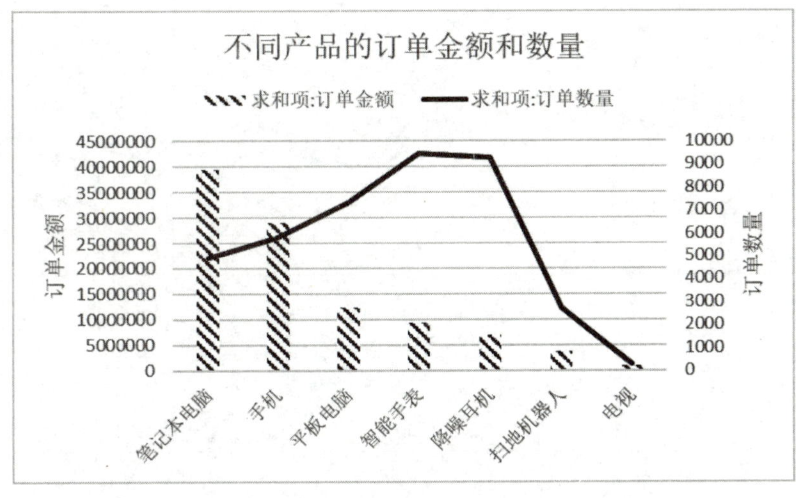

图 8-29 绘制好的组合图

本章小结

本章深入探讨了多种图表类型在展示数据结构特征方面的应用，包括饼图、复合饼图、复合条饼图、百分比堆积图以及组合图。这些图表类型各具特色，能够从不同角度揭示数据中的比例关系、层次结构和多维信息。

通过饼图的学习，我们掌握了如何展示数据中各部分所占的比例，从而能快速了解数据的分布情况。复合饼图和复合条饼图作为饼图的扩展，进一步揭示了数据的多层级结构，展示了主分类和子分类之间的比例关系。百分比堆积图则通过堆叠柱形的方式，直观地展示了每个类别内部不同子项的占比情况，便于我们对比不同类别在结构上的差异。组合图作为一种灵活的可视化工具，将不同类型的图表结合在一起，为我们提供了更全面、更深入的数据洞察。

实操练习

打开素材文件“第 8 章练习题”，根据案例数据自定分析内容，制作饼图、复合饼图与复合条饼图、百分比堆积图、组合图，并注意图表的实用性和美观性。

提示：计算员工人数可以用“工号”或者“姓名”字段进行计数。组合图可以设置为不同部门的“人数”和“平均年龄”，或者不同职务的“人数”和“平均工龄”。

第 9 章　Excel 动态图表

学习目标

(1) 了解动态图表在数据分析中的应用场景及其优势；

(2) 学习如何使用组合框、列表框、复选框和切片器的方式制作动态图表。

思政目标

(1) 鼓励学生探索数据的动态展示和交互方式，培养学生的创新思维和实践能力；

(2) 引导学生将数据可视化技术与实际问题相结合，为解决现实问题提供新的思路和方法。

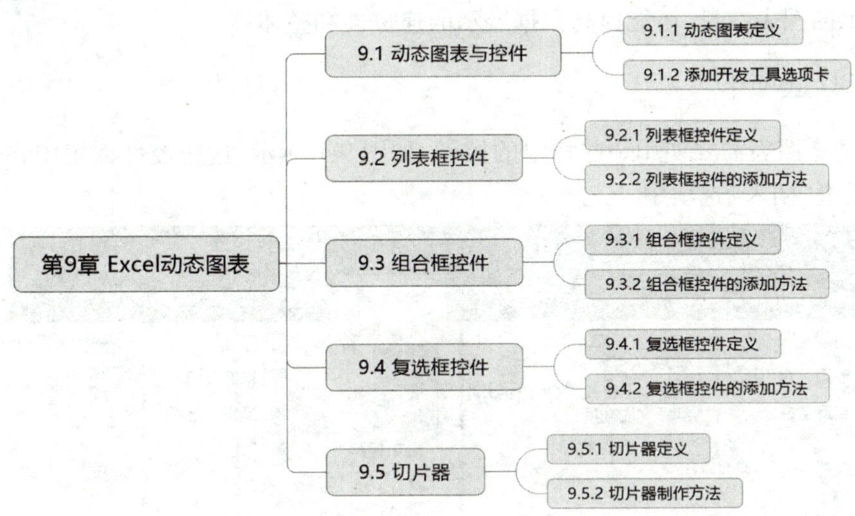

9.1 动态图表与控件

当数据的维度和复杂度增加时，我们希望能够以更灵活、更交互的方式对图表进行操作，深入挖掘数据背后的故事。这时，添加控件就显得尤为重要。控件，作为动态图表的关键组成部分，为我们提供了与图表进行交互的桥梁和纽带。我们将详细介绍如何在动态图表中添加各种控件，以及如何利用这些控件提升图表的交互性和分析深度。

9.1.1 动态图表定义

动态图表，也称为交互式图表，是一种根据选择的源数据不同而呈现不同效果的图表。相较于传统的静态图表，动态图表在数据展示方面具有更高的效率。通过单一图表中的数据动态展示，我们能够灵活地读取、探索数据，并从中分析出更多有价值的信息。

动态图表的强大之处在于其交互性和动态性。通过添加控件，如组合框、列表框、复选框，可以实现数据的交互操作，使用户能够自由地筛选、排序和分组数据，从而更深入地分析数据背后的规律和趋势。这种交互性不仅能增强数据分析的灵活性，还能提升数据的可读性和可理解性。

动态图表还具有出色的数据展示效果。通过数据的动态展示，动态图表能够在一张图表中呈现多个数据视图，帮助读者全面了解数据的分布情况、内在联系和数据趋势。这种动态展示方式不仅能减少需要展示的图表数量，还能提高数据展示的连贯性和整体性。

9.1.2 添加开发工具选项卡

在 Excel 中，制作动态图表需要使用一些特定的控件，如图 9-1 所示，这些控件都集中在“开发工具”选项卡“控件”组“插入”选项中。

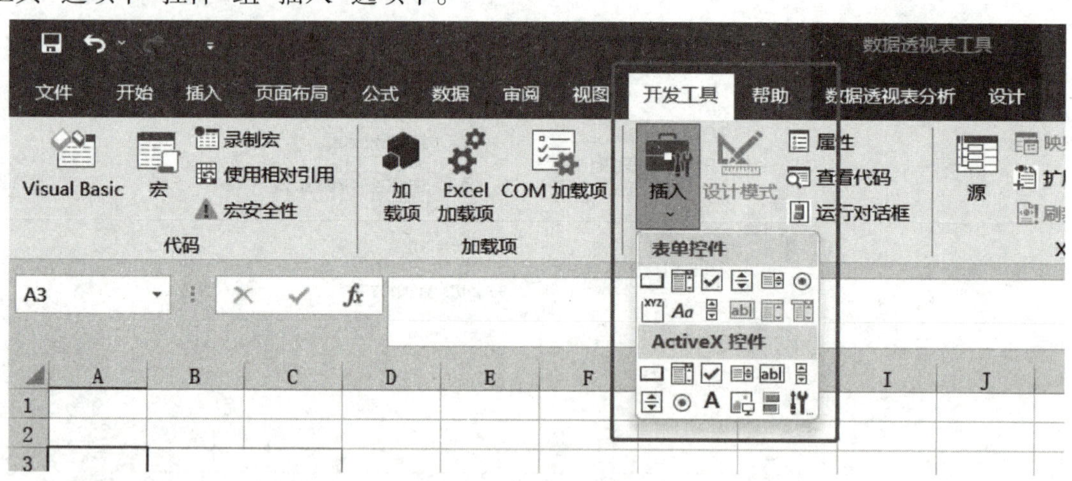

图 9-1 表单控件

默认情况下，Excel 的功能区不显示“开发工具”选项卡，因此在使用之前需要先进行添加。如图 9-2 所示，打开“Excel 选项”对话框，单击“自定义功能区”选项卡，在右侧的列表框中选择“开发工具”复选框，单击“确定”按钮。

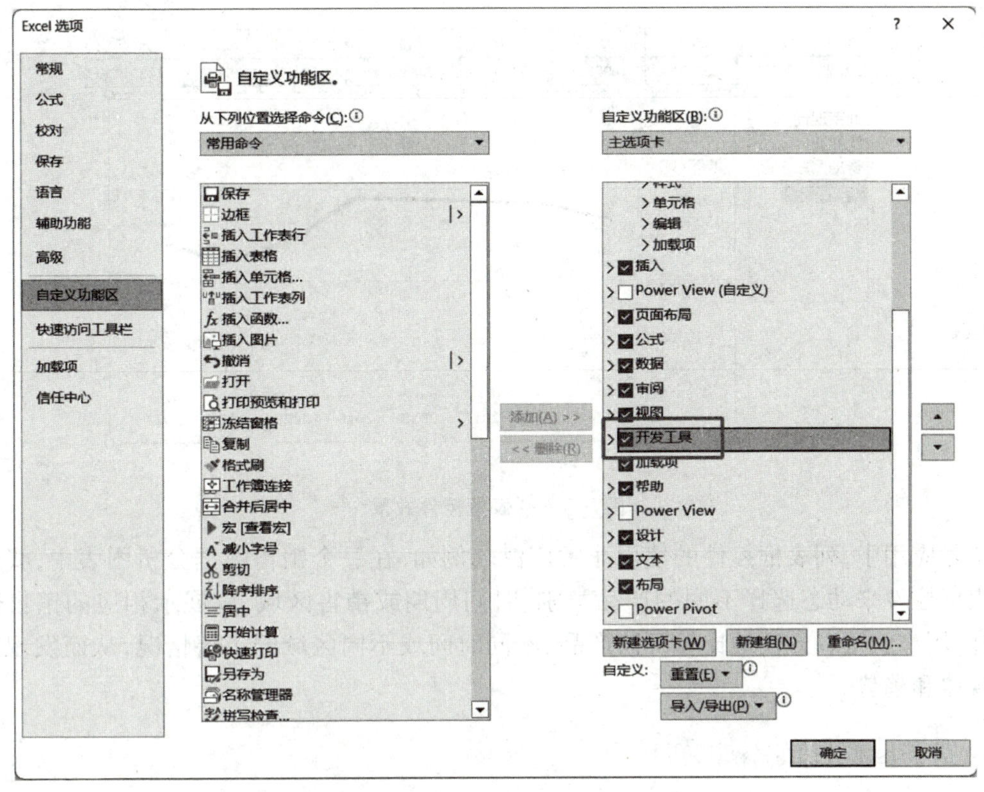

图 9-2　添加开发工具选项卡

此时,返回到 Excel 的主界面,就会发现功能区中已经添加了“开发工具”选项卡。

9.2　列表框控件

列表框控件以其直观、易用的特点,在动态图表中扮演着重要的角色。通过列表框控件,我们可以轻松地实现数据的筛选、分类和展示,使图表更符合我们的分析需求。接下来,我们将深入探讨列表框控件在动态图表中的具体应用,包括添加方法、属性设置以及与其他控件的协同作用。

9.2.1　列表框控件定义

列表框控件是 Excel 图表中一种常用的交互控件,它允许用户在一组预设的选项中进行选择,以动态地改变图表的呈现效果。当图表中的数据量较大,需要频繁切换不同的数据视图时,列表框控件可以发挥重要作用。

如图 9-3 所示,通过列表框控件,我们可以将图表中所有的内容设置为预置选项,读者只需从列表中选择所需的选项,图表就会根据读者的选择动态地呈现相应的数据视图。这种交互方式使得数据分析更加灵活和高效,读者可以根据需要随时调整图表的展示内容,从而更好地理解和分析数据。①

---

① 数据来源:车主之家网站,https://xl.16888.com/month.html,2024 年 1 月 29 日。

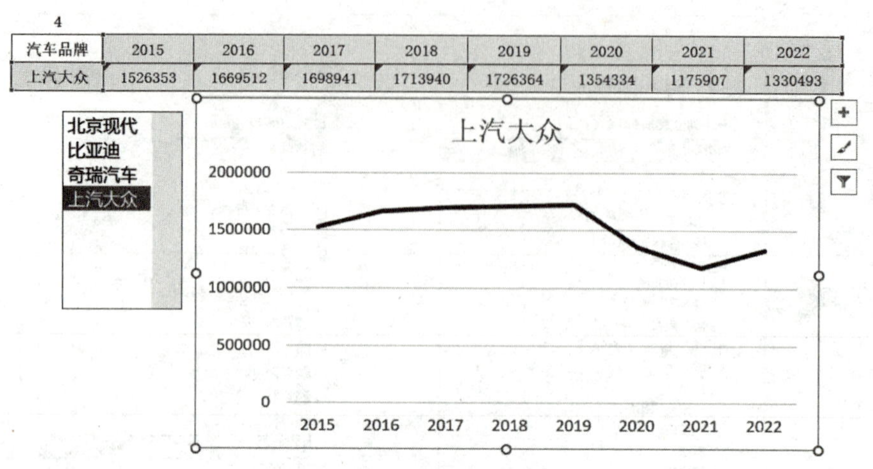

图 9-3　列表框控件效果

在实际应用中,列表框控件的使用非常广泛。例如,在一个销售数据分析图表中,我们可以使用列表框控件来动态选择不同的产品类别、时间周期或销售区域,以展示相应的销售数据视图。这样,用户就可以方便地比较不同产品、不同时间或不同区域的销售情况,从而发现销售数据中的规律和趋势。

9.2.2　列表框控件的添加方法

例 1　使用列表框控件绘制汽车品牌销售数据变化情况表。

步骤 1▶　选择列表框控件。打开素材文件“第 9 章 – 2015 – 2022 年汽车销量情况”[①],单击“开发工具”选项卡“控件”组“插入”按钮,会弹出一个下拉列表,其中包含多种窗体控件供我们选择。如图 9-4 所示,在这个下拉列表中,我们需要选择“列表框(窗体控件)”选项。

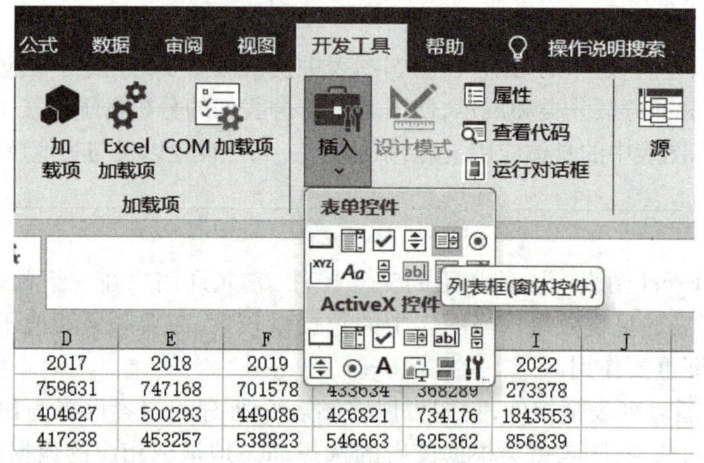

图 9-4　选择列表框控件

① 数据来源:车主之家网站,https://xl.16888.com/month.html,2024 年 1 月 29 日。

步骤2▶ 绘制控件并进行设置。选择“列表框（窗体控件）”选项后，我们的鼠标指针会变成十字形状，这时我们可以在工作表中拖动鼠标，创建一个合适大小的列表框控件，如图9-5所示。列表框控件的大小和位置可以根据实际需要进行调整。

创建好列表框控件后，我们可以通过右键点击该控件，在弹出的快捷菜单中选择“设置控件格式”选项，对列表框控件进行格式化设置。

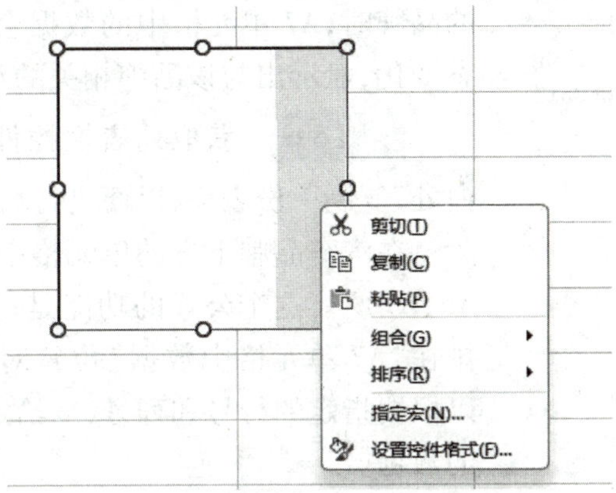

图9-5 选择设置控件格式

步骤3▶ 设置控件参数。我们还需要为列表框控件添加数据源，数据源可以是工作表中的某个区域，也可以是其他数据源。我们可以通过“设置对象格式”对话框中单击“控制”选项卡，设置“数据源区域”。一旦指定了数据源，列表框控件就会自动显示数据源中的所有选项，供用户选择。在该数据案例中，设置“数据源区域”为汽车品牌数据列，再设置一个空白单元格作为链接单元格，选中的数据会在链接单元格中显示，代表我们选择的内容是列表框中的第几项，单击“确定”按钮，如图9-6所示。

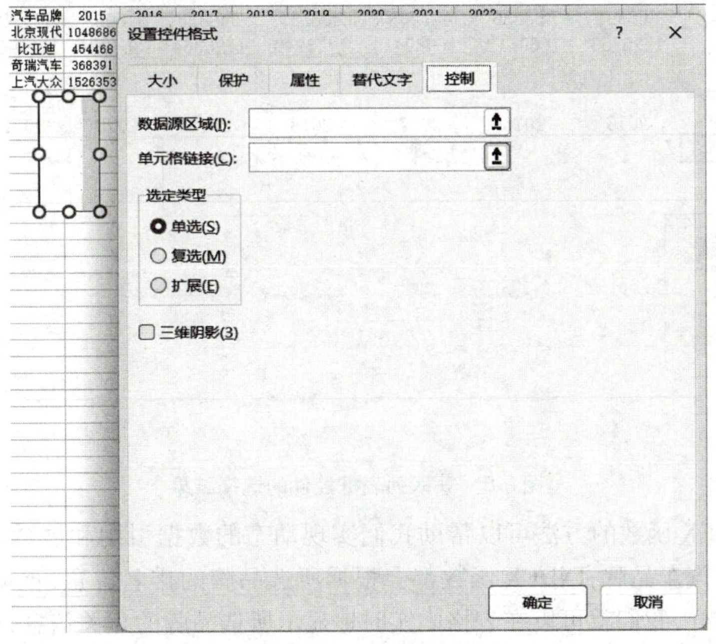

图9-6 设置控件格式

步骤 4▶ 查看效果。在完成控件设置后，列表框控件中已显示表格中的汽车品牌名称。为了确保控件的显示更加清晰和美观，我们可以根据需要调整控件的大小和位置，使其与工作表的其他元素协调一致。

	A	B	C
1	汽车品牌	2015	2016
2	北京现代	1048686	1160560
3	比亚迪	454468	489017
4	奇瑞汽车	368391	458835
5	上汽大众	1526353	1669512
6			
7	3		
8		北京现代	
9		比亚迪	
10		奇瑞汽车	
11		上汽大众	
12			
13			

图 9-7　查看控件效果

接下来，可以尝试在列表框中选择不同的汽车品牌，以观察 A7 单元格中编号的变化。如图 9-7 所示，当选择不同的品牌时，A7 单元格中的数据会根据所选品牌的不同而动态变化，显示出与该品牌相关的编号信息。

步骤 5▶ 获取列表框控件的选择结果。在表格中空白处，复制一份表头，以便进行后续的数据处理和展示。

在汽车品牌下方的单元格中，输入公式“ = INDEX(A2:A5,A7)”。这个公式的功能是，从 A2:A5 单元格区域返回排在“A7 单元格中数据”位置对应的数据。INDEX 函数可以根据指定的行号和列号，从给定的单元格区域中返回相应的数据。

A2:A5 单元格区域包含了不同的汽车品牌，而 A7 单元格则显示了在列表框控件中所选择的汽车品牌的排名位置。如图 9-8 所示，当列表框控件选择比亚迪时，由于比亚迪是列表框控件的第二个选项，所以 A7 单元格显示的数值为 2。因此，INDEX 函数将从 A2:A5 区域返回排名为 2 的汽车品牌，即比亚迪。

A9　=INDEX(A2:A5,$A$7)

	A	B	C	D	E	F	G	H	I
1	汽车品牌	2015	2016	2017	2018	2019	2020	2021	2022
2	北京现代	1048686	1160560	759631	747168	701578	433634	368289	273378
3	比亚迪	454468	489017	404627	500293	449086	426821	734176	1843553
4	奇瑞汽车	368391	458835	417238	453257	538823	546663	625362	856839
5	上汽大众	1526353	1669512	1698941	1713940	1726364	1354334	1175907	1330493
6									
7	2								
8	汽车品牌	2015	2016	2017	2018	2019	2020	2021	2022
9	比亚迪								
10									
11									
12	北京现代								
13	比亚迪								
14	奇瑞汽车								
15	上汽大众								
16									
17									
18									
19									

图 9-8　获取列表框控件的选择结果

这种使用 INDEX 函数的方法可以帮助我们实现动态的数据引用和展示。无论用户在列表框控件中选择哪个汽车品牌，INDEX 函数都会根据所选品牌的排名位置，自动从 A2:A5 区域返回对应的数据。这样，我们就可以在表格中实时地显示所选品牌的相关信息，便于读者进行数据分析和比较。

步骤 6▶ 复制公式,制作图表。如图 9-9 所示,在进行数据分析和可视化时,我们可以利用 Excel 的填充控制柄功能,将公式复制到多个单元格,以便快速获取各汽车品牌的销售数据。

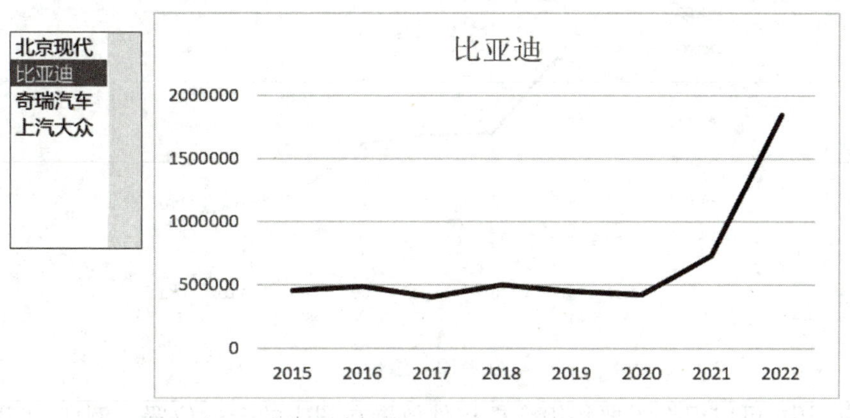

图 9-9 制作图表

首先,将鼠标移动到 A9 单元格的右下角,当出现实心黑色十字图标时,向右拖动填充控制柄。这样,A9 单元格的公式就会被复制到 B2:I2 单元格区域。由于公式中使用了 INDEX 函数来引用 A7 单元格的排名位置,因此,B2:I2 单元格区域中的公式会根据 A7 单元格的数值,依次返回 B、C、D、E、F、G、H、I 列排在“A7 单元格中数据”位置的对应数据。这样,我们就得到了各汽车品牌的销售数据。

接下来,我们可以选择 J2:N2 单元格区域的数据,然后利用 Excel 的图表功能,制作一个柱形图。柱形图是一种常用的数据可视化方式,可以直观地展示不同汽车品牌的销售数据,并便于比较和分析。在制作柱形图时,我们可以选择合适的图表样式和颜色,以提高图表的可读性和美观度。

完成柱形图的制作后,我们可以通过在列表控件中切换汽车品牌,来观察销售数据的变化情况,这种动态交互的方式可以帮助我们全面了解各汽车品牌销售数据的变化情况,从而做出更合理的决策。

9.3 组合框控件

组合框控件以其独特的功能和灵活性,成为数据分析师们钟爱的工具之一。组合框控件不仅能够提供下拉列表式的选项选择,还支持用户自定义输入,大大增强了图表的交互性。接下来,我们将深入探究组合框控件的奥妙,学习如何在动态图表中巧妙地添加和运用这一控件,让数据分析过程更加智能化、个性化。

9.3.1 组合框控件定义

组合框控件与列表框控件在功能上非常相似,都允许用户在一组预设的选项中进行选择,以实现数据的交互和动态展示。如图 9-10 所示,与列表框控件相比,组合框控件具有更小的占用面积，因此可以更方便地放置在图表上，而不会过多地占据图表空间，从而能提高图表的可操作性和用户体验。

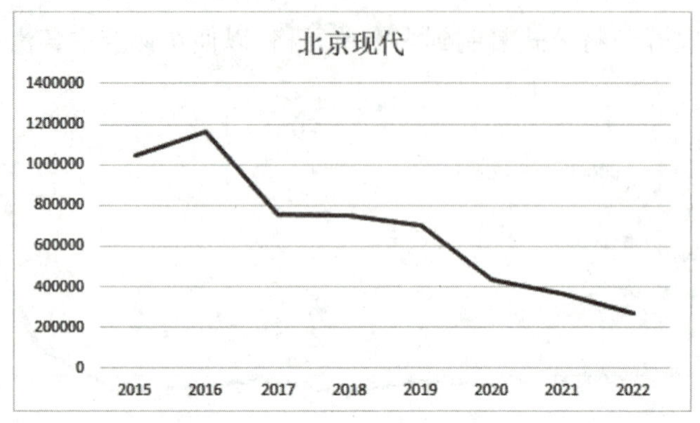

图 9-10　组合框

在实际应用中，可以根据需要将组合框控件放置在图表的合适位置。例如，可以将组合框控件放置在图表的标题栏或图例附近，以便用户随时进行操作和选择。同时，为了确保组合框控件不会被图表遮挡，可以将图表格式设置为“置于底层”，使组合框控件显示在图表的上方。

9.3.2　组合框控件的添加方法

例 2　使用组合框控件绘制汽车品牌销售数据变化情况表。

步骤 1▶　选择组合框控件。打开素材文件“第 9 章 －2015 －2022 年汽车销量情况”①，单击“开发工具”选项卡“控件”组“插入”按钮，会弹出一个下拉列表，其中包含多种窗体控件，选择“组合框”选项，如图 9-11 所示。

	A	B	C	D	E
1	汽车品牌	2015	2016	2017	2018
2	北京现代	1048686	1160560	759631	747168
3	比亚迪	454468	489017	404627	500293
4	奇瑞汽车	368391	458835	417238	453257
5	上汽大众	1526353	1669512	1698941	1713940

图 9-11　选择组合框控件

步骤 2▶　绘制控件并进行设置。选择“组合框”选项后，鼠标指针会变成十字形状，在工作表中拖动鼠标，创建一个大小合适的组合框控件，如图 9-12 所示。组合框控件的大小和位置

① 数据来源：车主之家网站，https://xl.16888.com/month.html，2024 年 1 月 29 日。

可以根据实际需要进行调整。

创建好组合框控件后，可以通过右键点击该控件，在弹出的快捷菜单中选择“设置控件格式”选项，对组合框控件进行格式化设置。

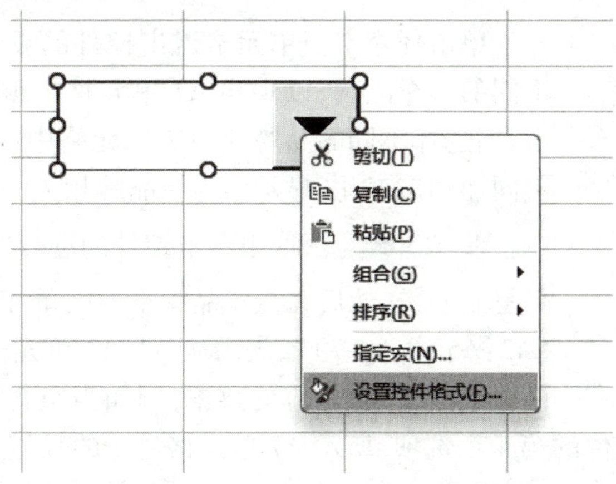

图 9-12　选择设置控件格式

步骤 3▶　设置控件参数。单击“设置对象格式”对话框“控制”选项卡，设置“数据源区域”。一旦指定了数据源，组合框控件就会自动显示数据源中的所有选项，供读者选择。在该数据案例中，设置“数据源区域”为汽车品牌数据列，再设置一个空白单元格作为链接单元格，选中的数据会在链接单元格中显示，表示选择的内容是组合框中的第几项，单击“确定”按钮，如图 9-13 所示。

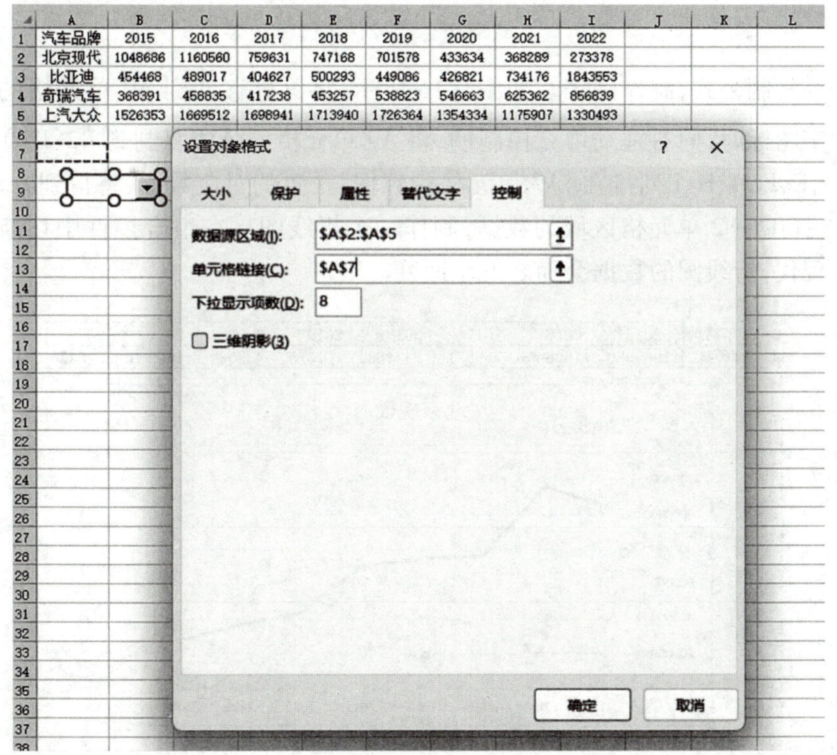

汽车品牌	2015	2016	2017	2018	2019	2020	2021	2022
北京现代	1048686	1160560	759631	747168	701578	433634	368289	273378
比亚迪	454468	489017	404627	500293	449086	426821	734176	1843553
奇瑞汽车	368391	458835	417238	453257	538823	546663	625362	856839
上汽大众	1526353	1669512	1698941	1713940	1726364	1354334	1175907	1330493

图 9-13　设置控件格式

步骤 4▶ 查看效果。在完成控件设置后，组合框控件显示表格中的汽车品牌名称。为了确保控件的显示效果更加清晰和美观，可以根据需要调整控件的大小和位置，使其与工作表的其他元素协调一致。

	A	B	C	
1	汽车品牌	2015	2016	2
2	北京现代	1048686	1160560	75
3	比亚迪	454468	489017	40
4	奇瑞汽车	368391	458835	41
5	上汽大众	1526353	1669512	16(
6				
7	2			
8	比亚迪			
9				
10				

图 9-14　查看控件效果

单击任意空白单元格退出控件的设置状态，在组合框中选择不同的汽车品牌，以观察 A7 单元格中编号的变化。如图 9-14 所示，当选择不同的品牌时，A7 单元格中的数据会根据所选品牌的不同而动态变化，显示出与该品牌相关的编号信息。

步骤 5▶ 获取组合框控件的选择结果。在表格空白处将表头复制一份，然后在汽车品牌下方的单元格中输入公式“ = INDEX（A2:A5，$A$7）”，表示从 A2:A5 单元格区域返回排在“A7 单元格中数据”位置对应的数据，例如当组合框控件选择上汽大众时，由于上汽大众是组合框控件的第 4 个选项，所示 A7 单元格显示的数值为 4，如图 9-15 所示。

	A	B	C	D	E	F	G	H	I
1	汽车品牌	2015	2016	2017	2018	2019	2020	2021	2022
2	北京现代	1048686	1160560	759631	747168	701578	433634	368289	273378
3	比亚迪	454468	489017	404627	500293	449086	426821	734176	1843553
4	奇瑞汽车	368391	458835	417238	453257	538823	546663	625362	856839
5	上汽大众	1526353	1669512	1698941	1713940	1726364	1354334	1175907	1330493
6									
7	4								
8	汽车品牌	2015	2016	2017	2018	2019	2020	2021	2022
9	上汽大众								
10									
11	上汽大众								
12									

图 9-15　获取组合框控件的选择结果

步骤 6▶ 复制公式，制作图表。如图 9-16 所示，将鼠标移动到 A9 单元格的右下角，当出现实心黑色十字图标时，向右拖动填充控制柄，将 A9 单元格的公式复制到 B2:I2 单元格区域，依次返回 B、C、D、E、F、G、H、I 列排在“A7 单元格中数据”位置的对应数据，将得到各汽车品牌的销售数据，然后选择 J2:N2 单元格区域的数据，制作一个折线图。在组合控件中切换汽车品牌，例如切换到北京现代，折线图的数据会随之发生改变。

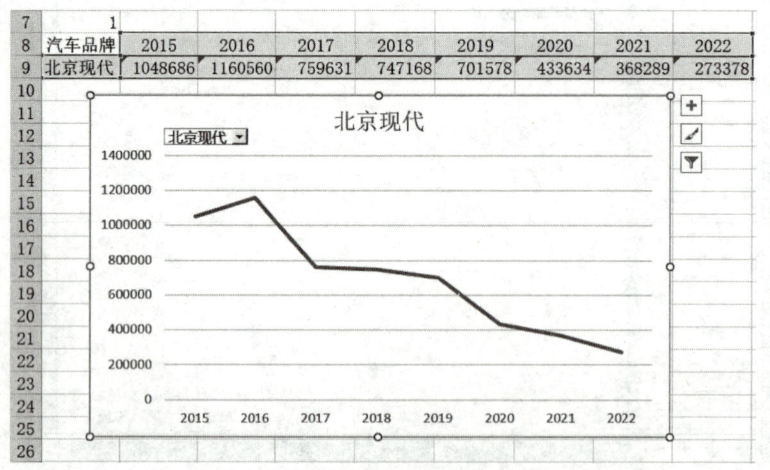

	A								
7	1								
8	汽车品牌	2015	2016	2017	2018	2019	2020	2021	2022
9	北京现代	1048686	1160560	759631	747168	701578	433634	368289	273378

图 9-16　制作图表

9.4 复选框控件

复选框控件以其直观的选择方式和灵活的应用场景,在动态图表中占据了一席之地。通过复选框,用户可以自由地选择多个数据项或图表元素,实现数据的多样化展示和对比分析。接下来,我们将一同走进复选框控件的世界,学习如何在动态图表中巧妙地添加和运用复选框,解锁更多数据可视化的可能性。

9.4.1 复选框控件定义

复选框控件是一种常用的交互控件,尤其在需要进行多项选择时表现出其便利性。当多个复选框控件被组织为一组时,它们各自的状态是独立的,这意味着用户可以根据需要选择一个或多个选项,而不会对其他复选框的勾选状态产生影响。

在图 9-17 的示例中,可以看到一组复选框控件,每个复选框代表一个不同的选项。这些复选框被设计得清晰易见,用户只需点击复选框即可进行勾选或取消勾选。由于每个复选框的状态是独立的,用户可以根据实际需求进行灵活的选择,既可以只选择一个选项,也可以选择多个选项,甚至可以选择全部选项。

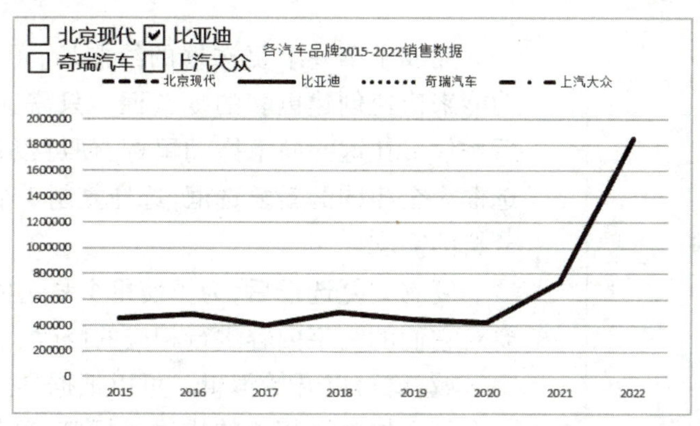

图 9-17 复选框控件

在实际的数据分析和可视化过程中,复选框控件的使用可以大大提高数据的交互性和可操作性。例如,可以将复选框控件与图表进行关联,通过勾选不同的复选框来切换图表中显示的数据系列或数据标签,以便更全面地展示数据的信息和规律。

需要注意的是,在设计复选框控件时,应尽量保持其简洁明了,避免过多的复选框导致界面混乱和用户操作困难。

9.4.2 复选框控件的添加方法

例 3 使用复选框控件绘制汽车品牌销售数据变化情况表。

步骤 1▶ 插入复选框控件。打开素材文件“第 9 章 –2015 –2022 年汽车销量情况”,如图 9-18 所示,单击 Excel 界面“开发工具”选项卡“控件”组“插入”按钮,会弹出一个下拉列表,这个列表罗列了多种控件供用户选择,选择“复选框(窗体控件)”选项。

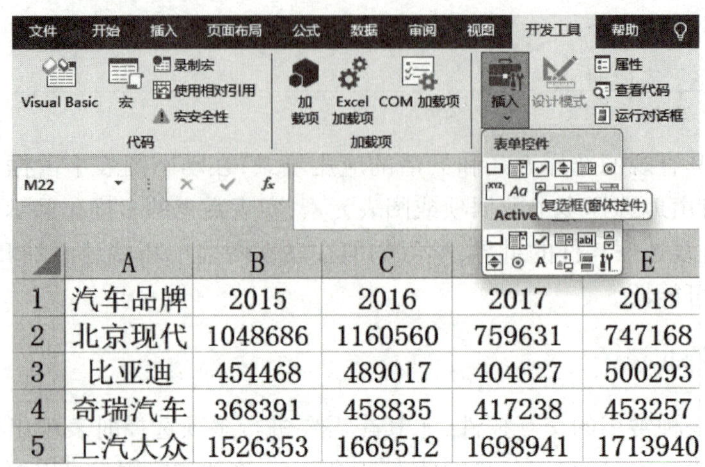

	A	B	C	D	E
1	汽车品牌	2015	2016	2017	2018
2	北京现代	1048686	1160560	759631	747168
3	比亚迪	454468	489017	404627	500293
4	奇瑞汽车	368391	458835	417238	453257
5	上汽大众	1526353	1669512	1698941	1713940

图 9-18　插入复选框控件

步骤 2▶　复制复选框控件，修改名称。在工作表中找到一个合适的位置来放置复选框，确定了位置之后，通过拖动鼠标来绘制复选框控件窗体。在这一过程中，应确保绘制的窗体大小适中、边界清晰，这样用户就能轻松地与之互动。如图 9-19 所示，一个理想的复选框应该是醒目的，同时又不会过于突兀。

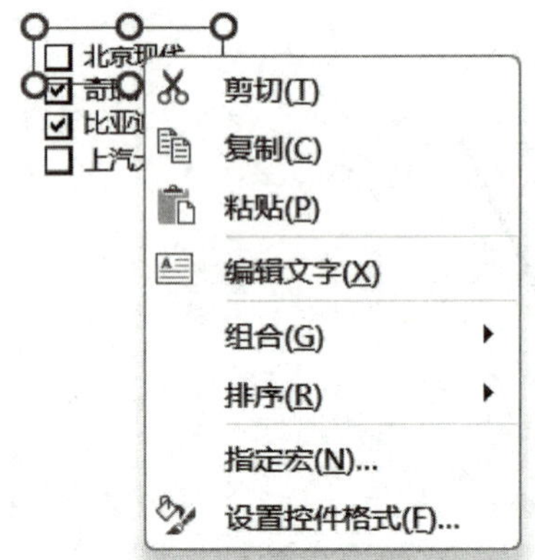

图 9-19　修改复选框名称

完成了第一个复选框的绘制后，可以利用 Excel 的复制功能来快速创建更多的复选框。只需选中第一个复选框，然后按住 Ctrl 键并向下拖动鼠标，便可以轻松复制出与原始复选框完全相同的新复选框，选择复制 3 个复选框，以满足数据分析的需求。

复制完复选框后，为了使每个复选框都有独特的意义，需要对它们的文字内容进行相应的修改。点击复选框旁边的文字区域，就可以开始编辑。可以根据具体的数据分析任务，为每个复选框输入相关的描述或标签，确保用户能够快速理解每个复选框的具体作用。

在实际应用中，这些复选框可以用于多种场景，如筛选数据、控制图表的显示内容或启动特定的宏命令等。用户只需简单地勾选或取消勾选这些复选框，就能实现对数据的灵活操作和分析。

步骤 3▶　设置复选框格式。选中复选框控件后，右击会弹出一个快捷菜单，选择执行“设置控件格式”命令，这将打开一个新的对话框，可以对控件进行详细的设置。

在“设置对象格式”对话框中单击“控制”选项卡，选中“已选择”单选按钮。

接下来设置链接单元格，链接单元格是 Excel 中的一个特殊单元格，当复选框的状态发生变化时，这个单元格的值也会随之改变。如图 9-20 所示，选择了原数据表中“北京现代”数据的最后一个单元格(J2 单元格)作为链接单元格。这意味着，当用户点击复选框时，J2 单元格的值会根据复选框的状态进行相应的变化。

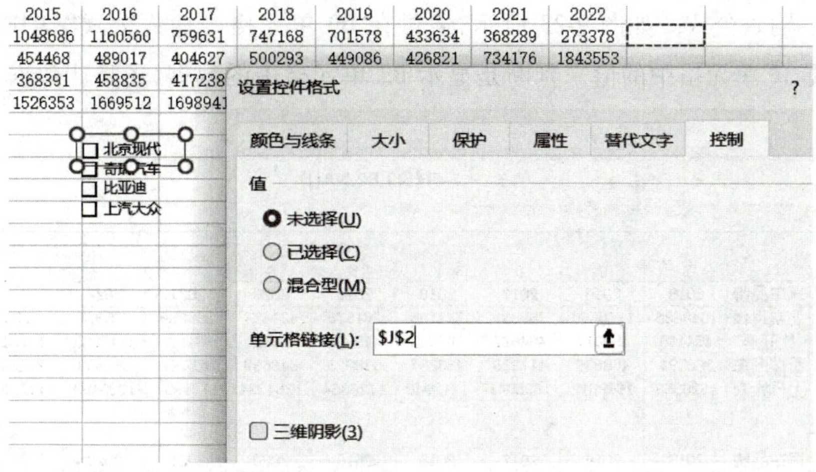

图 9-20　设置复选框格式

完成了上述设置后，只需点击对话框中的“确定”按钮，就可以保存这些设置并使它们生效。此时，复选框控件就已经与 J2 单元格建立了链接，可以根据用户的操作来控制该单元格的值了。使用同样的方式依次设置其余 3 个复选框控件，如图 9-21 所示，根据复选框的选中状态，在前一步设置的单元格链接中会对应显示 TURE/FALSE。

	A	B	C	D	E	F	G	H	I	J
1	汽车品牌	2015	2016	2017	2018	2019	2020	2021	2022	
2	北京现代	1048686	1160560	759631	747168	701578	433634	368289	273378	TRUE
3	比亚迪	454468	489017	404627	500293	449086	426821	734176	1843553	FALSE
4	奇瑞汽车	368391	458835	417238	453257	538823	546663	625362	856839	TRUE
5	上汽大众	1526353	1669512	1698941	1713940	1726364	1354334	1175907	1330493	FALSE

☑ 北京现代
☐ 比亚迪
☑ 奇瑞汽车
☐ 上汽大众

图 9-21　查看复选框状态

步骤 4▶　复制表框架。复制原数据的表格框架，不要复制具体的数据内容，这样可以保留原数据的结构和格式，方便在新的表格中进行数据输入和分析，如图 9-22 所示。

	A	B	C	D	E	F	G	H	I	J
1	汽车品牌	2015	2016	2017	2018	2019	2020	2021	2022	
2	北京现代	1048686	1160560	759631	747168	701578	433634	368289	273378	TRUE
3	比亚迪	454468	489017	404627	500293	449086	426821	734176	1843553	FALSE
4	奇瑞汽车	368391	458835	417238	453257	538823	546663	625362	856839	TRUE
5	上汽大众	1526353	1669512	1698941	1713940	1726364	1354334	1175907	1330493	FALSE
6										
7										
8	汽车品牌	2015	2016	2017	2018	2019	2020	2021	2022	
9	北京现代									
10	比亚迪									
11	奇瑞汽车									
12	上汽大众									

图 9-22　复制表框架

步骤5▶ 输入公式。如图9-23所示,通过在B9单元格中输入公式“=IF($J2,B2,NA())”,可以根据J2单元格中的值来判断是显示B2单元格中的数据,还是让数据在图表中变为空值(NA)。

B9 =IF($J2,B2,NA())

	A	B	C	D	E	F	G	H	I	J
1	汽车品牌	2015	2016	2017	2018	2019	2020	2021	2022	
2	北京现代	1048686	1160560	759631	747168	701578	433634	368289	273378	TRUE
3	比亚迪	454468	489017	404627	500293	449086	426821	734176	1843553	FALSE
4	奇瑞汽车	368391	458835	417238	453257	538823	546663	625362	856839	FALSE
5	上汽大众	1526353	1669512	1698941	1713940	1726364	1354334	1175907	1330493	FALSE
6										
7										
8	汽车品牌	2015	2016	2017	2018	2019	2020	2021	2022	
9	北京现代	1048686								
10	比亚迪									
11	奇瑞汽车									
12	上汽大众									
13										

图9-23 输入公式

公式“=IF($J2,B2,NA())”是一个IF函数,根据指定的条件来判断并返回相应的结果。在这个公式中,条件部分是“$J2”,引用了J2单元格的值。如果J2单元格的值为TRUE(或非零),则IF函数将返回B2单元格中的值作为结果;如果J2单元格的值为FALSE(或零),则IF函数将返回NA()函数的结果,在图表中显示为空值。

在Excel图表中,NA代表“不适用”或“无法获取”的数据,它在图表中相当于一个空值,不会被显示出来。通过让数据变为NA,我们可以在图表中过滤掉那些不符合特定条件的数据点,使得图表更加清晰和易于理解。

步骤6▶ 复制公式填充到表格框架的其余空白部分。

我们已经在B9单元格中输入了一个公式,用于判断复选框的状态并返回相应的数据。为了将这个公式应用到更大的数据区域,可以利用Excel的填充控制柄功能来进行快速复制。

如图9-24所示,将鼠标移动到B9单元格的右下角,鼠标指针变成了一个实心黑色十字图标,这就是填充控制柄。此时,按住鼠标左键不放,向右拖动填充控制柄,B9单元格的公式被自动复制到了B9:I12单元格区域。

这样,B9:I12单元格区域中的每个单元格都具备了与B9单元格相同的公式功能,能够根据复选框的状态来返回相应的销售数据。当复选框的状态发生变化时,这些单元格中的公式会重新计算结果,从而实时反映各汽车品牌的销售数据。

步骤7▶ 插入图表,并观察复选框的设置效果。选择A9:I12单元格区域的数据,制作折线图,如图9-25所示,在复选框控件中选择不同的汽车品牌,折线图的数据会随之发生改变。

在需要同时调整多个复选框的位置时,按住Ctrl键不放,依次右击每个复选框,全部选中后即可同时调整位置。将图表格式设置为置于底层,这样复选框可以显示在图表的上方。

	A	B	C	D	E	F	G	H	I	J
1	汽车品牌	2015	2016	2017	2018	2019	2020	2021	2022	
2	北京现代	1048686	1160560	759631	747168	701578	433634	368289	273378	TRUE
3	比亚迪	454468	489017	404627	500293	449086	426821	734176	1843553	FALSE
4	奇瑞汽车	368391	458835	417238	453257	538823	546663	625362	856839	TRUE
5	上汽大众	1526353	1669512	1698941	1713940	1726364	1354334	1175907	1330493	FALSE
6										
7										
8	汽车品牌	2015	2016	2017	2018	2019	2020	2021	2022	
9	北京现代	1048686	1160560	759631	747168	701578	433634	368289	273378	
10	比亚迪	#N/A	#N/A	#N/A	#N/A	#N/A	#N/A	#N/A	#N/A	
11	奇瑞汽车	368391	458835	417238	453257	538823	546663	625362	856839	
12	上汽大众	#N/A	#N/A	#N/A	#N/A	#N/A	#N/A	#N/A	#N/A	
13										
14										
15										
16		☑ 北京现代								
17		☐ 比亚迪								
18		☑ 奇瑞汽车								
19		☐ 上汽大众								
20										

图 9-24　复制公式获取数据

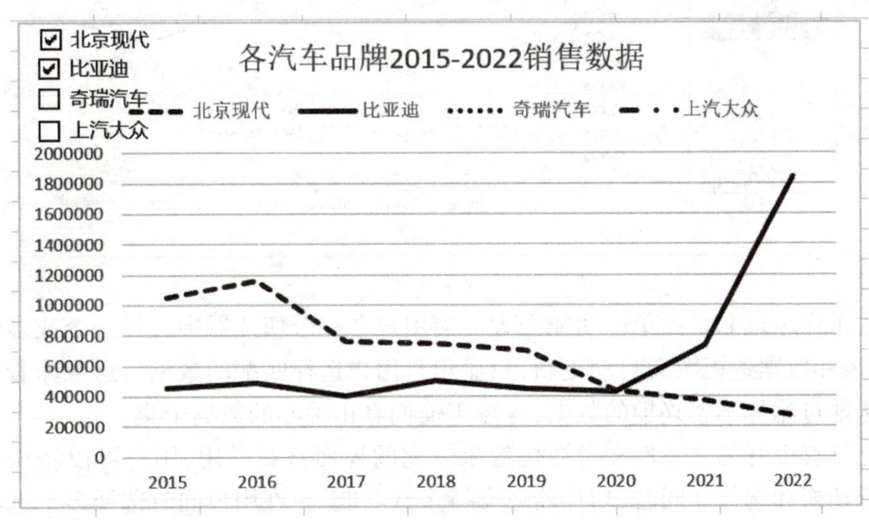

图 9-25　复选框控件效果

9.5　切片器

切片器，作为动态图表中一种强大的控件，以其直观、便捷的操作方式，为用户提供了快速筛选和定位数据的能力。通过切片器，可以轻松地过滤出感兴趣的数据子集，并在图表中实时展示筛选结果，从而更加聚焦于数据的核心特征。接下来，我们将一同揭开切片器的神秘面纱，学习如何在动态图表中灵活运用这一控件，提升数据可视化的交互性和分析效率。通过本节的学习，你将能够熟练掌握切片器的使用技巧，为数据洞察和决策提供又一锐利的可视化工具。

9.5.1 切片器定义

数据透视表是 Excel 中的一种功能,它可以将原始数据转化为一个交互式的表格,允许用户根据不同的字段和属性对数据进行分组、汇总和分析。数据透视图是基于数据透视表的数据可视化展现,它以图表的形式展示数据透视表中的数据和分析结果。

切片器是 Excel 中一个强大的数据筛选工具,尤其在与数据透视表和数据透视图结合使用时,它能够为用户提供一种直观、交互性强的方式来筛选和查看数据。

如图 9-26 所示,通过切片器,用户可以轻松地选择他们感兴趣的数据子集,而数据透视表和数据透视图则会实时更新,只显示与用户选择相关的数据和分析结果。

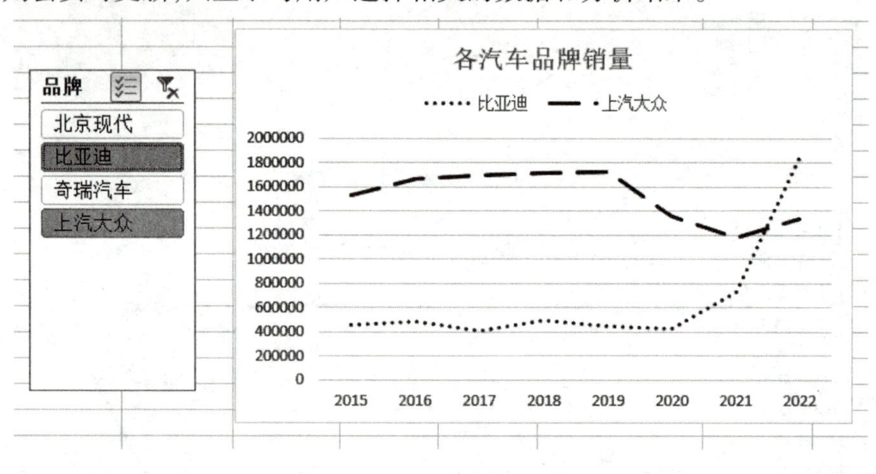

图 9-26 切片器

切片器的工作原理非常简单但功能强大。当用户在一个切片器中选择一个或多个特定的项时,数据透视表和数据透视图会自动更新,只显示与用户选择匹配的数据。这意味着用户可以通过切片器快速地过滤掉不感兴趣的数据,专注于他们真正关心的数据子集。

切片器还具有很好的交互性和可视化效果。它的界面直观易用,用户可以轻松地在不同的选项之间进行切换和选择。同时,切片器还支持多选功能,允许用户同时选择多个选项进行数据分析。

9.5.2 切片器制作方法

例 4 使用切片器绘制汽车品牌销售数据变化情况表。

步骤 1▶ 创建数据透视表和数据透视图。打开素材文件“第 9 章 – 汽车销量明细”,如图 9-27 所示,使用数据透视表对原始数据进行统计汇总,计算 2015 – 2022 年期间,4 个汽车品牌的每年销量,并制作一张折线图。

步骤 2▶ 插入切片器。选中数据透视表后,单击 Excel“数据透视表分析”选项卡“筛选”组“插入切片器”按钮,弹出一个切片器对话框,如图 9-28 所示。在切片器对话框中,选择要作为切片器筛选条件的字段。这个案例以品牌作为切片器的筛选条件,在对话框列表中选择“品牌”字段。单击“确定”按钮,Excel 将在工作表中插入一个切片器控件。这个切片器控件允许用户通过选择品牌来筛选数据透视表中的数据。

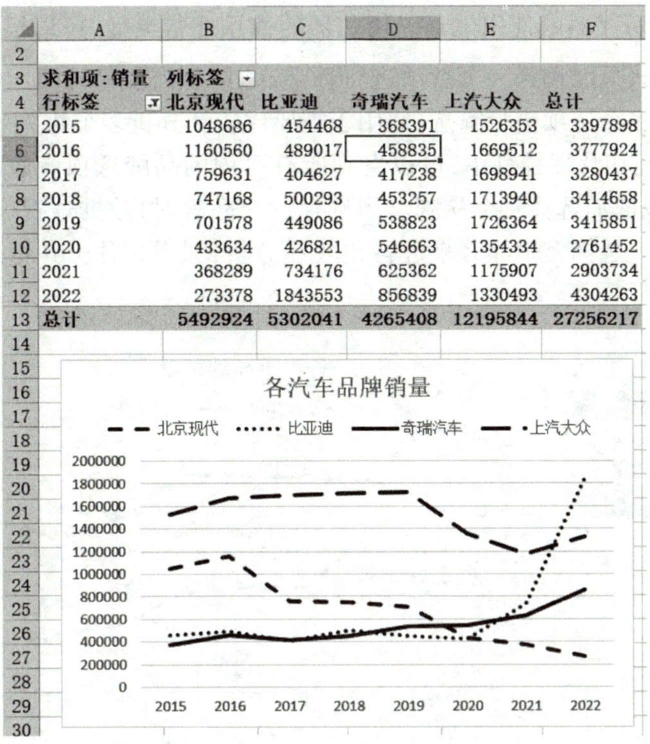

求和项:销量	列标签				
行标签	北京现代	比亚迪	奇瑞汽车	上汽大众	总计
2015	1048686	454468	368391	1526353	3397898
2016	1160560	489017	458835	1669512	3777924
2017	759631	404627	417238	1698941	3280437
2018	747168	500293	453257	1713940	3414658
2019	701578	449086	538823	1726364	3415851
2020	433634	426821	546663	1354334	2761452
2021	368289	734176	625362	1175907	2903734
2022	273378	1843553	856839	1330493	4304263
总计	5492924	5302041	4265408	12195844	27256217

图 9-27　制作数据透视表与折线图

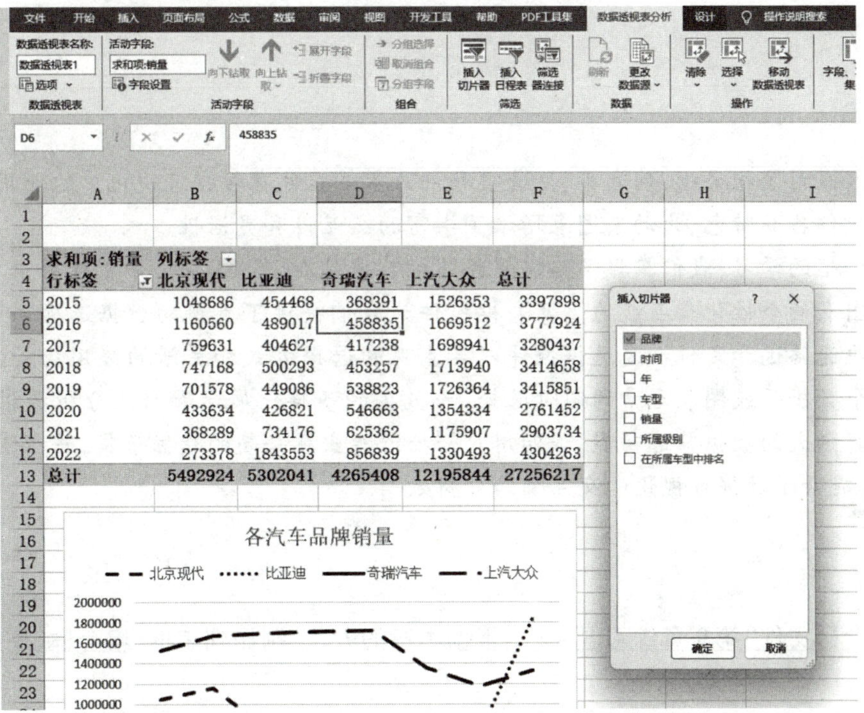

求和项:销量	列标签				
行标签	北京现代	比亚迪	奇瑞汽车	上汽大众	总计
2015	1048686	454468	368391	1526353	3397898
2016	1160560	489017	458835	1669512	3777924
2017	759631	404627	417238	1698941	3280437
2018	747168	500293	453257	1713940	3414658
2019	701578	449086	538823	1726364	3415851
2020	433634	426821	546663	1354334	2761452
2021	368289	734176	625362	1175907	2903734
2022	273378	1843553	856839	1330493	4304263
总计	5492924	5302041	4265408	12195844	27256217

图 9-28　插入切片器

步骤 3▶ 观察切片器的使用效果。切片器的使用非常灵活,可以根据需要自由切换单选或多选模式。单选模式只能选择一个选项进行筛选,适用于需要精确匹配特定条件的情况。多选模式可以同时选择多个选项进行筛选,适用于需要比较和分析多个相关条件的情况。

如图 9-29 所示,在切片器控件中,可以看到所有可用的品牌选项。通过单击品牌选项旁边的复选框,可以选择或取消选择一个品牌。当选择一个品牌时,数据透视表会自动更新,只显示与该品牌相关的数据。选择多个品牌来进行比较和分析,只需按住 Ctrl 键或使用鼠标进行多选操作。

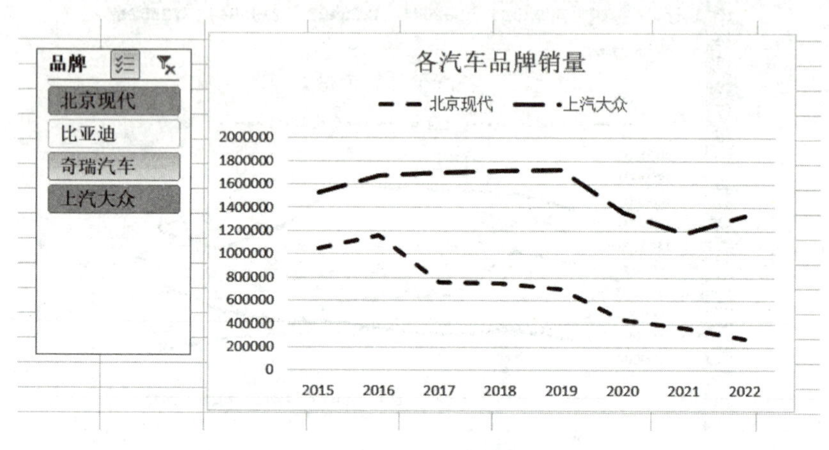

图 9-29 切片器效果

本章小结

本章深入探讨了组合框、列表框、复选框和切片器等控件在数据可视化中的使用方法与注意事项。这些控件各具特色,为动态图表增添了丰富的交互性和灵活性。

通过组合框的学习,我们掌握了如何提供下拉列表式的选项选择,并支持用户自定义输入,从而增强了图表的个性化交互能力。列表框控件为我们提供了直观的数据选项列表,方便用户进行数据的快速筛选和定位。复选框控件以其直观的选择方式和灵活的应用场景,在动态图表中实现了多个数据项或图表元素的同时选择,为数据的多样化展示和对比分析提供了便利。切片器控件以其强大的数据筛选功能,帮助用户轻松过滤出感兴趣的数据子集,并在图表中实时展示筛选结果,提升了数据可视化的交互性和分析效率。

实操练习

1. 打开素材文件"第 9 章练习题 – 1",根据本章的方法,制作列表框、组合框、复选框、进行动态图表展示。

2. 打开素材文件"第 9 章练习题 – 2",根据本章的方法,制作切片器进行动态图表展示。

第10章　数据分析看板设计方法

学习目标

(1)掌握数据可视化看板的基本概念和定义,理解其在数据分析和决策中的重要作用;

(2)学习数据可视化看板的制作方法,包括数据准备、图表选择、布局设计等关键步骤;

(3)通过实际案例的学习,了解数据可视化看板在不同领域的应用场景和制作技巧;

(4)培养读者的数据思维能力和可视化设计技能,提高数据分析和解决问题的能力。

思政目标

(1)掌握数据可视化看板这一前沿的数据展示工具,更要引导学生树立正确的数据观念,培养科学的数据分析思维;

(2)通过团队合作和案例分析,培养学生的团队协作精神和创新实践能力。

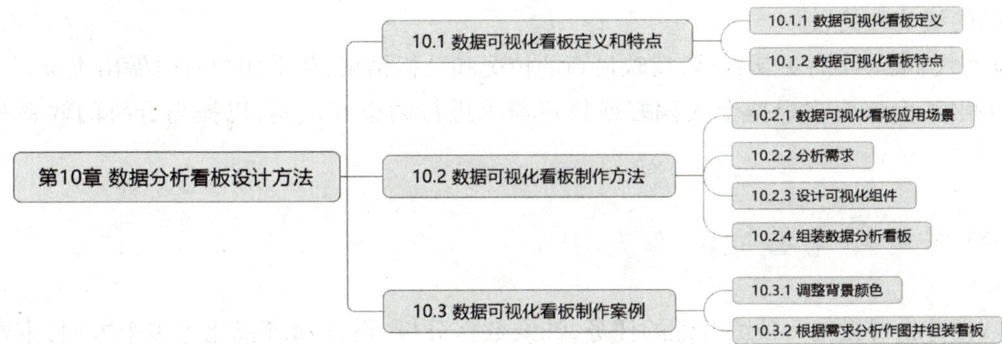

10.1 数据可视化看板定义和特点

随着数据时代的到来,如何有效地展示和分析数据成为各行各业关注的焦点。数据可视化看板,作为一种直观、高效的数据展示工具,逐渐受到广泛关注和应用。

10.1.1 数据可视化看板定义

数据可视化看板是一种基于数据可视化的工具,旨在将大量的、复杂的数据以直观、易于理解的方式展示出来,帮助用户更好地了解数据、分析数据和做出决策。它通过图形、图表、颜色、动画等视觉元素,将数据转化为视觉化的形式,使用户能够快速地获取关键信息,发现数据中的规律和趋势。

数据可视化看板通常由一个或多个数据视图组成,每个数据视图都专注于展示特定的数据子集或分析角度。这些数据视图可以根据需要进行定制和调整,以适应不同的数据分析需求。例如,一个数据视图可能用于显示销售数据的总体情况,而另一个数据视图则用于深入分析特定产品或地区的销售情况。

10.1.2 数据可视化看板特点

一个有效的数据可视化看板应该具备以下特点:

(1)直观性:使用清晰明了的图表和图形,确保用户快速理解数据的含义和关系。

(2)交互性:允许用户通过切片器、过滤器或其他交互元素对数据进行操作和探索,以便深入了解数据的细节和关联。

(3)动态性:能够实时更新数据,反映最新的情况和分析结果,帮助用户及时做出决策。

(4)定制性:允许用户根据个人偏好或特定需求进行调整和定制,以提高分析的效率和准确性。

10.2 数据可视化看板制作方法

制作数据分析看板是一项综合性的任务,涉及数据分析、设计和可视化等多个方面,主要包括分析需求、设计可视化组件、组装数据分析看板等三个阶段。首先介绍数据可视化看板的应用场景。

10.2.1 数据可视化看板应用场景

在实际应用中,数据可视化看板被广泛用于各种领域,如商业分析、市场调研、健康管理、科学研究等。通过创建一个综合的数据可视化看板,用户可以将多个数据源和分析角度集成在一起,获得全面的数据洞察和决策支持。同时,数据可视化看板也可以帮助用户更好地与他人共享和沟通数据分析结果,促进团队协作和决策过程。

例如,某公司希望通过分析用户行为和销售数据,优化其营销活动并提高转化率。为了解决

这个问题，他们创建了一个数据可视化看板，以实时监控和分析关键指标。

这个看板的设计目标是提供一个直观、交互式的界面，使营销团队能够快速获取有关用户互动和销售绩效的信息。下面是该看板中包含的一些关键组件和可视化元素：

(1)销售额和销售量图表：使用柱形图和折线图展示每日、每周和每月的销售额和销售量。通过对比不同时间段的销售数据，团队可以识别季节性趋势和销售峰值，从而调整营销策略。

(2)用户行为分析：通过漏斗图展示用户的转化路径，从浏览产品页面到最终购买的各个阶段，帮助团队识别潜在的瓶颈和改进点，以优化用户体验和提高转化率。

(3)用户地理分布：使用地理热力图展示用户的地理位置分布，以发现销售活动的地理偏好和潜在市场，有助于团队针对不同地区制定定制化的营销策略。

(4)营销活动效果分析：通过 A/B 测试分析图，比较不同营销活动对用户参与和销售额的影响。团队可以根据这些结果调整广告投放、促销活动等策略，以提高营销效果。

(5)实时销售数据更新：通过连接实时数据源，看板能够自动更新最新的销售数据，使团队能够随时掌握销售情况，并及时做出决策。

通过使用这个数据可视化看板，该电商公司的营销团队能够快速获取关键指标，深入了解用户行为和销售绩效。他们可以根据这些数据，调整营销策略、优化用户体验并提高转化率。此外，通过与其他团队成员分享看板，促进数据驱动的决策文化，提高整个组织的效率和竞争力。

10.2.2 分析需求

数据可视化看板中的需求分析是指在制作数据看板之前，对用户需求进行深入分析和理解的过程。这一过程旨在明确用户对数据分析的核心需求，以确保所制作的数据看板能够满足用户的实际需求，并帮助用户更好地理解和利用数据。

1. 用户需求

在数据可视化看板中，需求分析的重要性不可忽视。因为一个好的数据看板不仅要能够展示数据，还要能够根据用户的需求提供有用的信息和洞察。通过深入分析用户需求，我们可以了解用户对数据的期望和关注点，从而确定数据看板的设计和功能。

这一过程可以参照金字塔模型，如图 10-1 所示，即首先明确用户对于数据分析的核心需求是什么。在实际操作中，我们需要与数据看板的主要使用者进行深入的交流，了解他们关注的关键业务指标，以确保数据看板的设计能够满足他们的实际需求。

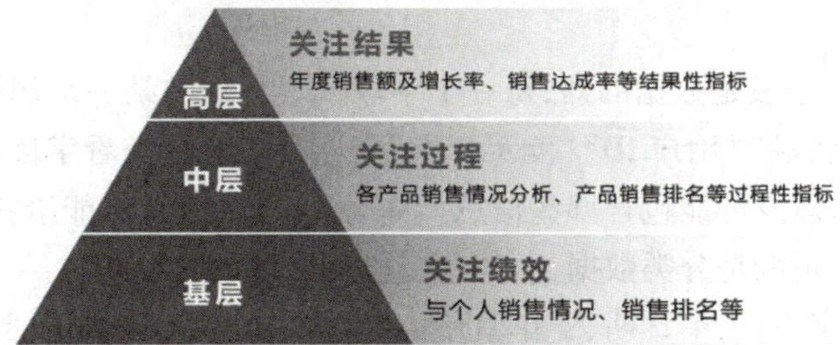

图 10-1　用户需求金字塔模型

在数据可视化看板的需求分析中，我们需要关注以下几个方面：

(1)要了解用户关注的关键指标和数据点。这些指标和数据点可能是销售额、客户数量、转化率等,具体取决于用户的业务领域和目标。通过与用户进行深入交流,可以明确这些关键指标,并确保数据看板能够准确、直观地展示这些数据。

(2)要了解用户希望通过数据看板解决的具体问题或挑战。用户可能希望通过数据看板来监控业务绩效、发现潜在问题、优化流程等。了解这些问题和挑战可以帮助我们设计有针对性的数据看板,提供用户所需的信息和洞察。

(3)在需求分析中还需要考虑用户对数据看板的交互性和可读性的期望。用户可能希望能够自定义数据展示方式、筛选特定数据集、进行数据对比等。因此,在设计数据看板时,我们需要提供适当的交互功能和易于理解的视觉展示,以满足用户的个性化需求。

图 10-2 为某公司 2023 年上半年销售数据,以此数据为例讲解数据可视化看板的制作流程。

下单日期	下单月	产品名称	单价(元)	订单数量	订单金额(元)	店铺	员工
2023/1/3	1	智能手表	999	87	86913	安德路市场	雅南
2023/1/3	1	体重秤	99	16	1584	安德路市场	雅南
2023/1/3	1	手机	4999	90	449910	安德路市场	志豪
2023/1/4	1	路由器	278	69	19182	安德路市场	雅南
2023/1/4	1	电视	3589	100	358900	安德路市场	雅南
2023/1/4	1	降噪耳机	758	100	75800	安德路市场	雅南
2023/1/4	1	路由器	278	28	7784	安德路市场	志豪
2023/1/4	1	智能手表	999	86	85914	广信路市场	依婷
2023/1/4	1	平板电脑	1680	82	137760	明伟路市场	振霞
2023/1/5	1	平板电脑	1680	11	18480	安德路市场	雅南
2023/1/5	1	智能手表	999	97	96903	安德路市场	雅南
2023/1/5	1	降噪耳机	758	79	59882	安德路市场	雅南
2023/1/5	1	手机	4999	16	79984	安德路市场	志豪
2023/1/5	1	平板电脑	1680	79	132720	安德路市场	志豪
2023/1/5	1	平板电脑	1680	19	31920	安德路市场	志豪
2023/1/5	1	电视	3589	52	186628	广信路市场	依婷
2023/1/5	1	扫地机器人	1389	85	118065	广信路市场	依婷
2023/1/5	1	笔记本电脑	7999	93	743907	明伟路市场	振霞
2023/1/5	1	降噪耳机	758	45	34110	明伟路市场	振霞
2023/1/6	1	笔记本电脑	7999	31	247969	安德路市场	雅南
2023/1/6	1	智能手表	999	67	66933	安德路市场	雅南
2023/1/6	1	路由器	278	74	20572	安德路市场	雅南

图 10-2　某公司 2023 年上半年销售数据

2. 数据的特征和内容

对于一份陌生的数据,在开始制作数据可视化看板之前,需要先深入了解数据的特征和内容,这样可以帮助我们更好地理解数据,并为后续的可视化设计提供指导。可以从 3 个方面快速了解一份数据:

(1)看有哪些字段。字段是数据的列,每一个字段代表数据的某一个属性。例如,在一个电商数据中,可能会有“销售额”“用户 ID”“购买日期”等字段。通过查看字段,可以初步了解这份数据是关于什么主题的,以及可能包含哪些信息。同时,字段的名称也能给我们一些关于数据结构的线索,例如某些字段可能是分类数据,而某些字段可能是数值数据。

这份数据包含 8 个字段:下单日期、下单月份、产品名称、单价、订单数量、订单金额、店铺和员工。通过查看这些字段,可以初步了解数据的结构和信息类型,为后续的数据可视化提供基础的认识。

字段“下单日期”和“下单月份”提供了时间维度的信息。这可以帮助我们了解销售活动的

时序性,例如在哪些时间段内订单量较高或较低。

字段“产品名称”提供了产品维度的信息。通过对不同产品的销售情况进行可视化展示,以这份数据为例,发现它共有7个不同的分类,这意味着数据中涉及了7种不同的产品。可能会进一步探索这7种产品的销售额分布、哪种产品最受欢迎,或者哪种产品的销售额最低。此外,这些分类也可能提供关于数据背后业务逻辑的线索,比如这7种产品是否代表了公司的主要业务线或者是不同的产品线。

“单价”和“订单数量”这两个字段提供了订单的细节信息。通过对这两个字段进行数据分析,可以计算每个订单的金额,并了解销售额的分布情况。

“订单金额”字段是一个重要的指标,可以了解销售的整体情况。通过对订单金额进行汇总和统计,可以得到销售额的总计和平均值等指标。

“店铺”和“员工”这两个字段提供了组织维度的信息。通过对这两个字段进行可视化设计,可以了解不同店铺或员工之间的销售情况差异。

(2)了解数据类型。在制作数据可视化看板时,了解数据类型的作用和重要性是至关重要的。数据类型决定着数据可视化的方式和展示效果,对于有效地传递信息和洞察业务情况起着决定性的作用。

首先,了解数据类型可以帮助我们选择合适的可视化图表。不同类型的数据有不同的可视化方法。例如,分类数据适合使用条形图、饼图等展示比例和分布情况;连续数值数据适合使用折线图、散点图等展示趋势和相关性。如果我们不了解数据类型,可能会选择错误的图表类型,导致数据可视化效果不佳,甚至误导用户。

其次,了解数据类型可以更好地理解数据的含义和背后的业务逻辑。例如,在时间序列数据中,了解日期字段的数据类型可以观察数据的趋势和周期性变化,进而分析销售季节性、活动效果等。对于地理数据,了解地理位置字段的数据类型可以在地图上进行可视化,揭示销售区域分布、客户分布等空间特征。通过对数据类型的了解,可以更加深入地挖掘数据中的信息,为业务决策提供更准确的依据。

此外,了解数据类型还可以在数据预处理和分析过程中做出恰当的处理和计算。例如,对于缺失值和异常值的处理,不同类型的数据可能需要采用不同的方法进行填充或剔除。对于数值型数据,可能需要进行平均值、中位数等统计计算,或者进行数据的标准化和归一化。而对于文本型数据,可能需要进行文本清洗、分词等处理,以便进行后续的文本分析和挖掘。

(3)查看数据规模。判断数据的规模可以为后续的数据处理和分析策略提供决策依据。数据的行数或记录数,通常可以理解为数据表中的总行数,是量化数据规模的最直接的指标。

当面对一个庞大的数据集,即行数特别多时,意味着数据的复杂度和计算量可能都会比较大。在这种情况下,为了提高数据处理的效率,可能需要考虑使用抽样方法。抽样是从大数据集中选取一部分有代表性的数据进行分析,这样可以大大减少计算的时间和资源消耗,同时仍能得到相对准确的分析结果。但需要注意的是,抽样方法需要合理选择,以确保抽取的样本能够真实反映整体的数据特征。如果记录数超过10000条,用Excel处理的时候会遇到比较严重的性能问题。

如果数据量很小时,则需要更加谨慎。尽管小数据集处理起来更为方便,但由于数据量有限,可能无法涵盖所有的数据变化和模式,从而导致分析结果存在偏差。因此,在数据量较小的情况下,需要特别关注数据的代表性和全面性,以确保基于这些数据得出的结论是可靠的。例如,如果只有几十条购买记录,基于这几十条购买记录来分析用户的购买偏好,可能得出的结论并不具有代表性,因为这么少的数据可能只反映了部分用户的行为。

因此,了解数据的行数或记录数不仅可以判断数据的规模,还可以更加高效和准确地进行数据处理和分析。对于大数据集,可以考虑使用抽样或其他方法来提高效率;而对于小数据集,需要谨慎地评估是否有足够的数据来支持分析,并考虑是否需要进一步收集数据或使用其他技术来增强数据的代表性。

通过对以上三个方面的了解,可以快速地掌握一份数据的特征和内容,为后续的数据可视化提供有力的支持。

对于案例数据,经过初步分析,数据可视化看板的不同使用人员关注信息不同,分析内容不唯一,即同一份数据,如果关注内容或者使用人群不同,分析内容也会有比较大的差异。需求分析的结果如表 10-1 所示。

表 10-1 需求分析结果

分析主题	分析内容
整体情况分析	上半年每月销售额
整体情况分析	上半年各产品销售总额
整体情况分析	上半年各市场销售总额
整体情况分析	上半年各市场不同产品销售情况
每月销售情况分析	每月各产品销售情况
每月销售情况分析	每月各个市场销售情况
员工销售情况分析	各员工销售排名
员工销售情况分析	不同员工各产品销售占比

在进行 Excel 数据分析和数据可视化时,选择适当的分析内容至关重要,这通常取决于所关注的分析主题。针对不同的分析主题,可以进一步细化并选择具体的分析内容,以确保分析结果能够准确反映业务的需求和关注点。

以整体情况分析为例,可能关注的是企业在一段时间内的总体表现。这时,可以选择分析销售总额、总利润、客户数量等关键指标,来获取企业整体运营情况。

对于每月销售情况分析,关注的是销售数据在不同月份之间的变化情况,以发现季节性趋势或周期性规律,可以选择分析每月的销售额、销售量、客单价等指标。

在员工销售情况分析中,关注的是不同员工之间的销售业绩差异和表现。这时,可以选择分析每个员工的销售额、销售目标完成率、客户数量等指标。

10.2.3 设计可视化组件

1. 设计可视化组件的涵义

可视化组件设计是一个复杂而富有创意的过程，它通过图形界面和专门的可视化工具，巧妙地将抽象、难以捉摸的数据和信息转化为直观、易于理解的视觉形式。这一过程不仅涉及图形设计的美学原理，还需要深入了解数据的结构和含义，以确保视觉呈现能够真实、准确地传达数据中的信息。

在这个过程中，利用色彩、形状、大小、位置等视觉元素，以及各种交互功能，构建出各种图表、图形和仪表板，帮助用户快速发现数据中的关键信息。例如，通过使用不同颜色和大小的条形图，可以清楚地比较不同产品线的销售额；通过动态的时间序列折线图，可以观察销售额在一年内的波动情况；通过地理位置热力图，可以直观地展示各地区客户的分布情况。

2. 设计可视化组件的特点

可视化组件设计的核心是提升数据的可理解性和可探索性。通过将数据以图形化的方式展现，可以帮助用户更快地识别数据中的规律和趋势，从而做出更加明智的决策。与传统的表格和文字报告相比，图形化的数据展示方式更易于被人们的大脑处理和记忆，因此也更有可能引发深入的洞察和发现。

可视化组件设计的另一个重要特点是交互性。现代的数据可视化工具不仅允许用户查看预先设计好的图表和仪表板，还允许他们直接与这些组件进行交互，如过滤数据、放大特定部分或查看数据的详细信息。这种交互性不仅能增强用户参与度和探索数据的兴趣，还使数据分析变得更加灵活和高效。

此外，可视化组件设计还需要考虑不同用户群体的需求和偏好。例如，一些用户可能更偏爱简洁明了的图表，而另一些用户则可能需要高度定制化和复杂的可视化工具来满足他们特定的分析需求。因此，设计师需要密切关注用户的反馈和使用情况，不断调整和优化可视化组件的设计，以确保它们能够满足不同用户的需求并有效地传达数据中的信息。

3. 常见的分析类型和使用的图表

(1)结果性关键指标。结果性关键指标的定义通常与企业的具体业务和目标密切相关。它们是对原始数据进行深度处理和计算后得到的，能够直接反映企业运营状况、业务成果或目标达成情况的指标。在看板中，结果性关键指标是不可或缺的一部分，它们以数值形式反映企业运营的核心情况，是看板中最重要、最引人注目的元素之一。这些指标具有明确的业务含义，能够为用户提供直观、量化的信息，帮助他们快速了解企业的整体情况。

如图 10-3 所示，总销售额能够反映企业在一段时间内的整体销售情况，利润率可以衡量企业的盈利水平，生产计划完成率体现了生产过程的效率。这些指标不仅能为企业决策提供重要参考，同时也是评估企业运营状况和健康度的重要依据。在 Excel 中，可以利用多种内置函数和工具来对这些关键指标进行计算和汇总。

在数据可视化看板中，结果性关键指标的可视化方法多种多样，但都应遵循直观、易懂、突出重点的原则。以下是一些常用的可视化方法：

图 10-3 结果性关键指标的可视化

◎ 大字体突出显示：将关键指标以大号字体显示在看板的显著位置，使其一目了然。这种方法适用于单一的关键指标，如总销售额或利润率等。

◎ 指针式仪表盘：模拟汽车仪表盘的样式，用指针指向具体的数值区间，给人一种直观的速度感。这种方法适用于需要展示进度或达成率的指标，如生产计划完成率或销售目标达成率等。

◎ 颜色变化：通过颜色的变化来展示指标的完成进度或状态，如绿色表示达标，红色表示未达标。这种方法适用于需要快速了解指标状态的场景，如项目进度或风险控制等。

(2)反映趋势的时间序列数据。时间序列数据可以定义为按照时间顺序排列的数据集，这些数据点通常是在等间隔的时间段内收集的。例如，每天的销售额、每周的用户活跃度或每月的网站访问量等都可以看作是时间序列数据。由于时间序列数据蕴含了时间维度上的信息，因此它们能够帮助我们了解数据随时间的变化情况，预测未来的趋势，以及发现周期性规律。

在数据可视化看板中，对时间序列数据的可视化有多种方法，以下是几种常用的方法：

◎ 折线图：折线图是展示时间序列数据的最基本方法之一。通过将数据点按照时间顺序连接起来，可以清晰地看到数据随时间的变化趋势。例如，通过折线图可以展示一年内每月的销售额变化情况，帮助决策者了解销售淡旺季。

◎ 柱形图：柱形图也可以用来将时间序列数据进行可视化展示。每个柱子代表一个时间段内的数据值，柱子的高度反映该时间段内的数据大小。这种方法适用于展示不同时间段内数据的对比情况，例如展示每周各天的销售额对比。

(3)结构和占比数据。结构和占比数据关注的是某一特定部分在整体中的比例或占比情况。它是数据分析中常用的指标之一，用于衡量某一类别或指标在总体中的重要性和影响力。例如，在市场份额分析中，占比数据可以表示某一企业在整个市场中的销售额占比或市场份额占比等。

以下是几种常用的方法：

◎ 饼图：饼图是一种常用的可视化方法，用于展示结构和占比数据。通过将数据集划分为不同的扇区，每个扇区的角度和面积代表该类别的占比情况，可以直观地展示各类别的相对大小和比重。此外，饼图还可以通过添加数据标签和颜色来增强可读性。

◎ 堆积柱形图：堆积柱形图是另一种有效的可视化方法，适用于展示多个类别的数据结构和占比。通过将不同类别的数据堆叠在一起，每个柱子的高度代表该类别的总量，不同颜色或图案代表该类别的占比情况。这种方法可以清晰地比较各类别在整体中的占比差异和变化趋势。

◎ 百分比堆积条形图：百分比堆积条形图类似于堆积柱形图，但纵轴表示的是各类别在整体中的占比百分比。这种方法可以更好地突出占比较小的类别，并且易于比较不同类别之间的占比关系。

◎ 旭日图：旭日图是一种展示层级关系和占比的图表，适用于具有多个层级的数据集。它通过内外圆环的层次结构来展示各类别的从属关系和占比分布,同时可以点击展开或收起某个层级的数据,以便更深入地探索和分析数据。

(4)多因素间的关系。在数据分析中,多因素间关系指的是数据集中多个变量之间的相互作用和影响。这种关系可以是直接的或间接的,表示一个变量的变化可能会引起其他变量的变化。这些关系可以是线性的或非线性的,简单的或复杂的,它们共同构成了数据的内在逻辑和结构。

以下是几种常用的方法:

◎ 散点图:散点图是一种用于展示两个变量之间关系的图表。通过绘制每个数据点的位置,可以直观地看出变量之间的相关性。如果数据点呈现线性分布,则表示两个变量之间存在线性关系;如果数据点呈现其他形状,则可以揭示更复杂的关系模式。

◎ 气泡图:气泡图是散点图的扩展,通过在散点图中添加第三个维度的信息(如气泡的大小或颜色),可以展示三个变量之间的关系。例如,在销售数据分析中,可以用气泡图展示销售额、产品价格和广告投放之间的关系,其中气泡的大小表示销售额的大小。

(5)对比分析。对比分析是一种基于比较思维的数据分析方法,它通过对不同数据集之间的相似性和差异性进行对比,来揭示数据背后的规律和趋势。在数据可视化看板中,对比分析通常用于展示不同公司、不同部门、不同时间段等条件下的数据差异和变化,以帮助我们更好地理解数据的特征和规律。

以下是几种常用的方法:

◎ 条形图和柱形图:这两种图表类型可以清晰地展示不同数据集之间的数值差异和排名情况。通过对比条形或柱形的高度或长度,我们可以直观地看出各数据集之间的相对大小和排名。此外,还可以使用颜色、图案等元素来区分不同的数据集,以增强图表的可读性。

◎ 雷达图:雷达图是一种多变量图表,可以展示多个因素之间的关系和相对重要性。通过将不同销售影响因素的数值映射到雷达图的轴线上,我们可以直观地比较各因素之间的相对大小和影响程度。例如,我们可以分析产品价格、广告投放、季节性等因素对销售额的影响,以找出提升销售业绩的关键点。

表 10-2 展示了在 Excel 数据分析与数据可视化中常用的图表类型以及它们的应用场景。这些图表类型可以帮助我们更直观地理解和展示数据,从而提高数据分析的效率和准确性。

表 10-2　常用图表类型与应用场景

常用图表	分析类型	分析内容举例
折线图	趋势分析	每月销售额
柱形图	对比分析	各产品销售额
	趋势分析	每月销售额
条形图	对比分析	各产品销售额对比
饼图	结构分析(分类不超过 6 个)	各产品销售额占比
复合饼图与复合条饼图	结构分析(分类超过 6 个)	各产品销售额占比

（续表）

常用图表	分析类型	分析内容举例
堆积图	对比分析＋结构分析	各渠道不同产品销售占比
漏斗图	对比分析	招聘各环节转化率
雷达图	对比分析	员工不同能力对比
散点图	趋势分析	勤奋度与学习成绩关系（2 维）
气泡图	趋势分析	产品流量/收藏量/销量关系（3 维）
热力图	趋势分析	页面点击情况
组合图		每款产品订单金额与订单数量

以案例数据为例，填写数据可视化看板设计表，选择合适的图表，如表 10-3 所示。

表 10-3　案例数据可视化看板设计表

分析主题	分析内容	分析类型	图表名称	是否为动态图表
整体情况分析	上半年每月销售额	趋势分析	折线图	
整体情况分析	上半年各产品销售总额	对比分析	条形图	
整体情况分析	上半年各市场销售总额	对比分析	柱形图	
整体情况分析	上半年各市场不同产品销售情况	对比分析	柱形图	是
每月销售情况分析	每月各产品销售情况	对比分析＋趋势分析	折线图	
每月销售情况分析	每月各个市场销售情况	对比分析＋趋势分析	堆积柱形图	
员工销售情况分析	各员工销售排名	对比分析	条形图	
员工销售情况分析	不同员工各产品销售占比	结构分析	饼图	是

10.2.4　组装数据分析看板

组装可视化看板，是一个将数据的复杂性和深度通过直观的视图展示出来的过程。其核心内容是将多个可视化组件，如图表、图形、控制面板等，根据特定的逻辑和布局方式，整合成一张统一、具有交互性的可视化看板。在这一过程中，对每一个可视化组件的细致设计、整体布局的策略性安排以及后续的调整和优化，都是为了确保数据和信息能够得到最有效的传达，帮助用户实现更高效的数据理解和管理。

组数据可视化看板主要有以下几个方面：

1. 确定整体结构和框架

在开始布局设计之前，首先要明确可视化看板的整体结构和框架。这包括确定主要的信息区块和层次关系，以及设定整体的视觉风格和设计元素。合理的整体结构能够帮助用户快速捕捉到关键信息，统一的视觉风格能够提升看板的美观度和易用性。

2. 考虑用户的使用路径和习惯

用户的使用路径和习惯是布局设计中不可忽视的因素。设计师需要分析用户在使用看板时

的典型路径，预测他们可能关注的信息点和交互方式，进而对组件进行有针对性的布局和调整。例如，将常用的功能和重要的数据放在更显眼的位置，以便用户能够快速地找到和使用。

3. 注重信息的层次和分组

信息的层次和分组是布局设计中的核心问题之一。设计师需要通过合理的层次结构和分组方式，将复杂的数据和信息进行有序的组织和展示。这不仅可以降低用户的信息认知负荷，还可以帮助他们更好地理解和比较数据。常见的信息分组方式包括按照时间顺序、类别、重要性等进行分类。

4. 运用合适的布局原则和技巧

在可视化看板的布局设计中，有一些常用的布局原则和技巧可以帮助设计师提升看板的效果和用户体验。例如，运用网格系统来保持布局的整齐和统一，使用对比和重复来突出关键信息，以及利用空白和分隔来划分信息区块等。这些原则和技巧的运用需要在实践中不断尝试和调整，以达到最佳的视觉效果和信息传达效率。

5. 进行迭代和优化

可视化看板的布局设计是一个迭代和优化的过程。设计师需要根据用户的反馈和使用数据，不断地对看板进行调整和改进。这包括优化组件的位置和大小、调整颜色和字体、增加交互元素等。通过持续的迭代和优化，设计师可以逐渐提升看板的易用性和效果，使其更好地满足用户的需求和期望。

当然，数据的准确性和可读性始终是可视化看板的生命线。无论看板设计得多么精美，如果数据不准确或者难以读取，那么整个看板的价值就会大打折扣。因此，设计师需要在整个组装过程中，不断对数据进行校验和调整，确保每一个数据点都能得到准确的展示。

最后，为了满足不同行业和场景的需求，可视化看板的定制性也是一个不可或缺的特性。需要根据用户的行业背景、使用习惯和分析目标，来定制看板的功能和布局，确保看板能够真正满足用户的实际需求，帮助他们更高效地理解和管理数据。

10.3 数据可视化看板制作案例

以本章开头的案例数据为例，进行数据可视化看板的制作。经过需求分析，共有 8 个分析内容，也就是 8 张图表，依次做好每张图表，并按照合适的布局方式放在数据可视化看板的模板上。

10.3.1 调整背景颜色

数据可视化看板中，背景颜色的选择是一个至关重要的设计元素。一个合适的背景颜色不仅能够提升看板的美观度，还能影响数据的可读性和用户的情感体验。下面是关于数据可视化看板背景颜色调整的一些建议：

(1) 考虑用户的视觉体验：选择背景颜色时，首先要考虑的是用户的视觉体验。柔和、中性的背景颜色可以减少对用户视觉的干扰，使他们更专注于数据内容。避免使用过于刺眼或过于暗淡的颜色，以免给用户带来视觉上的不适。

(2)提高数据可读性:背景颜色应该与数据图表和文字的颜色形成足够的对比度,以确保数据能够被清晰地读取。如果背景颜色与数据颜色过于接近,可能会导致数据难以辨认。在选择背景颜色时,可以考虑使用与数据颜色形成对比的中性色或淡色调。

(3)遵循品牌或行业规范:在设计数据可视化看板时,可以遵循公司或行业的视觉识别规范。使用品牌或行业标志性的颜色作为背景色,可以增强看板的识别度和一致性。这有助于用户在看到看板时快速理解其所属的组织或领域。

(4)根据数据类型调整:不同类型的数据可能需要不同的背景颜色来强调其特点。例如,对于强调变化和趋势的数据,可以使用渐变色作为背景;对于需要突出特定区域或值的数据,可以使用亮色或对比色作为背景。通过调整背景颜色,可以更好地传达数据的含义和重点。

(5)提供自定义选项:为满足不同用户的需求和偏好,可以提供自定义背景颜色的选项。让用户根据自己的喜好和使用场景选择合适的背景颜色,可以增强他们对看板的归属感和满意度。

(6)进行测试和反馈收集:在调整背景颜色后,建议进行用户测试和反馈收集。通过观察用户在使用看板时的反应,并收集他们的反馈意见,可以了解背景颜色是否合适以及是否需要进行进一步优化。

10.3.2 根据需求分析作图并组装看板

1. 计算上半年每月销售额并进行可视化看板组装

步骤 1▶ 数据透视表计算。打开素材文件“第 10 章 - 市场销售情况”,使用案例数据制作数据透视表,计算每月销售额,数据透视表放在新的工作表,并命名为分析内容 1。数据透视表设置如图 10-4 所示。

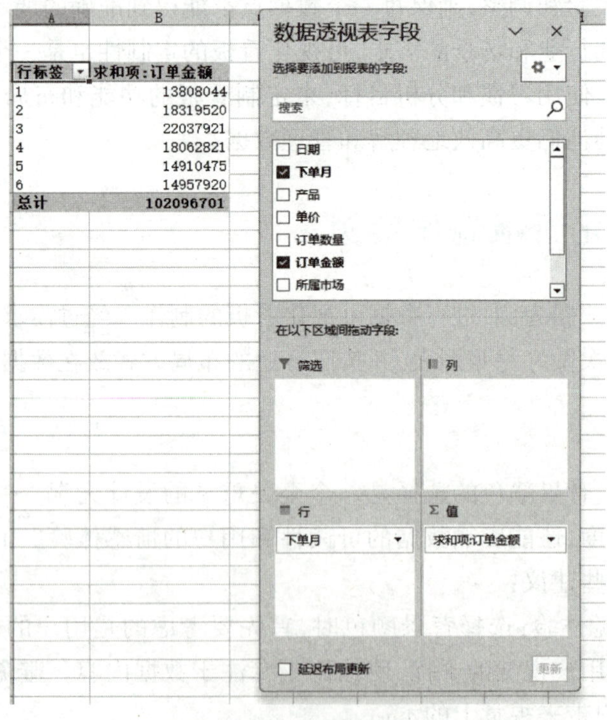

图 10-4 数据透视表设置

步骤2▶ 插入折线图并进行图表美化。图表美化三步：写标题、调整图例到顶部（只有一条曲线时可以删除图例）、隐藏暂时不要的按钮，美化后的图表如图10-5所示。

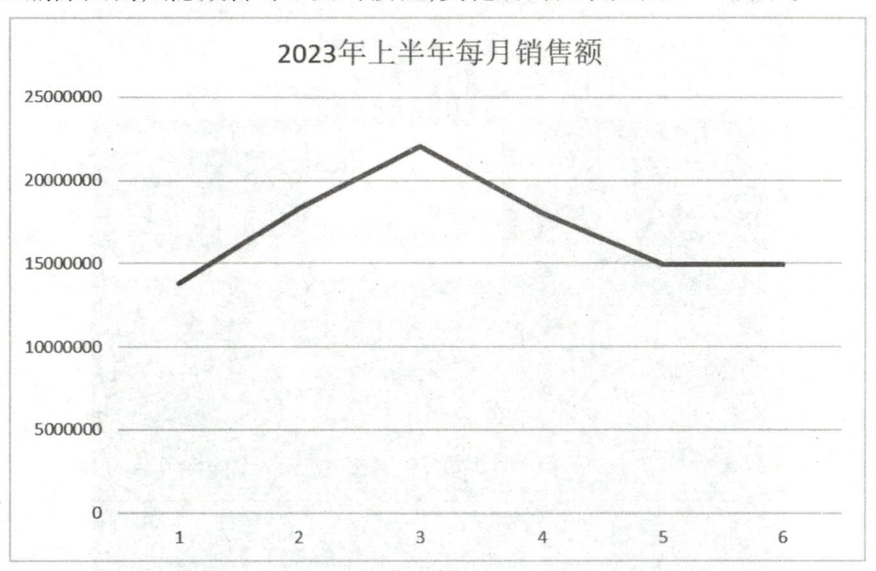

图10-5 美化后的图表

步骤3▶ 将做好的图复制到数据可视化看板中并调整大小。结果如图10-6所示。

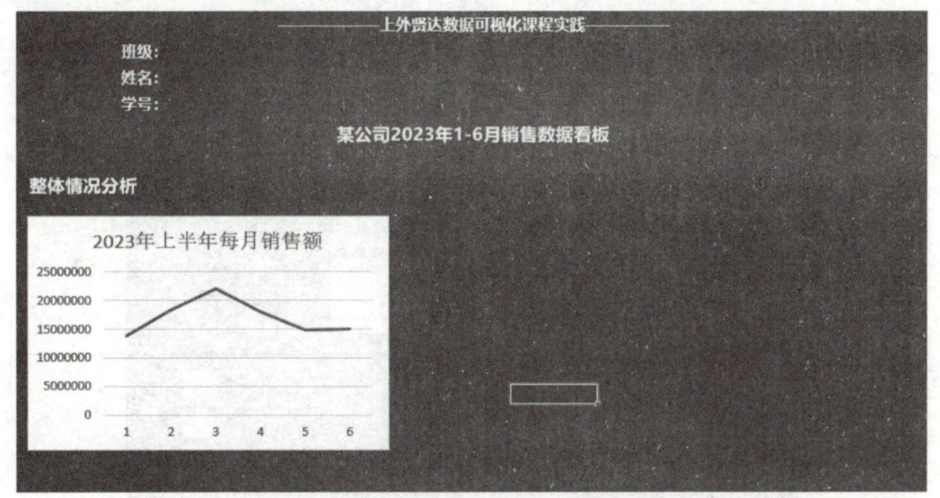

图10-6 复制图表到数据可视化看板中

步骤4▶ 将折线图的颜色设置为透明。如图10-7所示，选择折线图，在背景颜色中选择无填充。

步骤5▶ 调整标题和字体的颜色。如图10-8所示，为了使标题和折线看得更清楚，可以调整颜色。根据背景图的颜色，可以将标题、坐标轴文字调整为白色；选择需要调整颜色的文字，在字体颜色中选择白色。

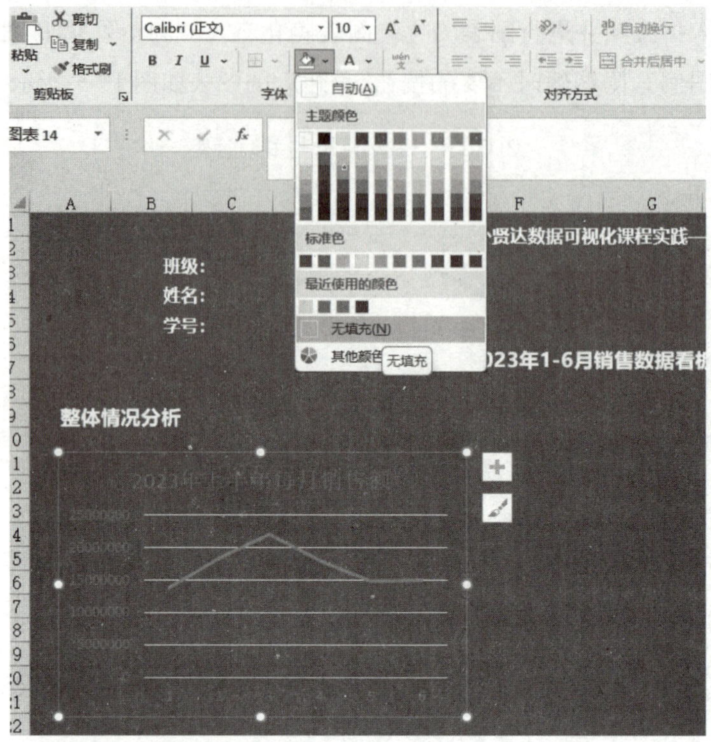

图 10-7　设置背景颜色

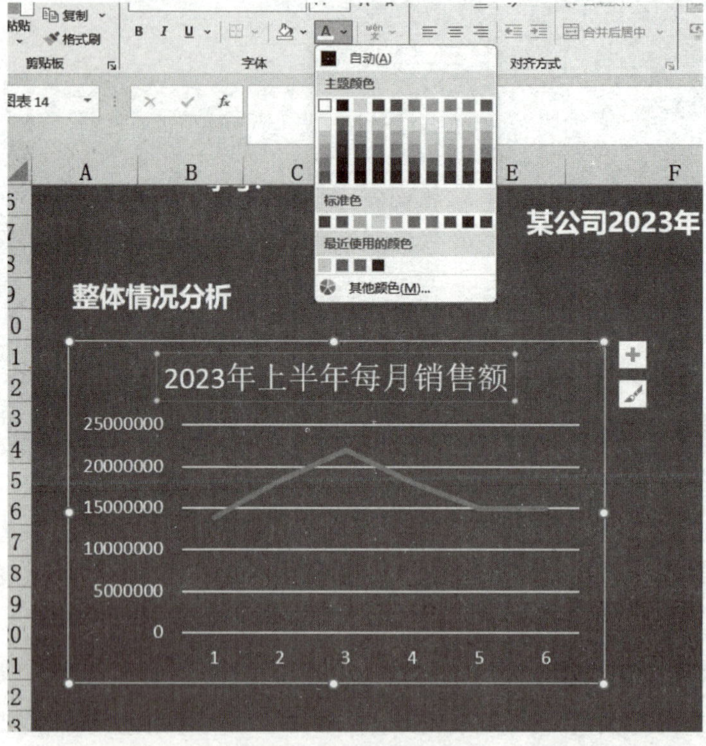

图 10-8　调整背景颜色

步骤 6▶ 调整折线颜色。如图 10-9 所示，为了使折线看得更清楚，可以调整颜色。选中折线，在“设置数据系列格式”中，更改线条颜色。

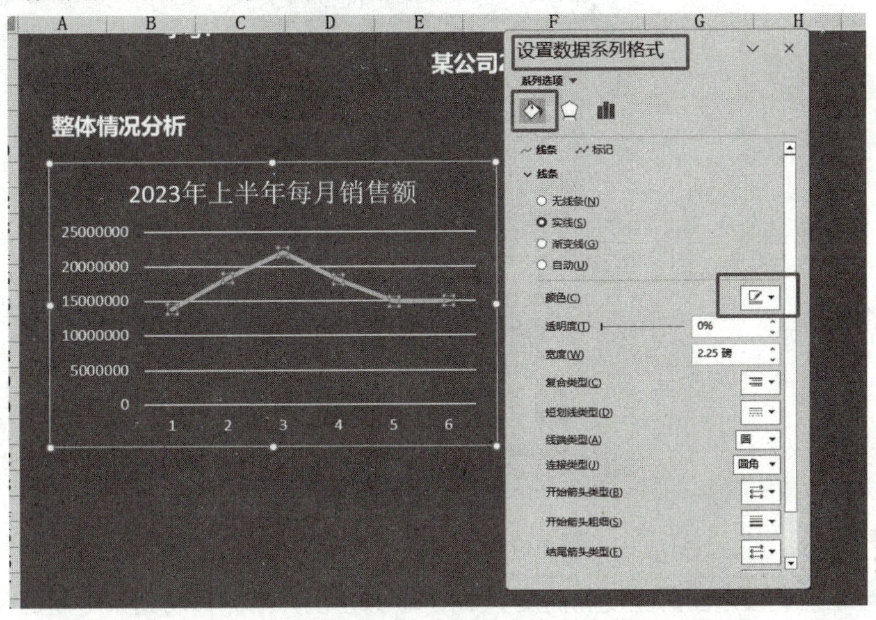

图 10-9 调整折线颜色

2. 计算上半年各产品销售额并进行可视化看板组装

参考每月销售额的设置方法，需要插入新的数据透视表，并命名为分析内容 2。如图 10-10 所示，需要在数据透视表中对订单金额进行升序排列，这样条形图会按照数据的大小从上到下进行排列。

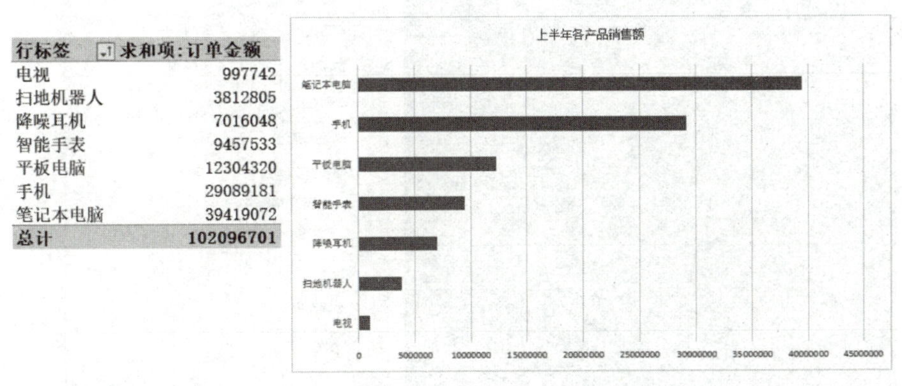

行标签	求和项:订单金额
电视	997742
扫地机器人	3812805
降噪耳机	7016048
智能手表	9457533
平板电脑	12304320
手机	29089181
笔记本电脑	39419072
总计	102096701

图 10-10 制作条形图

注意：需要在数据可视化看板中，将条形图与第一张折线图设置为大小相同。

步骤 1▶ 获取折线图的宽度和高度。先调整好第一张折线图的大小，鼠标移动到折线图上，如图 10-11 所示，点击右键，选择“设置图表区域格式”，在“图表选项”中的“大小和位置”选项卡中，记录高度和宽度的数值。

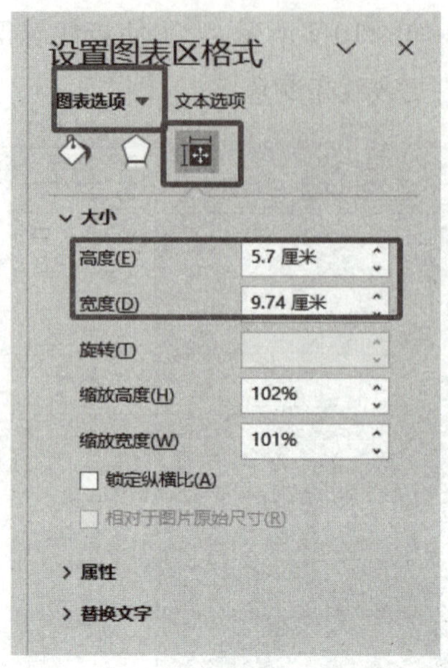

图 10-11　获取折线图大小

步骤 2▶　设置条形图的宽度和高度。如图 10-12 所示，鼠标移动到条形图的位置，点击右键，选择“设置图表区域格式”，在“图表选项”中的“大小和位置”选项卡中，将高度和宽度设置为前一步记录下的数值。

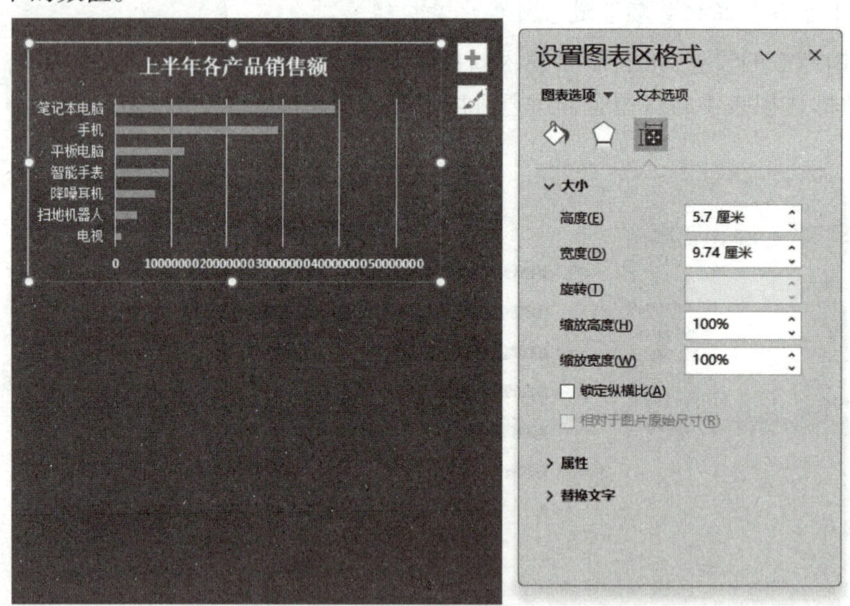

图 10-12　设置折线图大小

3. 计算上半年各市场销售情况并进行可视化看板组装

设置方法参考前两步，做好的结果如图 10-13 所示。

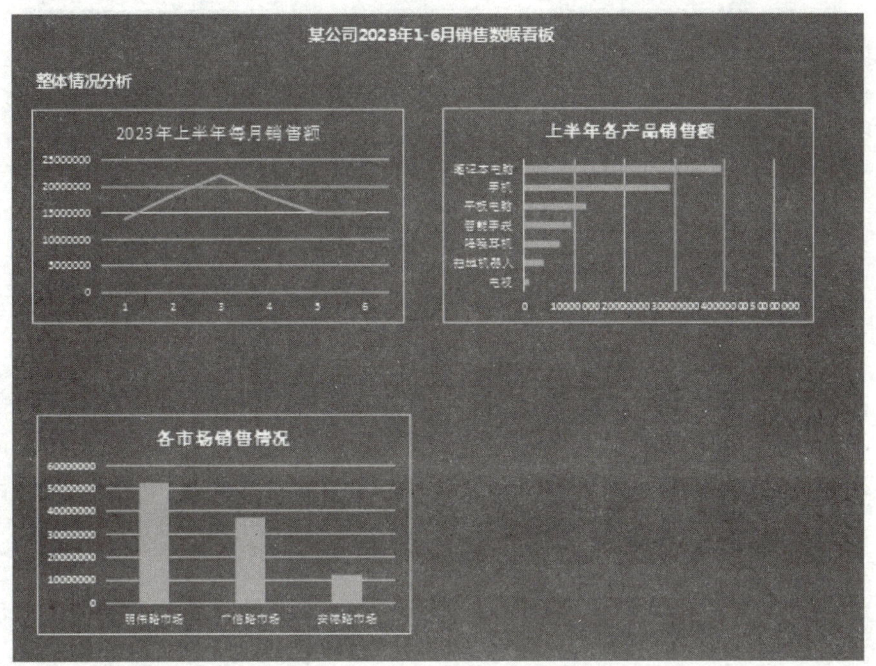

图 10-13　上半年各市场销售情况

4. 计算上半年各市场销售情况并设置为动态图表

步骤 1▶　制作图表。参考每月销售额的设置方法，注意需要插入新的数据透视表，并命名为分析内容 4。如图 10-14 所示，对于对比类的数据，需要在数据透视表中对订单金额进行升序排列，这样柱形图会按照数据的大小从左到右进行排列。

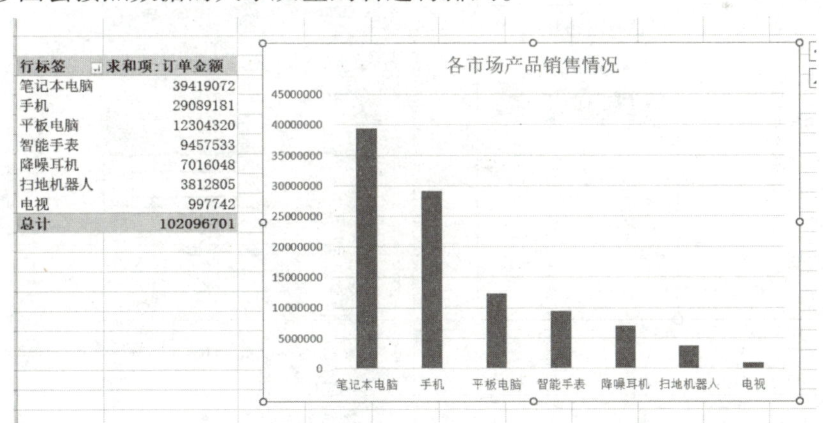

行标签	求和项:订单金额
笔记本电脑	39419072
手机	29089181
平板电脑	12304320
智能手表	9457533
降噪耳机	7016048
扫地机器人	3812805
电视	997742
总计	102096701

图 10-14　制作柱形图

步骤 2▶　插入切片器。使用切片器的方式来制作动态图表，选择做好的柱形图后，如图 10-15 所示，在"数据透视图"菜单中选择"插入切片器"，选择"所属市场"为切片器的筛选字段。

步骤 3▶　调整切片器格式。如图 10-16 所示，鼠标移动到切片器的位置，点击右键，选择"大小和属性"，在设置菜单中可以将列数设置为 3 列。

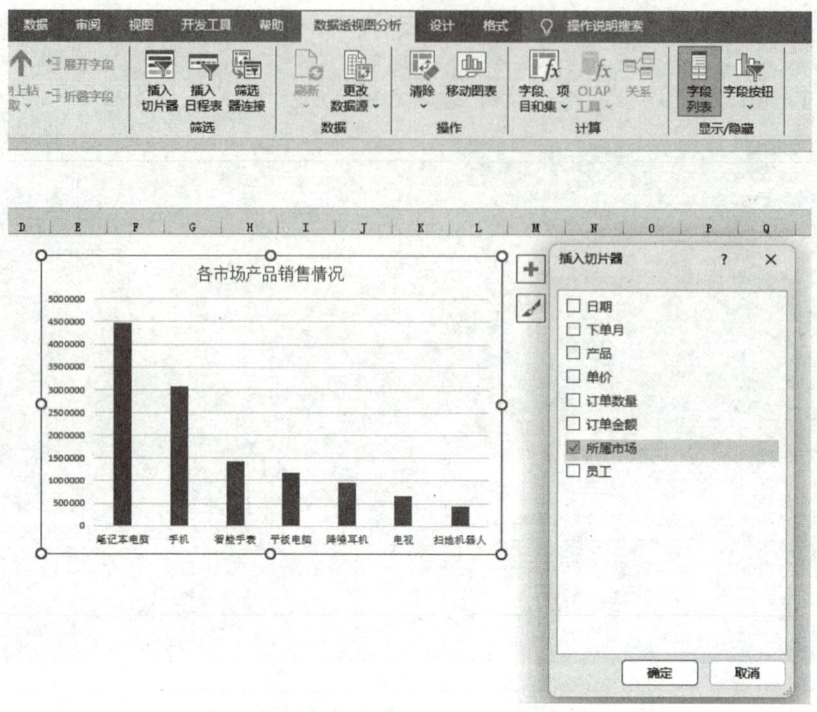

图 10-15　制作切片器

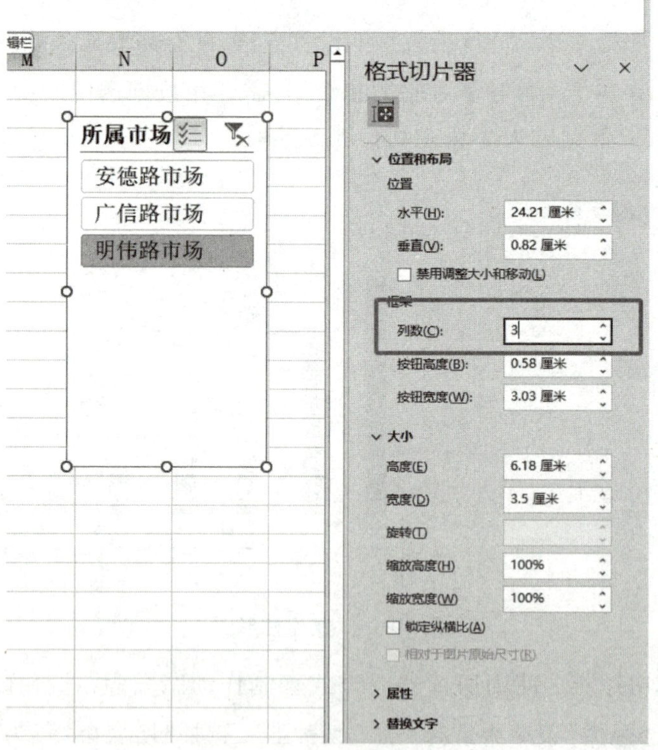

图 10-16　调整切片器格式

步骤 4▶ 可视化看板组装。如图 10-17 所示，将切片器和柱形图复制到数据可视化看板中，参考之前的内容，并设置大小和文字颜色。组装完成后可以使用文字描述图表中主要信息，这里要求能够简明地说明图表所反映的信息即可。

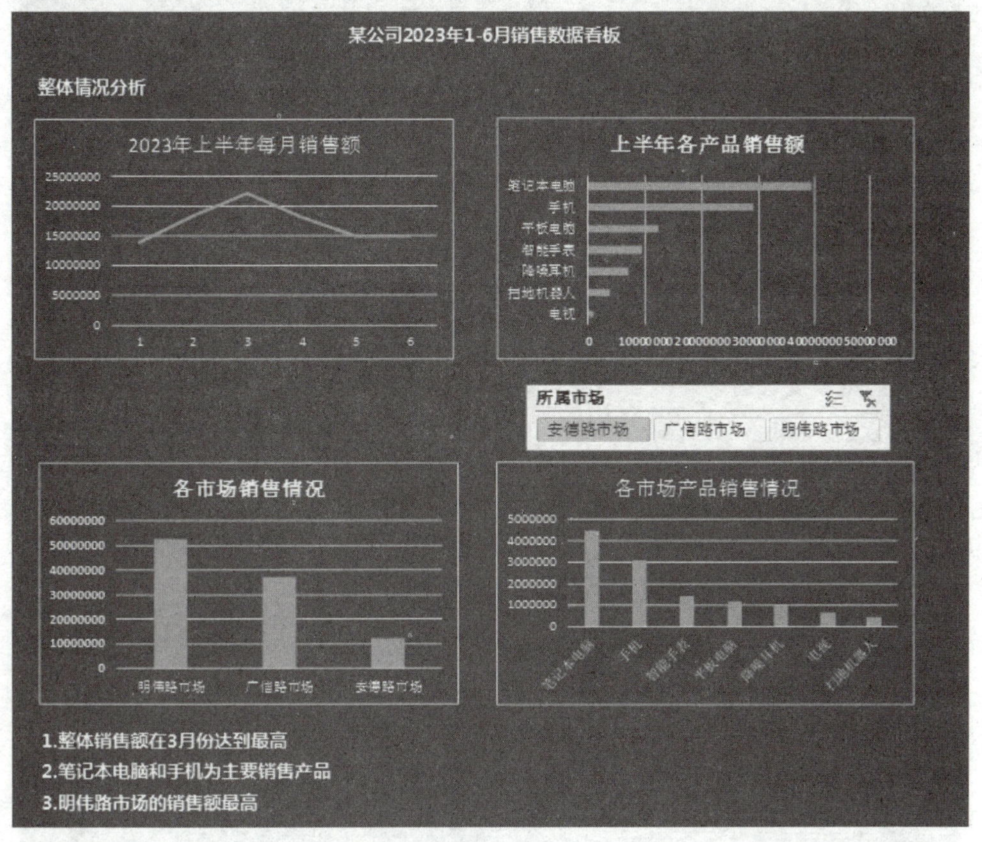

图 10-17　整体情况分析部分的可视化设计

以上演示了整体情况分析中的 4 项分析内容的可视化设计步骤，使用同样的方法，继续完成每月情况分析和员工情况分析的可视化看板设计。

最终的设计结果如图 10-18 所示。

本章小结

本章深入探讨了数据可视化看板的基本概念、制作方法以及实际应用案例。数据可视化看板作为一种高效、直观的数据展示工具，能够迅速提取数据中的关键信息，洞察数据背后的规律和趋势，进而做出科学、合理的决策。

通过对数据可视化看板定义的剖析，明确了其在数据分析和决策支持中的重要地位。详细学习了数据可视化看板的制作方法，包括数据源的确定、图表类型的选择、布局与美化的技巧等，这些知识点为制作高质量的数据可视化看板提供了有力的理论支撑和实践指导。

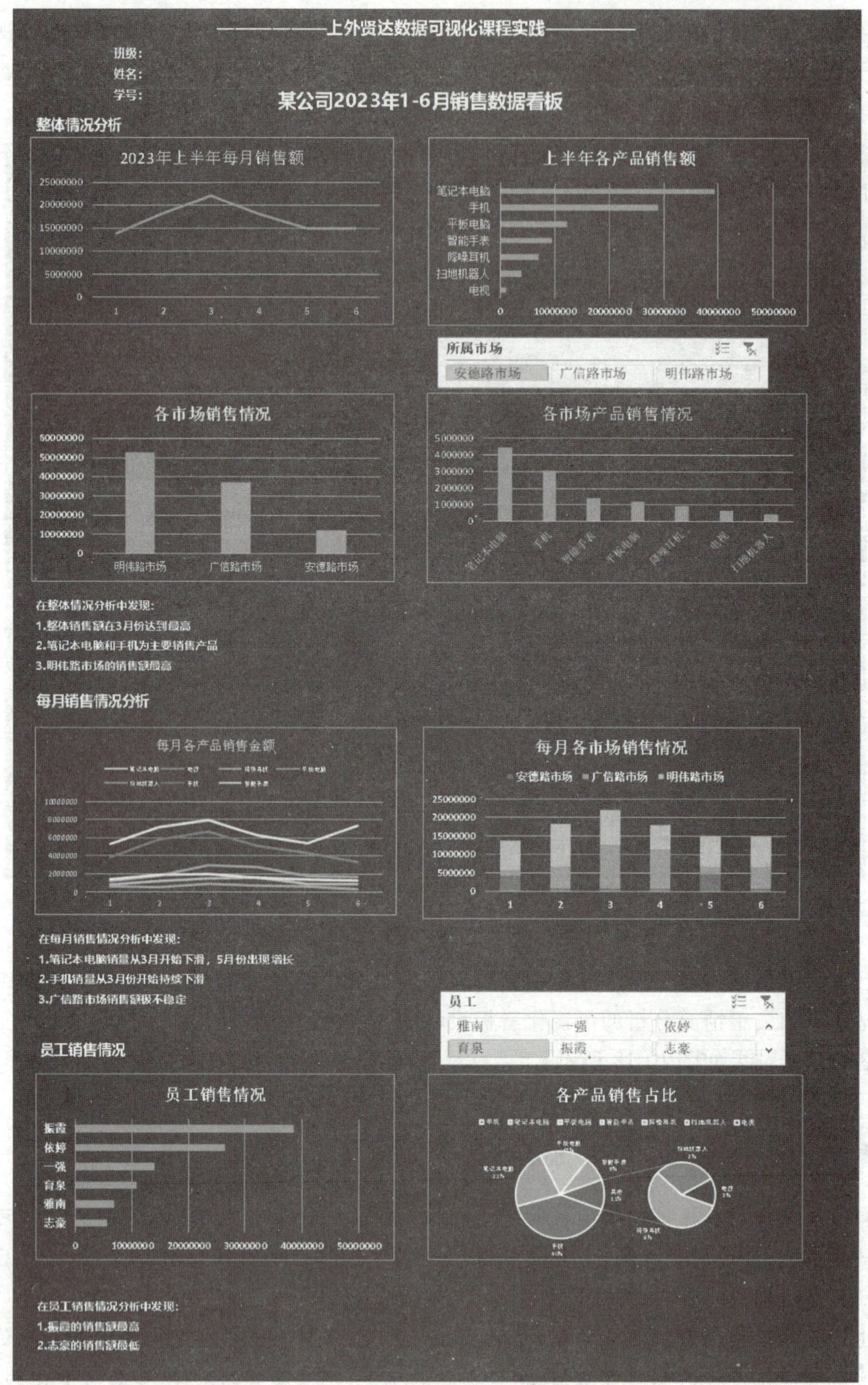

图 10-18 可视化看板最终结果

实操练习

打开素材文件“第10章练习题”，制作数据可视化看板，并满足以下要求：

(1)先填写需求分析表。

(2)数据可视化看板的图表类型至少包括4种，图表数量至少有6张。

(3)至少有一张动态图表。

(4)每张图表进行美化(写标题、调整图例到顶部、隐藏暂时不需要的按钮)。

(5)描述图表的主要信息。

(6)数据透视表放在新的工作表，并命名为分析内容1、分析内容2，一张数据透视表做一张图。

(7)可视化看板背景颜色可以自行选择。

参考文献

1. 王鑫. 数据可视化五部曲[M]. 北京:电子工业出版社, 2019.

2. 凌祯. 数据呈现之美 Excel 商务图表实战大全[M]. 北京:电子工业出版社, 2019.

3. 陈建平,陈志德,席进爱. 大数据技术和应用[M]. 北京:清华大学出版社, 2020.

4. 王鑫. 商业智能数据化运营实战[M]. 北京:电子工业出版社, 2022.

5. 杨尚森,许桂秋. 大数据可视化技术[M]. 杭州:浙江科学技术出版社, 2020.

6. 上海继续工程教育协会,王彦,马进. 数据分析基础[M]. 北京:中国人事出版社, 2020.

7. 郭宏远. Excel 数据可视化——从图表到数据大屏[M]. 北京:清华大学出版社,2023.

8. 要利娜. Excel 数据分析与可视化一本通[M]. 北京:化学工业出版社,2022.

9. ExcelHome. Excel 实战技巧精粹[M]. 北京:北京大学出版社,2020.

10. [葡]若热·卡蒙伊斯,译者:朱浩波. 图表会说话:Excel 数据可视化之美[M]. 北京:人民邮电出版社,2021.